酒瓶裡的風景

布根地葡萄酒

La Bourgogne en Bouteille

2001

林裕森●著

contents

序

人、土地與葡萄樹的結晶

雖然身為全球最著名的葡萄酒產區，但對布根地葡萄酒的抱怨卻常常比讚美還要多。人們最不滿意的是布根地難以計數的複雜葡萄園以及麻煩的分級制度。細菌學之父巴斯得說：「在一瓶葡萄酒中蘊含著比世界上所有書本更多的哲學。」這樣的說法也許誇張，但是卻也道出某種事實：對許多人來說，布根地葡萄酒確實像哲學一樣複雜難解。

另外，價格高昂以及水準良莠不齊也常讓酒迷們怨聲載道。除此之外，布根地葡萄酒的優雅風格也一直為波爾多葡萄酒的支持者嫌棄為淡而無味，至於喝慣加州與澳洲酒的人，更是不以為然；因為不論是白酒或紅酒，許多頂級布根地葡萄酒的濃度經常達不到他們對上好葡萄酒的要求。但是，這些批評卻一點都撼動不了布根地在大部份葡萄酒迷心中的地位，只要不是比塊頭大，布根地優雅細緻的風韻總是如此地獨特，任誰也及不上。

沒有其他產區的葡萄酒比布根地更能表現原產的土地精神，而這正是葡萄酒最讓人著迷的地方，喝一口布根地葡萄酒，常常會讓人覺得和一萬多公里外的布根地小村有著難以形容的親近，彷彿那山坡上的靜謐莊園就在眼前。封存在布根地酒瓶裡的，不僅僅是美味的酒汁，還蘊藏著兩千年來無數人踩踏過的歷史，以及葡萄園裡經過億萬年山海變動積累出的侏羅紀地下岩層，即使是些微的山勢變動，葡萄酒將隨之呈現出完全不同的風貌。

更珍貴的是，布根地到處都是家庭式經營的酒莊，莊主親自為葡萄剪枝、犛土、釀造、踩皮、裝瓶和貼標籤，每一年份的葡萄酒都像是他懷胎產下的嬰孩，在酒瓶裡熟睡成長。布根地葡萄酒的秘密就藏在這些細節裡，蘊含其中的豐富地理和人文往往超出我們的想像。

詩人將葡萄酒形容成大地的血液，但在布根地，葡萄酒更像是土地的靈魂，透過葡萄樹與葡萄農這兩個信使，傳遞埋藏在地底下、酒窖裡與史冊中的神秘話語。在這個地球上，有許多地方生產夠精彩的葡萄酒，但是，卻沒有一個像布根地這般把人、土地和葡萄如此緊密地連在一起。也許這是為何有那麼多人願意忍受布根地的繁瑣，以及不時出現在杯中的雜沓與幽微，因為所有關於葡萄酒的樂趣正在其中。在布根地葡萄酒的國度裡，單有美味而喪失土地精神，是一瓶葡萄酒最致命的缺點。

每當我打開一瓶布根地葡萄酒時，我似乎都聽見瓶中呼喊的聲音，讓我迫不及待地要前往布根地探尋這聲音的來源，揭開藏在酒瓶裡的秘密。這一股神秘召喚讓我在1998年三月自巴黎15區搬到三百公里外的伯恩市(Beaune)，布根地的葡萄酒業中心，法國東部的兩萬人小鎮。身為布根地酒迷，伯恩當然是必經之地，這個有城牆圍繞的中世紀小城已經來過數十次了；但這回，總算有機會可以在此長住。我和我的二手Punto車跑遍了布根地的每一片葡萄山坡與產酒小村，拜訪了一百多家酒莊；看著葡萄從發芽到開花結果，由採收到釀造。在布根地的這一年，終於開始學會從布根地葡萄酒裡閱讀風土與人情，欣賞那自葡萄酒杯子裡冒出來，常常遮著布幕的秀麗風景。

我試圖在這本書裡尋找有多少因素影響著我們喝到的每一口布根地葡萄酒，但能寫出來的也僅及於其中的一二，所有的文字都代替不了一杯自瓶中甦醒過來的布根地葡萄酒，不論是黑皮諾或是夏多內，他們將用香氣與滋味親自訴說來自酒鄉的動人故事。

導論

布根地1・2・3・4・5

布根地是地球上最複雜難解的葡萄酒產地，有99個AOC法定產區，33個特級葡萄園、562個一級葡萄園，以及四千多家葡萄酒莊，光看數字就很嚇人。布根地的迷人之處就在於這些繁複的細節裡，三言兩語地介紹布根地似乎不是很吸引人的事。但無論如何，我的編輯提醒我一本書總需要有一個簡要的起點。

許多布根地的朋友在對外地客談起當地的葡萄酒時，常常很切要地把布根地濃縮成：「1種土質、2個品種、3種產酒單位、4級葡萄園、5大產區」。一句話，從一數到五就說完了，果然簡短！雖然這樣的說法和這本書的架構有點合不太起來，但似乎很適合用來當做布根地的開場簡介。

1種土質

雖然布根地葡萄園裡的土質變化多端，但主要還是由位在山坡上的石灰質黏土所構成，只是來自不同年代的沉積，以及黏土、石灰與砂質石塊的比例有所不同罷了。完全不同於梅多克(Médoc)的礫石地，羅第丘(Côte Rotie)的火成岩，教皇新城(Châteauneuf-du-Pape)的鵝卵石以及香檳區的白堊土。即使只是石灰質黏土，但是土質的研究卻是認識布根地葡萄酒的重頭戲碼，在Part I的第1章裡，我們將要深挖布根地地下的億年岩層。也許有人會驚奇地發現，在布根地，連地質學也能蘊含屬於美味的意義。

2個品種

布根地接近寒冷的大陸性氣候區，適合採用單一品種釀造葡萄酒，除了少數的例外，布根地的紅酒都是採用黑皮諾葡萄釀成，白酒則完全是夏多內葡萄；這兩種原產自布根地的葡萄，都稱得上是全球知名的明星品種。當全球化已經掃遍全球葡萄酒產區的當下，天性嬌貴刁鑽的黑皮諾葡萄，還是只能在布根地展露獨一無二的優雅風姿；至於被廣泛種植得隨處可見的夏多內葡萄，無疑地，是地球上最著名的白葡萄品種，在市場上出現的頻率已經多到讓人有點厭煩；但卻也唯有在布根地，夏多內在豐滿的口感之外，保有少見的強勁與細膩變化，以及驚人的久存潛力。

在Part I的第2章，我們將從自然特性的角度來看這兩個各自散發不同魅力的典範葡萄品種；然後在Part II的第2、4、5章裡，揭露布根地葡萄農在累積數百年的黑皮諾與夏多內經驗後，如何種植、釀造與培養這兩個難得的珍貴品種。

3種產酒單位

獨立酒莊、酒商與釀酒合作社是布根地三種主要生產葡萄酒的單位，各自有獨特的運作方式，也各有其優點與不足的地方：

獨立酒莊只產自家葡萄園所出產的葡萄酒，比較容易保有葡萄園的特殊風味以及莊主的個人風格。酒商除了生產來自自有葡萄園的葡萄酒，也採買葡萄釀造，或買釀好的葡萄酒，經過培養之後以酒商的名義裝瓶銷售，不同於波爾多酒商裝瓶的酒常常品級較低，布根地許多知名的酒商也能生產出頂級的上好布根地葡萄酒。至於無法自行釀酒的葡萄農，則將採收的葡萄，繳交給加盟的釀酒合作社酒廠，統一釀造與銷售，產量大的釀酒合作社提供最價廉物美的布根地葡萄酒。在布根地，這三者之間的關係特別複雜，也深深影響葡萄酒的特色，

Part II 第2章將分別剖析這三個布根地酒業的產酒單位，瞭解他們各自扮演的角色與實際的運作情況。然後在Part III，在布根地各區的酒村裡，可以找到布根地的代表性酒莊，酒商與合作社。

4個等級

布根地所有的葡萄園全都依據園中的自然條件，詳細分成四個等級，雖然產區很多，但四個等級卻很容易辨識，每一瓶布根地葡萄酒的標籤上都會註明。

品級最高的稱爲特級葡萄園(grand cru)，僅有不到2%的葡萄園被列入這個等級，大多是條件最好的村莊的最精華區。著名產酒村裡最好的或僅次於特級的葡萄園被列爲一級葡萄園(premier cru)，有近11%的葡萄園屬於這個等級。在布根地，唯有條件好的著名產酒村才能以村名做爲葡萄酒的名字，這些村子裡的優質葡萄園，除了特級與一級外，即屬於村莊級AOC法定產區(appellation communale)。其他符合種植條件的葡萄園則是一般的布根地地方性AOC法定產區。

當然，實際的分級並沒有這麼單純，在Part II的第6章裡會專門談到布根地的分級制度，並在Part III的每個村莊裡介紹各村的分級與最著名的列級葡萄園。

5大產區

布根地兩萬四千多公頃的葡萄園每年生產一億三千多公升的葡萄酒，它們分別來自五個不同的產區，由南到北相差兩百多公里。這些產區因爲自然與人文環境的不同，即使同樣是用黑皮諾或夏多內葡萄，卻各有不同的風味。

位在最北邊的夏布利(Chablis)因爲氣候寒冷，只產白酒，夏多內出現酸度高，口感較爲清淡的特色，並帶有特殊的礦石香氣。往南位在第戎市(Dijon)南邊的夜丘區(Côte de Nuits)則完全是紅酒的天下，出產全世界最頂級的黑皮諾紅酒，細膩而強勁，而且很耐久存。伯恩丘(Côte de Beaune)緊鄰夜丘區南邊，除了出產更爲柔美可口的黑皮諾，這裡也產全球最頂尖的夏多內白酒。再往南是夏隆內丘(Côte Chalonnaise)，同時出產紅、白酒。最南邊則是馬貢區(Mâcon)，黑皮諾已難有好表現，主要出產成熟度較高的夏多內白酒，口感較爲圓潤，常帶有甜美的熱帶水果香氣。

在Part III，讀者們可以探訪五大產區裡的三十多個酒村與村中的百家酒莊。

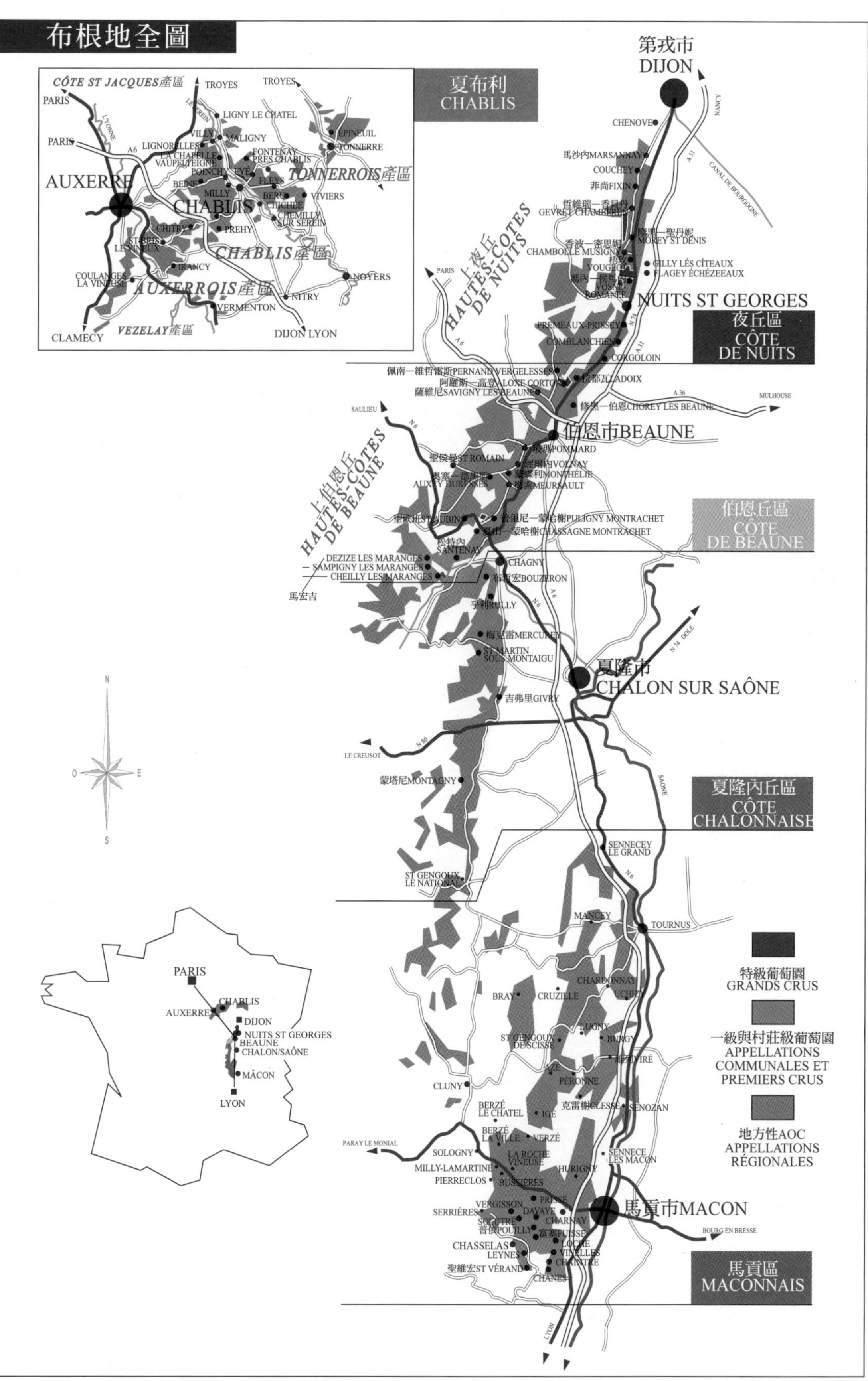

布根地全圖
第戎市
DIJON
夏布利
CHABLIS
CÔTE ST JACQUES產區
TONNERROIS產區
CHABLIS產區
AUXERROIS產區
VEZELAY產區
AUXERRE
CHABLIS
TROYES
PARIS
CLAMECY
DIJON LYON
LIGNY LE CHATEL
MALIGNY
EPINEUIL
TONNERRE
VIVIERS
NOYERS
NITRY
VERMENTON
IRANCY
CHITRY
PREHY
夜丘區
CÔTE
DE NUITS
上夜丘
HAUTES-CÔTES
DE NUITS
NUITS ST GEORGES
CHENOVE
馬沙內MARSANNAY
COUCHEY
菲尚FIXIN
MOREY ST DENIS
CHAMBOLLE MUSIGNY
VOUGEOT
GILLY LÈS CÎTEAUX
FLAGEY ÉCHÉZEAUX
PREMEAUX-PRISSEY
COMBLANCHIEN
CORGOLOIN
佩南一維哲雷斯PERNAND VERGELESSES
阿羅斯一高登ALOXE CORTON
薩維尼SAVIGNY LES BEAUNE
修黑一伯恩CHOREY LES BEAUNE
伯恩市BEAUNE
上伯恩丘
HAUTES-CÔTES
DE BEAUNE
POMMARD
VOLNAY
MONTHÉLIE
MEURSAULT
AUXEY DURESSES
PULIGNY MONTRACHET
CHASSAGNE MONTRACHET
松特內
SANTENAY
DEZIZE LES MARANGES
SAMPIGNY LES MARANGES
CHEILLY LES MARANGES
馬宏吉
伯恩丘區
CÔTE
DE BEAUNE
CHAGNY
BOUZERON
RULLY
梅克雷MERCUREY
ST MARTIN
SOUS MONTAIGU
夏隆市
CHALON SUR SAÔNE
吉弗里GIVRY
LE CREUSOT
蒙塔尼MONTAGNY
夏隆內丘區
CÔTE
CHALONNAISE
SENNECEY
LE GRAND
ST GENGOUX
LE NATIONAL
MANCEY
TOURNUS
CHARDONNAY
UCHIZY
BRAY
CRUZILLE
LUGNY
ST GENGOUX
DE SCISSÉ
AZÉ
PÉRONNE
CLUNY
BERZÉ
LE CHATEL
IGÉ
克雷榭CLESSÉ
SENOZAN
BERZÉ
LA VILLE
VERZÉ
PARAY LE MONIAL
SOLOGNY
LA ROCHE
VINEUSE
HURIGNY
SENNECE
LES MACON
MILLY-LAMARTINE
PIERRECLOS
BUSSIÈRES
PRISSÉ
VERGISSON
DAVAYÉ
SERRIÈRES
CHARNAY
馬貢市MACON
BOURG EN BRESSE
CHASSELAS
LEYNES
CHAINTRÉ
聖維宏ST VÉRAND
CHANES
馬貢區
MACONNAIS
LYON
SAÔNE
MULHOUSE
SAULIEU
NANCY
CANAL DE BOURGOGNE
N
S
O
E
PARIS
CHABLIS
AUXERRE
DIJON
NUITS ST GEORGES
BEAUNE
CHALON/SAÔNE
MÂCON
LYON
特級葡萄園
GRANDS CRUS
一級與村莊級葡萄園
APPELLATIONS
COMMUNALES ET
PREMIERS CRUS
地方性AOC
APPELLATIONS
RÉGIONALES

PART I

自然與葡萄樹

Nature et Vigne

經過兩億年的積累與地層變動，造就布根地那些稀有難得的侏羅紀山丘，現在，從布根地的葡萄酒裡，又勾起了埋藏兩億年的地底故事。

嬌貴古怪的黑皮諾葡萄和種遍全世界的夏多內葡萄是布根地的兩大主角，對於他們數百年來所生長的侏羅紀土質與布根地氣候，似乎十分地敏感。即使是些微的地層變動，山勢的轉向，都會讓釀成的葡萄酒在風格上有著天壤之別。陽光的角度、風流的方向、山坡的斜度、海拔的高低、石塊的大小，所有可以想像到的細節，全都精細地構成了布根地這片特別屬於黑皮諾和夏多內的葡萄酒樂土。

如此的巧合，與其說是大自然的意外傑作，似乎更像是上天的巧心安排。每回，當我拉出軟木塞，打開一瓶布根地葡萄酒時，那一片滿山葡萄園的美麗景致就從酒裡悠悠地飄出。

第1章 布根地葡萄園的自然環境

Environement naturel de bourgogne

越認清布根地的氣候與土質，越讓人覺得環境與自然的稀有難得：上億年前布根地淺海裡的海百合與牡蠣，數千萬年之後的珊瑚與海膽以及四萬年前阿爾卑斯山造山運動把布根地擠成成排的山坡，還得有千萬年來的風與雨的侵蝕與沖刷，才有現在布根地這片面東的侏羅紀山坡。不高不矮的中央山地，阻撓了來自大西洋過多的水氣，造就了布根地寒冷乾燥卻又夠溫暖的氣候，歐洲溫帶海洋與大陸性氣候交界拔河的地帶。

如此細數不盡的細節以及如此漫長的巧合與機緣，地球上有了這片獨一無二的土地，等著布根地人來發掘成葡萄酒樂土。

●10月初，採收季剛過，高登山(Montagne de Corton)的葡萄園開始染成金黃。

布根地的氣候
Climat de Bourgogne

法國的氣候條件得天獨厚，佔據了西歐臨近大西洋岸最精華的地帶。沿著海岸，北上而來的墨西哥灣暖流調和了寒冷的氣候，並帶來水氣。法國著名的城堡之鄉羅亞爾河流域，因受惠於大西洋的影響，氣候溫和怡人，發展出優美的林園景致。

冷熱極端的氣候型態

但是偏處法國東部的布根地就沒有這麼幸運了，離海遠，中間又有中央山地，來自大西洋的影響大部份在半途就被阻隔了下來。布根地就位在溫帶海洋性氣候與大陸性氣候的過渡地區，冬季非常寒冷，一月份的均溫只有1.6℃，-10℃的低溫頗爲常見，-20℃的超低溫也偶而出現；而最熱的七月，均溫也只有19.7℃，但最熱時卻可高達38℃，是冷熱極端的大陸性氣候風格。

這裡已經接近葡萄種植的極限，但熟悉葡萄特性的人都知道，越是生長於高緯度的臨界點，葡萄越能表現它細緻的一面。只是在這樣的區域裡葡萄很難到處種植，葡萄園的選擇更爲嚴苛。

降雨量的影響

因山地阻隔飽含水氣的西風，布根地的年雨量約700公釐，比沿海的波爾多少一百多公釐，在乾旱的年份雨量甚至會低於450公釐。雨季主要集中在5、6月，經常影響6月的開花。乾季在2月以及收成時的9月。至於10月份的氣候比較不穩定，有時連綿大雨，有時萬里晴空，常會影響年份的好壞。

因爲過多的水份會讓葡萄酒的味道變淡，也可能使葡萄發霉腐爛，所以成熟季最怕出現大雨，但是過於乾燥又會讓葡萄停止成熟。因爲雨量低，布根地的陽光還算充沛，每年有2000小時的陽光，比波爾多的2150小時只略少一點，但比香檳和阿爾薩斯多。有四分之三集中在4到9月份的成長季，剛好有利葡萄的成熟。

氣溫、陽光和降雨是影響葡萄生長的主要氣候條件，布根地因爲種植早熟的黑皮諾和夏多內，即使在氣候條件上只能算勉強達到低標，還是足以讓葡萄達到相當的成熟度，不過若是

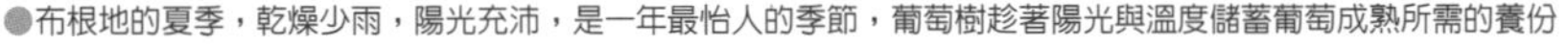

●布根地的夏季，乾燥少雨，陽光充沛，是一年最怡人的季節，葡萄樹趁著陽光與溫度儲蓄葡萄成熟所需的養份。

要生產高等級的葡萄酒，還得依靠小氣候(microclimat)的有利條件以提供特殊的環境。

小氣候

影響小氣候的因素很多，諸如葡萄園的坡度、向陽背陽、表土顏色等等，都能產生驚人的影響力。向東面的山坡因爲能接收自清晨至下午的太陽，不僅受光佳，溫度也高，比北面的葡萄園條件好很多。另外能夠躲避乾冷北風的向南坡或背斜谷(combe)也可以讓葡萄園的溫度提高很多。表土的顏色越深，吸熱效果越好，顏色越淡則能反射光線。如果土中多石塊更具有保溫的效果，可以在夜間慢慢地將白天吸收的熱慢慢散發出來。

春霜與冰雹

春霜和冰雹是布根地最常見的威脅，是葡萄農心中的兩塊陰影，可以在瞬間破壞全年的收成，在大部份的情況下，葡萄農們對此都愛莫能助。霜害主要出現在潮濕的寒夜，特別是水氣多的谷底或平原區最常發生，春天剛發的嫩芽，只要碰上-4℃以下的霜就很難存活。冰雹主要發生在四到八月間，雖然範圍小，但損害卻相當嚴重，顆粒較大的冰雹會打爛葡萄的芽、枝葉和果實，甚至連樹幹都會受傷。

各產區的氣候差異

布根地的葡萄酒產區南北呈狹長分佈，有兩百多公里的差距，因爲緯度的不同，各地的氣候也有所差別。最北邊的夏布利(Chablis)的氣候最爲寒冷，但因爲西面不像金丘區(Côte d'or)有中央山地的屏障，雨量較多，-20℃以下的低溫時有所聞，即使在4、5月都常出現0℃以下的低溫，霜害頻繁。夏布利也因此是布根地最晚發芽及最晚採收的地區。

至於中部的金丘區和夏隆內丘區(Côtes Chalonnaises)並沒有太大的氣候差別，只有金丘區北面的夜丘(Côte de Nuits)平均溫度比較寒冷。最南邊的馬貢地區(Mâcon)，因爲還受到一點點來自南部地中海的影響，雨量比較高一點，氣溫也比其他區溫和許多，讓本地的葡萄成熟較快。由於北冷南熱的氣候，每年葡萄的採收都是先由馬貢地區開始，然後逐漸往北，接著是夏隆內丘，伯恩丘、夜丘，最後才是夏布利。

歷經上千年所累積的經驗，小氣候的變化已經被精確地運用在葡萄的種植上，結合本地繁複多變的土質，小心翼翼地造就了布根地這片難得的葡萄酒樂土。比起南部和西部的產區，布根地的葡萄種植因氣候過於寒冷顯得困難重重，但卻也帶來了最珍貴的機會，獨家擁有出產黑皮諾與夏多內葡萄酒的最佳自然條件。

布根地葡萄園的地下土層分析
Sol & sous sol

大部份的人都相信布根地的土質是全世界葡萄酒產區中最複雜的一區。這個印象一方面肇因於布根地用同一個品種，就能變幻出許許多多，個性獨具的葡萄酒。另一方面，也因爲千年來，有關布根地的土質與地下土質的研究多如牛毛，都想自土地中探尋葡萄酒的秘密，更何況，布根地葡萄園的分級有絕大部份是依照自然條件來區分(當然，按照歷史因素的也不少，畢竟這裡是布根地——傳統可使鬼推磨的地方。)，而土質與地下土質是分級標準中最重的一環，所以連一般想品嘗布根地葡萄酒的人，都還得先研究些地質知識才能更進一步瞭解布根地葡萄酒的精髓。

其實許多產地，像波爾多、阿爾薩斯等地，土質都比布根地複雜，但可沒有人想過他們可以取代布根地的地位。布根地全區的葡萄園被劃分成數以千計的小片，而且還被細分成不同的等級，有時即使僅是咫尺之遙，釀成的酒就能有天壤之別，總讓人想要一探究竟，追尋地質的解釋。

歷年來，不斷地有人想要探究布根地土質與葡萄酒之間的關係，但是至今沒有人能得到滿意的答覆，我試著將現有較確定的資料做一整理，但太多的變數讓許多似乎成理的看法都有成堆的反例待釐清。葡萄酒的變化向來就是「我行我素」很難爲人掌握，或許有朝一日我們可以清楚地揭露這些埋在布根地底下的神秘自然機制；也或許，這將永遠是個無解的謎團，而這一份神秘感正是布根地葡萄酒的迷人之處。

布根地地質的兩億年形成史

在約兩億年前，恐龍主宰著陸地的侏羅紀時代，布根地（事實上幾乎是整個歐洲）曾經陷落成爲一片海洋，歷經六千多萬年，豐富的海中生物在以花崗岩爲主的火成岩塊之上，堆積出厚達上千公尺，不同時期的侏羅紀岩層。這些以石灰岩和泥灰岩爲主的各式岩層，正是布根地變化多端的葡萄酒風味最重要的源頭。關於布根地葡萄園地底下的故事得從這講起。

提亞斯岩層(Trias)

大部份布根地的葡萄園都位在屬中生世的侏羅紀岩層，但是在產區的邊陲地帶，如金丘區(Côte d'or)南端、夏隆內丘(Côte Chalonnaises)南端及南部的馬貢區(Mâcon)，以及偏西的Couchois等產區內，有些葡萄園卻位在同屬中生世，比侏羅紀早上數千萬年的的提亞斯(Trias)岩層上。

提亞斯岩層比較貧瘠，介於火成岩和結晶岩以及侏羅紀的沉積岩之間，以頁岩爲主，常混合著來自結晶岩風化或沖刷作用產生的物質，碎裂的雲母頁岩和紅色砂岩是最常見的兩種。由於年代較早，在金丘等產區大多深埋於百公尺以下的地底，對葡萄樹很少帶來影響，如果往山區走，橫切金丘區的峽谷內經常可以看見這些較古老的岩層。

夏隆內丘的蒙塔尼(Montagny)區內有一些黏土質高的提亞斯葡萄園，生產清淡、帶礦石與香料味的夏多內白酒。不過，一般而言，夏多內和黑皮諾都不太適合這種土質，只有加美葡萄有比較好的表現。

侏羅紀早期(Jurassic inférieur)

里亞斯岩層(Lias)

地層的陷落由巴黎盆地開始，接著布根地也

●特級葡萄園高登-查理曼(Corton-Charlemagne)位在Agrovien的岩層上。

逐漸爲海洋所淹沒，一直到侏羅紀結束，布根地和歐洲大部份的地區一般，幾乎全都泡在海底。此時期的沉積物形成了混著許多牡蠣的藍色石灰岩，以及含高比例石灰的泥灰岩。岩層中經常可以找到巨型菊石和箭石的化石，和牡蠣同爲此時期本地最常見的生物。

布根地葡萄酒產區的岩層以侏羅紀中期和晚期爲主，早期屬里亞斯的岩層主要分佈在較偏西部的台地區，在伯恩丘南邊的松特內(Santenay)和馬宏吉(Marange)村內的普通村莊級AOC葡萄園也可找到，出產風格較粗獷的黑皮諾紅酒，夜丘區則多位於哲維瑞-香貝丹村(Geverey-Chambertin)附近的坡底處。夏隆內丘南邊以產白酒著名的蒙塔尼區內也有不少里亞斯土質，上夜丘與上伯恩丘區內也偶而可見。

侏羅紀中期(Jurassic moyen)

在這一時期，地球開始進入溫暖的週期，高溫潮濕的氣候讓當年的「布根地海」裡繁衍了大量的生物，海百合、牡蠣、貝類等等死後沉積於海底而形成「巴柔階」與「巴通階」兩個侏羅紀中期的岩層，分別是今日夜丘區與伯恩丘區最重要的土質來源。

巴柔階(Bajocien)

在巴柔階早期最典型的岩層是海百合石灰岩(calcaires à entroques)。這種當時生長於淺海的棘皮動物，數量非常龐大，斷落的觸手殘骸積累成質地堅硬的石灰岩層，不僅是本地重要的建材，也是夜丘區山坡中、下段主要岩層，更是區內許多頂尖葡萄園地底最重要的岩質，非常適合黑皮諾葡萄的生長。其中最著名的包括香貝丹(Chambertin)、梧玖莊園(Clos de Vougeot)、(Grand-Echezeaux)等夜丘區紅酒特級葡萄園，都是位在這樣的土地上。

巴柔階晚期的岩層較爲柔軟，黏密，含有許多泥灰質，並且內含許多小型牡蠣(Ostrea acuminata)化石。這一時期的岩層僅厚8至10公尺，以泥灰質石灰岩爲主，由於質地軟，具透水性，可以積蓄水份。這一時期的岩層在布根地葡萄園裡也扮演相當重要的角色，是種植黑皮諾葡萄的最佳土質之一，分布主要還是以夜丘區爲主，山坡中段的精華區多位在此岩層之上；例如摩黑-聖丹尼村(Morey Saint- Denis)的特等葡萄園——羅西莊園(Clos de la Roche)、聖丹尼莊園(Clos St. Denis)等名園，以及蜜思妮(Musigny)、侯馬內-康地(Romanée-Conti)、侯馬內(La Romanée)等特等葡萄園也都包含在內。伯恩丘內主要集中在南部松特內(Santenay)和夏山-蒙哈榭(Chassagne-Montrachet)等村內。另外在馬貢區內如Solutré和Loché等地也很常見。

●夏布利(Chablis)特級葡萄園Les Clos滿佈著Kimméridgien時期的岩塊，出產充滿礦石味的頂級白酒。

巴通階(Bathonien)

地層不斷地陷落使海水逐漸加深，巴通階時期的沉積物已較少見豐富的牡蠣、螺貝或海百合等淺海生物。所累積成的岩質較少泥灰質，開始出現較爲堅硬的純石灰質岩。

首先巴通階最底層的是質地細密，含矽質的培摩玫瑰石(Pierre rosée de Prémeaux)。這種石灰岩層在夜丘區的山坡中段很常出現，如馮內-侯馬內(Vosne-Romanée)村著名的麗須布爾(Richebourg)特級葡萄園就位在玫瑰石岩層之上。另外包括蜜思妮、香貝丹-貝日莊園(Chambertin Clos-de-Bèze)等名園的上坡處也都位此岩層上。

緊接著覆蓋之上的是碳酸鈣粒間雜著其他化石堆積成的白色魚卵狀石灰岩(Oolithe blanche)，因爲質地較粗鬆，較容易風化爲土壤，此時期的沉積物多，厚達數十公尺。夜丘區各村莊(特別是在夜丘區北部更常見)，在上坡處常有葡萄園位居這類岩層之上，通常下面都緊貼著培摩玫瑰石。伯恩丘區在渥爾內村(Volnay)和梅索村(Meursault)交接處也有許多巴通階石灰岩，包括Clos des Chênes及Santenots等葡萄園都是，出產較強硬的黑皮諾紅酒。夏隆內丘的梅克雷村(Mercurey)也有類似的同期岩層。

最後，在巴通階晚期，堆積出堅硬的貢布隆香石灰岩(Comblanchien)，由於有些大理石化成變質岩，在侏羅紀各岩層中，質地最堅硬，是布根地最佳的建材。在夜丘區山頂上貧瘠的硬石層多半都是由貢布隆香石灰岩構成。在伯恩丘南部自Meursault村以南，位於較高坡處也有許多巴通階時期的岩層，最著名的要屬布根地白酒的黃金區段歇瓦里耶-蒙哈榭(Chevalier Montrachet)。

侏羅紀晚期(Jurassic supérieur)

到了一億五千萬年前，隨著沉積的增加及地層的上升，海水逐漸消退，布根地海又回到起初淺海的狀態，海中生物又再度繁衍。

Callovien岩層

最早的Callovien岩層，以珍珠石板岩(Dall nacrée)爲代表，這種由大量的貝類殘骸所積累成的岩層，因含有許多貝殼內部的珍珠質而發出美麗的光澤。在伯恩丘區，這是下坡處主要的岩層，許多村莊內位在較山腳下的村莊級及一級葡萄園都位此岩層上，如伯恩丘市的Les Boucherotte、Les Grèves及玻瑪村(Pommard)的Epenot等葡萄園。另外更著名的是在普里尼-蒙哈榭村(Puligny-Montrachet)內的特等葡萄園蒙哈榭和巴達-蒙哈榭(Bâtard-Montrachet)等名園，在表土之下即是珍珠石板岩。覆蓋在珍珠

石板岩之上的是含有高比例鐵質的紅色魚卵狀石灰岩(oolithe ferrugineuses)，有時混雜著泥灰質和菊石化石，岩層本身很薄，只及數公尺，在伯恩丘內很常見，如玻瑪村的Pouture及高登(Corton)下坡處。這兩種Callovien岩層在夏隆內丘區及馬貢區也都相當常見。

Argovien岩層

過了Callovien時期，開始進入以泥灰岩沉積物爲主的Argovien(又稱爲Oxfordien)時期。大量的淺色泥灰岩和泥灰質石灰岩構成了厚達上百公尺的Argovien岩層。這是伯恩丘區中坡段精華區的主要地下岩層，許多精彩的葡萄園如特級葡萄園高登-查理曼(Corton-Charlemagne)和高登，渥爾內村的Clos des Ducs、Les Caillerets、玻瑪村的Les Rugiens以及梅索村的Les Perrières等等。Argovien岩層因各地沉積物質的不同，質地相差很大，有泥灰岩也有石灰岩或兩者的混合。其中伯恩丘區最常見的玻瑪泥灰岩(Marne de Pommard)和佩南泥灰岩(Marne de Pernand)等屬於質地黏密，較多黏土質的泥灰岩相。

Rauracien岩層

接續Argovien的是Rauracien時期，因爲氣候更爲溫暖，讓布根地海的淺海區生長了許多的珊瑚與海膽，死後的屍骸混和著魚卵狀石灰質積累成堅硬的石灰岩層，伯恩丘山頂上的硬磐，經常由這種珊瑚岩所構成，質地太堅硬，無法種植葡萄。高登山頂上的樹林區是最典型的代表。

Kimméridgien及Portlandien岩層

大部份布根地葡萄酒產區的侏羅紀地下岩層到Rauracien之後就已經結束，更晚近的侏羅紀岩層全集中在歐歇瓦(Auxerrois)的夏布利(Chablis)產區內。單獨位在西北邊的夏布利離金丘區一百多公里，產區內的主要岩層雖然也是屬侏羅紀晚期，但是卻完全不和布根地其他產區重疊。

Kimméridgien的年代較早，主要位在山腰處，屬於含白堊質的泥灰岩，質地軟，含水性佳，間雜著石灰岩和小牡蠣(Ostrea virgula)化石，適合夏多內葡萄的生長。在夏布利地區，只要是品級較高的葡萄園全都位於Kimméridgien岩層上。年代較晚的Portlandien，以石灰岩爲主，所以質地堅硬，主要位在高坡處，常是構成山頂硬磐的主要岩質，產自Portladien的夏多內白酒比較清淡多果味。

布根地海在一億四千萬年前Portlandian晚期，又逐漸消退，露出海底，結束長達六千萬年的侏羅紀。但沒隔多久，在白堊紀(Cretacerous)時期布根地與歐陸又再度爲海水所覆蓋，堆積成顏色純白、質地粗鬆的白堊岩，現今布根地葡萄酒產區內並沒有留存這個時期的岩層，法國的白堊土質主要位在北方的巴黎盆地及香檳區內。

新生世第三紀(Tertiaire)

在新生世第三紀的漸新世(Oligocene)，距今四千多萬年前左右，阿爾卑斯山的造山運動造成地表的上升，海水再次逐漸消退，讓原本陷落的布根地海底又慢慢冒出海面。地表板塊的擠壓力又將這片剛升起的侏羅紀岩層推向西面的中央山地。岩質較爲柔軟的沉積岩碰上硬質花崗岩構成的中央山地時，開始在交界處形成幾道隆起的皺摺，最後擠壓成呈南北向平行排列的山脈，推擠的過程也形成了數道讓岩層碎裂、山脈陷落的斷層。這片沉積岩山區最東面的第一道隆起山脈即是現今布根地的金丘、夏隆內丘及馬貢的前身。

造山運動讓地勢升起，同時也讓侵蝕的速度加快，風和雨水蝕刮山上的岩層，並帶到山下

●金丘山坡邊是新生世第四紀堆積成的布烈斯平原，土壤肥沃，已經不適合種植葡萄。

來，在谷地形成堆積作用。金丘區的斷層帶造成的地層陷落也由碎裂的岩石和沖積物慢慢地堆出一片面東的山坡。現在布根地接近山腳下的葡萄園裡，有許多都堆積著這一時期沖刷來的土壤和石塊。

新生世第四紀(Quaternaire)

距今兩萬年前，進入新生世第四紀，因氣溫降低，地球進入冰河時期，布根地因位處冰凍區的邊緣地帶，夏季短暫的融冰加上第四紀五次的冰河期的大融冰，對本地的侏羅紀山坡產生了大規模的侵蝕與沖刷作用，形成更爲和緩的山坡，並在山坡上侵蝕出內凹成半圓形的背斜谷，向外堆積成沖積扇。植物對岩層的作用也將岩層表面化爲土壤，往山下沖刷。累積第三紀與第四紀的堆積作用，形成了土壤深厚，肥沃平坦的布烈斯平原，今日布根地葡萄酒產區的大致面貌就在此時完成。

從岩層到土壤

葡萄的根部可以向下紮得相當深，常達數公尺，不僅穿過表土和底土，甚至可穿透岩層，所以有關葡萄園土質的研究重點不僅僅是在表土及底土，也著重對地下岩層的認識，畢竟土壤本身也是由岩層蛻變而成。

自然力的作用

侏羅紀各時代的岩層雖然按照年代沉積，但布根地的葡萄酒產區剛好位居斷層帶，因爲受到板塊擠壓，造成岩層的扭曲與傾斜，斷層的錯動更讓兩側的岩層垂直位移，使得葡萄園內的地下土質錯綜複雜。伯恩丘的頂尖葡萄園蒙哈榭和歐瓦里耶-蒙哈榭是最好的例子：一條南北向的斷層橫過這兩個葡萄園的交接處，讓下坡處的蒙哈榭的岩層往下陷落成Callovien岩層，位居上坡的歐瓦里耶-蒙哈榭則相對向上拉升，出現較古老，夜丘區的主要岩層——巴通階。這個斷層意外地讓蒙哈榭葡萄園同時擁有夜丘和伯恩丘的土質，成爲複雜的組合。

除了斷層，歷經上億年的自然侵蝕（包括風、雨、溫差、酸鹼變化及植物根部的作用等等）之後，岩石崩落，碎裂成小石塊，一些較爲脆弱的泥灰岩也轉化爲土壤，經年累月由雨水往山下沖刷，在岩層上慢慢堆積成土壤。

由於較大的岩塊比較不容易被帶到山下，所以上坡處通常坡度較陡峭，表土淺，石多土少，排水效果特佳，但無法蓄積水份，而且土地貧瘠，很難提供足夠的養份。下坡處則剛好相反，匯集了來自山上各種不同岩層的土質與石塊，坡度和緩，土壤較深，土質肥沃；缺點是結構緊密，排水稍差。

其實布根地大部份品質最好的葡萄園都位在山坡中段，因爲地質條件比較均衡。不過土的多寡和地下岩層的質地有關，若遇上堅硬的石灰岩，不僅土少，也很難讓葡萄樹根往下伸展，但若是泥灰岩，即使是位於高坡處也有含水的功能，葡萄根也容易穿透岩層。

人為的改變

除了大自然，人爲的力量也讓土壤產生巨大的變化，布根地的葡萄種植已經有一千多年的歷史，對地貌的改變已經超乎想像，單獨地種植同一種作物，而且每公頃有高達一萬株葡萄樹，讓土壤內的養份與礦物質逐漸枯竭。

此外，許多葡萄農自山區運來土壤，以改善葡萄園的種植條件，最出名的例子是十八世紀中，Philippe de Croonembourg自上夜丘山區搬運四百輛牛車的紅土以「改善」歷史名園侯馬內-康地的土質。雖然現在葡萄酒法律已經禁止這樣的行爲，但是改變已經造成(諷刺的是，這似乎常常讓出產的葡萄酒變得更好)。

現在，重型機械也開始被用在葡萄園的整地上，碎石機把堅硬的地下石灰岩層絞碎，加深土壤的深度，讓原本土淺貧瘠的土地條件更加優秀。

主要的土質元素

由侏羅紀各時期岩層演變而來的布根地土壤形形色色，內含的不同土質讓土壤表現出獨特的質地和結構，對生長其上的葡萄樹帶來許多複雜的影響。布根地的土質錯綜複雜；無論如何，侏羅紀的岩層以海積的石灰岩和泥灰岩爲主，所以演化成的土壤通常是石灰質黏土，成爲布根地葡萄園裡最主要的土質。由於累積數千萬年的沖刷與混合，很多土壤已經很難辨別原本來自那一類岩層，但至少由土中所含各種物質的比例，還是可一探土壤的特色。

黏土質

黏土質是布根地葡萄園中重要的成份，只要雨天走一趟布根地區內的葡萄園就可以親身體驗，鞋底下必定黏著一層厚厚的黏土。一些位於山坡中段的頂級莊園如蒙哈榭、羅西莊園、香貝丹等等，黏土含量都高達30到40%之間，巴達-蒙哈榭甚至高達50%。

黏土質地細滑而黏密，保水能力強，但是乾燥時容易結成硬塊，排水和通氣性都很差，對喜好乾燥的葡萄有不良的影響。

但是黏土質中含有許多葡萄生長所需的礦物質（事實上黏土本身就是礦物質的結晶），而且黏土常帶有正、負離子，其產生的離子交換有助葡萄根部養份的吸收。所以即使黏土在物理結構上並不特別適合葡萄的生長，但卻提供其他更重要的環境與元素。一般而言，黏土質可以讓黑皮諾和夏多內葡萄生產出口感較強勁豐富的葡萄酒，但卻比較難出現細膩的變化。

砂質土

和黏土特性相反的是砂質土，土質粗鬆而不相連，排水性及通氣性佳，一般在布根地的土質中，砂質含量較低，若和黏土結合，可以提高排水透氣的效果。

石灰土

侏羅紀的岩層有許多都是石灰岩，布根地的土壤中也常見石灰土。這類土質內含有許多的碳酸鈣，具有中和酸性土的功能，對喜愛微鹼性土的黑皮諾與夏多內葡萄是相當理想的土質，但是比例太高的碳酸鈣還是會對葡萄造成傷害，影響葡萄樹吸收鐵質。至於其他像加美(Gamay)及希哈(Syrah)等比較喜好酸性土的品種，在石灰土上則很難有好表現。有人認爲含石灰質較多的土壤似乎可以讓黑皮諾葡萄表現出優雅的風格，這並非絕對，例如夜丘區以細緻出名的蜜思妮葡萄園，其石灰質含量特別低，反而黏土質很多。不過伯恩丘以細膩聞名的渥爾內酒村，土質中較多石灰，黏土質反而較少。

石塊

混雜在土壤中的石塊可以讓土壤提高排水、透氣的功能。性喜乾燥的葡萄樹通常喜愛生長在多石的土中。在布根地幾乎毫無例外，所有頂尖的葡萄園內都含有相當高比例的石塊。布根地葡萄園的黏土質多，但因爲大多位居山坡，土中含有許多石塊，剛好解決了土壤透氣性與排水性不良的缺點，在土中留下較多的間隙，不僅可以讓葡萄根部吸收氧氣，還可以讓雨水直接滲入底土，而不是直接順坡而下造成沖刷使土壤流失。

●上：布根地最好的葡萄園都位在山坡中段，如特級葡萄園蒙哈樹，地質條件非常均衡。
●中：混雜在土壤中的石塊可以提高排水與透氣的功能。
●下：黏土質地細密，保水力強，乾燥時容易結成硬塊，排水和通風性都很差。

腐植質

土壤中的腐植質來自葡萄園內腐敗的落葉或藤蔓等有機物質，但也可能來自人爲添加的堆肥。腐植質分解產生的二氧化碳、蛋白質、氮、磷、鉀、鈣、鐵等物質都可以由葡萄樹的根吸引利用，是養份的主要來源。雖然葡萄樹喜好貧瘠的土地，但仍需要適當的養份，土壤中的有機質也可增加蚯蚓等土中生物的活動力，可以維持土中活的生態環境。位在山腳下的土壤通常含有較多的腐植質，特別是由淤泥構成的平原區，比例更高，土質常太過肥沃。

含腐植質高的腐植土其保肥與保水性都不錯，很適合一般植物的種植，但因屬於酸性土，對喜好鹼性土的葡萄並不是最好的土質。

礦物質

土中所含的許多種礦物質，如氮、磷、鉀、鈣、氟、鎂、鐵等等都是葡萄生長所需的重要物質，分別對葡萄提供各自的功能，例如鉀有助於葡萄莖幹的生長，磷有利於葡萄果實的成熟，氮使葉片生長茂盛，鎂可以增加葡萄的糖份與減少酸味。土中礦物質的來源有部份來自岩石本身，但也可能來自土中的腐植質、堆肥或人工肥料。

和其他土質一樣，土壤中礦物質的含量必須

●左：位在山坡下的葡萄園含有較多的腐植質，比較肥沃，反而不利葡萄生長。●中：夜丘區的山坡中段常出現褐色石灰質黏土，混合著從山頂沖刷下來的石灰岩塊。●右：金丘山坡頂上的葡萄園石多土少，出產多礦石味，比較細膩清瘦的葡萄酒。

均衡才能讓葡萄有最佳的表現，過多或不足都會帶來麻煩，布根地過去的鉀肥害即是一例。布根地的葡萄園已經歷經上千年的耕作，所以土中有許多種礦物質大多消耗殆盡，得依賴人工添加，比較富有的酒莊會先進行土質分析，再計畫施用含不同礦物質的肥料。

各地區地質特色

歐歇瓦地區(Auxerrois)

獨自位在布根地北邊的歐歇瓦區距離金丘區遠達一百多公里，地質結構和布根地其他地區完全不同，反而和巴黎盆地比較接近，和羅亞爾河的松塞爾(Sancerre)產區及香檳區南邊的Aube產區都屬同一岩層區。最常見的是侏羅紀晚期的Kimméridgien和Portlandien岩層所構成的低緩丘陵，前者位於下方，構成山坡上的主要土質，屬於含豐富白堊質的泥灰岩土，經常混雜著許多貝殼化石，不僅耕作容易，而且有保持水份的功能；後者屬侏羅紀最晚的岩層，所以位在Kimméridgien之上，常常構成坡頂的堅硬岩塊。

相較於金丘區的複雜變化，本區葡萄園的土質較為單純，不是前述兩種土質就是兩者的混合。寒冷的氣候、土質不適合加上缺乏黏土質，使得黑皮諾在本區內很難有驚人的表現，經常顯得清瘦，少見豐腴的口感。歐歇瓦區內主要種植夏多內葡萄，以夏布利最為著名。一般而言，Portlandien的土壤讓夏多內表現出以果香為主的白酒，簡單、可口，比較適合年輕飲用的類型。

●夏布利(Chablis)產區最著名的Kimméridgien岩石。

生長在Kimméridgien土質的夏多內就比較特別，經常帶有獨特的礦石香氣，和頗為堅硬的體質，有久放的潛力。夏布利最好的葡萄園都是屬於這種土質，特別是在村北，西連溪(Serein)北岸的多石山坡上，有全區最著名的七個特級葡萄園，以及Faurchaume、Mont de Milieu及Montée de Tonnerre三個最有個性的一級葡萄園。

夜丘區(Côte de Nuit)

夜丘區內以侏羅紀中期的巴柔階和巴通階時期的岩層為主。下坡處的地下岩層經常是由巴柔階的岩層所構成，如早期的海百合石灰岩，以及晚期，質地較柔軟，由許多小牡蠣構成的Ostrea acuminata岩層；中坡處以上則全是巴通階的岩層，包括培摩玫瑰石和容易風化的白色卵狀石灰岩，這些都是黑皮諾葡萄最喜愛的岩層。夜丘區坡頂的岩層主要都是巴通階晚期的貢布隆香石灰岩，質地堅硬，難以耕作。

夜丘區所處的面東山坡

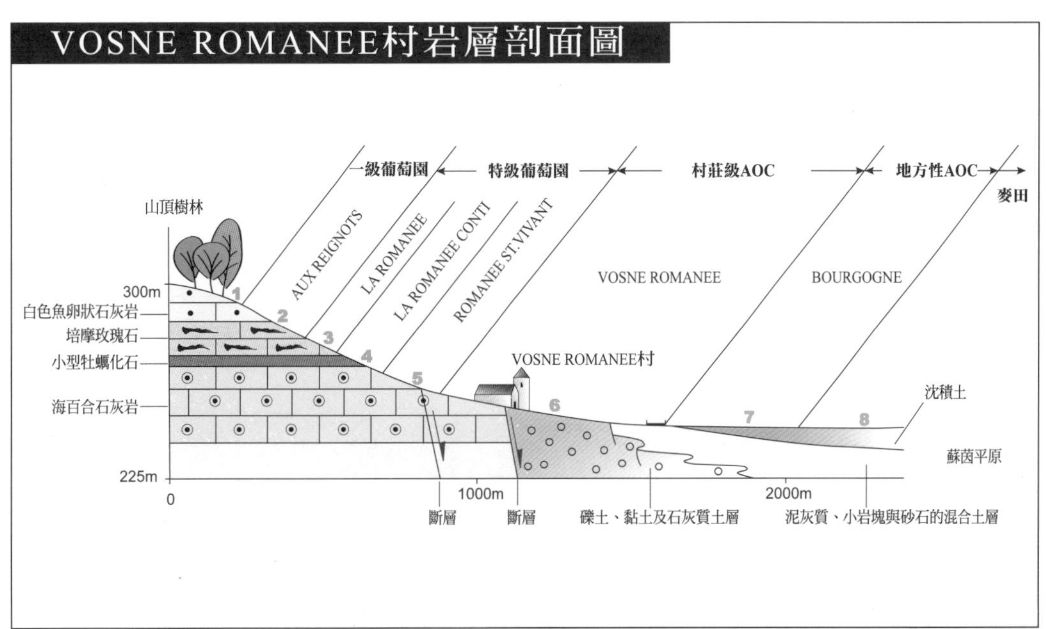

Vosne-Romanée村岩層剖面圖

位在夜丘區的Vosne-Romanée村以出產頂級的黑皮諾紅酒聞名，如同大部份的夜丘區酒村，最精華的葡萄園都位在侏羅紀中期的岩層之上。1.坡頂樹林的部份主要由巴通階的白色魚卵狀石灰岩構成，幾乎沒有土壤，葡萄樹無法生長。2.往山下的第一片葡萄園Aux Reignots是一級葡萄園，坡度陡斜甚至超過15%，土少石多，土壤內含有高比例的石灰質，出產較為細瘦的紅酒。下坡處開始進入巴通階的培摩石灰岩層之上。3.從La Romanée開始進入精華區，坡度稍平緩(12%)培摩石灰岩層上覆蓋著混合著石塊的褐色石灰質黏土。4.Romanée-Conti的表土層含有更多的黏土質，土中的石塊比上坡少，地下岩層部份由巴柔階的小型牡蠣化石構成，屬較柔軟黏密的泥灰質岩。5.Romanée-Saint-Vivant的坡度更為和緩，僅達3%左右。土壤較深厚，主要為自山坡沖刷而下的褐色石灰質黏土，地下岩層由堅硬的海百合石灰岩構成。6.再往下是Vosne-Romanée村及村莊級葡萄園，因為蘇茵斷層穿過，造成右側岩層陷落，由侏羅紀直接跳到新生世第三紀的漸新世時期堆積的礫石，黏土與石灰，以及更晚期新生世第四紀混合砂質土，泥灰質土以及小石塊的土層。地勢平坦，排水較差。7.在N74公路的右側則完全進入蘇茵平原區，全是既深且肥沃的沉積土壤，含高比例的河泥，屬地方性AOC的普級葡萄園。8.屬河泥區，肥沃潮濕的土壤適合種植小麥等穀類作物，不利葡萄的生長。

上，在靠近坡底處有一條蘇茵斷層經過，斷層西側即是平原區，是一片深達百公尺以上的第四紀沉積土層。斷層西面即是主要葡萄園所在的山坡，幾條副斷層呈南北向，沿著山坡平行切過，讓前述的侏羅紀中期的各類岩層的分佈出現上下的位移。在岩層之上附著一層相當淺的表土，特別是山腰之上，土壤只有數十公分厚，主要來自風化的泥灰岩，大多是混合許多小石頭的石灰質黏土。夜丘區的土質石灰質含量高，是黑皮諾的最愛。

夜丘區南北全長只有20公里，山坡比較陡，同時寬度也相當狹窄，最窄處只有200公尺。在哲維瑞-香貝丹村、香波-蜜思妮村以及夜聖僑治市三個地帶被侵蝕出明顯的背向谷，並且在下坡處形成土壤較深厚的沖積扇。

●Argovien時期的泥灰質石灰岩讓高登-查里曼葡萄園生產全布根地最雄壯堅硬的夏多內白酒。

伯恩丘區(Côte de Beaune)

由於金丘區北面的岩層從拉都瓦村(Ladoix)開始拱起，使得位居南邊的伯恩丘區岩層，在年代上比夜丘區來得晚，大部份屬侏羅紀晚期的岩層。下坡處常見Callovien時期的珍珠石板岩，山坡中段處則以Argovien時期的泥灰岩為主，呈白、黃及灰等顏色，兩者之間常參雜著含豐富鐵質的紅色魚卵狀石灰岩。更高坡處常出現更晚期，同屬Argovien的泥灰質石灰土。至於伯恩丘區山頂的硬磐區，則多半是更晚期的Rauracien岩層，石多土少，大半是無法耕作的森林區。

由於地層的變動，由沃爾內和梅索村的交界處一直到松特內之間又再度出現夜丘區的岩層，巴通階與巴柔階的岩層再度出現，和侏羅紀晚期的岩層混合交錯。到了最南端的松特內和馬宏吉(Marange)等村內，甚至還出現了侏羅紀早期的里亞斯岩層。

和夜丘區一樣，伯恩丘的地底下也有斷層通過，讓岩層的分佈更為複雜。整體而言，伯恩丘的岩層較夜丘複雜許多，幾乎侏羅紀各時期的岩層都找得到，其中最常見的Argovien時期更因為沉積達一百多公尺，使得同一岩層在各地都有不同的變化，這樣的條件也讓伯恩丘所產的葡萄酒較為多元，不論紅酒或白酒都相當著名。

幾條小溪流橫切過伯恩丘區，侵襲成東西向的峽谷，讓伯恩丘區更往西面山區延伸，例如佩南-維哲雷斯(Pernand-Vergelesse)、薩維尼(Savigny-lès-Beaune)、奧塞-都黑斯(Auxey-Duresses)及聖歐班(Saint-Aubain)等村都有峽谷切開山丘，後兩者甚至全村都退居峽谷內，夜丘區常見的背斜谷與沖積扇也相當常見。伯恩丘的坡度較緩，坡長也比夜丘寬。

夏隆內丘(Côte Chalonnaise)

夏隆內丘在地質上屬金丘區的延長，西北面以登恩河谷(Dheune)和金丘區隔；東南面以果斯涅河谷(Grosne)和馬貢區為界。身處兩裂谷之間，夏隆內丘區雖然有類似金丘區的岩層，但卻顯得四散分列。葡萄園也同樣位在中央山地和布烈斯平原交界的段層坡上，除了如同金丘區的向東坡地，本地還有向西、向南等各方傾斜的山坡，葡萄園比較分散，參雜在牧場與農田之間，海拔高度在220到350公尺左右，南北綿延35公里。

和伯恩丘區的土質類似，大部份北邊的葡萄園，如乎利(Rully)、梅克雷(Mercurey)及吉弗里(Givry)等村大多位於侏羅紀晚期的岩層之

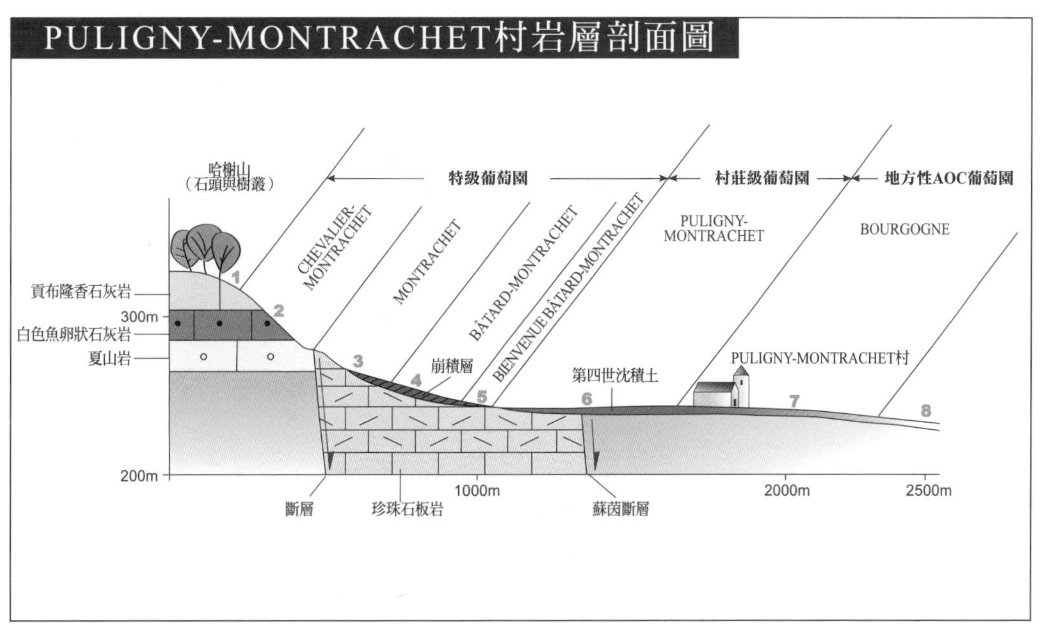

Puligny-Montrachet村岩層剖面圖

伯恩丘的Puligny-Montrachet村是夏多內白酒的聖地，有兩道斷層經過，地下岩層相當複雜。1.伯恩丘的山頂硬磐通常由侏羅紀晚期的Rauracien珊瑚硬岩所構成，但是本村的山頂因為地層變動反而和夜丘區一樣為侏羅紀中期，巴通階的貢布隆香石灰岩，只是沒有大理石化，質地較軟，因為完全沒有土壤，只能長出稀疏的灌木叢。2.多石而陡峭的Chevalier-Montrachet坡度達15%-20%，上坡處非常貧瘠，部份地區貢布隆香石灰岩床外露，幾近無法生長任何作物。越往山下混合較多崩落的石灰岩與風化的紅色泥灰質土壤，底層則以rendzines石灰土為主，土壤中含有非常多的石灰質，黏土反而較少，酒的風格較細緻優雅。地下岩層則以類似夜丘區的白色魚卵狀石灰岩以及屬侏羅紀中期的夏山岩為主。3.一道斷層穿過蒙哈榭(Montrachet)的上坡處，造成右側的岩層下陷。雖然地下岩層以侏羅紀晚期Callovien的珍珠石板岩為主，但是混合自上坡沖刷而下的巴通階石灰岩塊與土壤卻營造了蒙哈榭均衡的土質。平緩的斜坡上(10%)覆蓋著紅褐色的泥灰質土，黏土、石灰與石塊有相當協調的比例。4.位在坡底的Bâtard-Montrachet地勢低而平坦，特別是在下坡處土壤深厚，以褐色的石灰質黏土為主，有非常高的黏土質，混合一些石灰岩碎石，和蒙哈榭同位於珍珠石板岩層之上。5.Bienvenues-Bâtard-Montrachet是全布根地海拔最低的葡萄園，已經貼近平原區，但土壤主要由上坡沖刷而下的褐色石灰質黏土。6.村莊級AOC葡萄園，蘇茵斷層從中穿過，右側是第四世的沉積土，土層肥沃深厚，混合一點石塊，非常接近地下水面。7.地方性AOC：河泥混合砂質土壤的沉積土，品質普通的平凡葡萄園。8.麥田，屬河泥區沉積土，肥沃潮濕的土壤適合種植穀物，不利葡萄生長。

●Solutré巨岩是Pouilly-Fuissé產區的地標，由海百合石灰岩構成。

上，多由石灰石及泥灰岩風化而成的土質，多石塊，也常見咖啡色的石灰質黏土。往南到蒙塔尼村附近，則因岩層浮起，較多侏羅紀早期的里亞斯岩層，以及更早的提亞斯時期岩層，也是泥灰岩土質居多，含有較多的黏土，除此之外，由於地層的變動，屬於侏羅紀最晚期的Kimméridgien也再度在此出現。

區內的夏多內多種植於較多黏土質的葡萄園，這些土壤主要來自泥灰岩和泥灰質石灰岩，蒙塔尼和乎利兩村是最典型的例子；黑皮諾比較偏好黏土質稍低，多石灰質的土質，在梅克雷和吉弗里兩村，以及部份的乎利村都有這類適合種植黑皮諾的土壤。

馬貢(Mâcon)

幾個北北東往南南西向的平行山脈，夾在東邊的蘇因河谷和西邊的果斯涅河谷之間，構成了馬貢產區的主要地形。這片區域南北長達50公里，東西寬15公里，雖然只有一小部份種植葡萄，但馬貢區已經是全布根地葡萄園面積最大的區域。

馬貢區的地下岩層錯綜複雜，有數不盡的斷層，也讓本地葡萄園的土質變化多端，侏羅紀各個時期的岩層，包括早期的里亞斯、中期的巴柔階和巴通階、晚期的Callovien、Argovien及Raraucien等等都可找到，此外還有更早的提亞斯岩層和屬第一世的火成岩。馬貢區的地下岩層結構由西向東有很大的差別，最西邊是古老的火成岩，屬堅硬的結晶岩層；接著是混合著砂岩及侏羅紀中期的石灰岩；到了最東邊，則換成較爲柔軟的石灰岩混合著泥灰岩、淤泥、火石土、黏土及石灰岩礫石。

整體而言，本地的葡萄園主要還是位在含較多石灰質黏土的地帶，條件最好的葡萄園全都保留給夏多內葡萄，至於黏土和砂質土，則大多留給加美葡萄。

布根地岩層分佈表（以百萬年為單位）

年代	時期				岩層	特性	分佈
1.8之後	第四世						波爾多
1.8-67	第三世						南隆河、普羅旺斯、西南部、蘭格多克。
67-137	第二世	白堊紀 Cretace			白堊土	純白、質地粗鬆，含水性佳。	巴黎盆地及香檳區。布根地區內非常少見。
137-195		侏羅紀 Jurassic	侏羅紀 晚期	Portlandien	Portlandien	以石灰岩為主，質地堅硬。	主要位在全集中在夏布利(Chablis)產區內高坡處，常是構成山頂硬磐的主要岩質。
				Kimméridgien	Kimméridgien	屬於含白堊質的泥灰岩，質地軟，含水性佳，間雜著石灰岩和小牡蠣(Ostrea virgula)化石。	全集中在夏布利產區內，主要位在山腰處，夏布利特級葡萄園全屬這種岩層。
				Rauracien	Rauracien	珊瑚與海膽，死後的屍骸混和著魚卵狀石灰質積累成堅硬的石灰岩層。	伯恩丘(Côte de Beaune)山頂上的硬磐，經常由這種珊瑚岩所構，質地太堅硬，無法種植葡萄。
				Argovien	Argovien	淺色泥灰岩和泥灰質石灰岩。	伯恩丘區中坡段精華區的主要地下岩層。如高登-查理曼(Corton-Charlemagne)和高登(Corton)，渥爾內(Volnay)的Clos des Ducs、Les Caillerets、玻瑪村的Les Rugiens以及梅索村(Meursault)的Les Perrières等。
				Callovien	紅色魚卵狀石灰岩 oolithe ferrugineuses	含高比例鐵質，有時混雜著泥灰質和菊石化石。	伯恩丘玻瑪村的Pouture及高登下坡處。在夏隆內丘區(Côte Chalonnaises)及馬貢區(Mâcon)也都相當常見。
					珍珠石板岩 Dall nacrée	由大量的貝類殘骸所積累成的岩層，因含有貝殼內部的珍珠質而有美麗的光澤。	伯恩丘區，這是下坡處主要的岩層，伯恩市(Beaune)的Les Boucherotte、Les Grèves及玻瑪村的Epenot，蒙哈榭和巴達-蒙哈榭(Bâtard-Montrachet)
			侏羅紀 中期	巴通階 Bathonien	賈布隆香石灰岩 Comblanchien	大理石化成變質岩 ，質地堅硬。	在夜丘區(Côte de Nuits)山頂上貧瘠的硬石層。伯恩丘南部自梅索村以南高坡的岩層。如歇瓦里耶-蒙哈榭(Chevalier Montrachet)的上坡處。
					白色魚卵狀石灰岩 Oolithe blanche	碳酸鈣粒間雜著其他化石，質地較粗鬆，較容易風化為土壤，	夜丘區各村莊上坡處。伯恩丘區在渥爾內村和梅索村交接處包括Clos des Chênes及Santenots 夏隆內丘的梅克雷村(Mercurey)
					培摩玫瑰石 Pierre rosée de Premeaux	質地細密，含矽質。	在夜丘區的山坡中段很常出現，如麗須布爾(Richebourg)、蜜思妮、香貝丹-貝日莊園(Chambertin Clos-de-Bèze)等名園的上坡處。
				巴柔階 Bajocian	小型牡蠣化石 Ostrea acuminata	以泥灰質石灰岩為主，質地軟，具透水性，是種植黑皮諾葡萄的最優土質之一	以夜丘區為主，山坡中段的精華區。如羅西莊園(Clos de la Roche)、聖丹尼莊園(Clos St. Denis)、蜜思妮(Musigny)、侯馬內-康地(Romanée-Conti)、侯馬內(La Romanée)等特級葡萄園。伯恩丘內主要集中在南部。馬貢區的Solutré和Loché等地也很常見。
					海百合石灰岩 calcaires a entroques	質地堅硬的石灰岩層	夜丘區山坡中、下段主要岩層，非常適合黑皮諾葡萄的生長。如香貝丹(Chambertin)、梧玖莊園(Clos de Vougeot)、Grand-Echezeaux等特級葡萄園。
			侏羅紀 早期	里亞斯 Lias		混著牡蠣的藍色石灰岩，以及含高比例石灰的泥灰岩。	包括伯恩丘南邊Santenay和Marange村，夜丘區的哲維瑞香貝丹村坡底處，夏隆內丘的蒙塔尼村(Montagny)及上夜丘與上伯恩丘區。
230-195		提亞斯 Trias				比較貧瘠，介於火成岩和結晶岩以及侏羅紀的沉積岩之間，以頁岩為主。	伯恩丘區南端、夏隆內丘南端及南部的馬貢區，以及偏西的Couchois等產區
230之前	第一世					火成岩	中央山地及薄酒來等地，在布根地並不常見。

第2章 夏多內與黑皮諾葡萄
Chardonny & Pinot noir

沒有別的地方像布根地這麼適合黑皮諾和夏多內生長，不僅因為這裡的自然條件讓這兩個葡萄品種表現了最優雅細緻的一面，而且也因為它們倆原本就是布根地的原生葡萄，和這裡的土地已經有了數百年的親密關係。

J.-F. Bazin說，在布根地，葡萄與土地共同譜成了一部滿是熱情的浪漫故事，純一的愛情，讓布根地葡萄酒，不論黑皮諾或夏多內，決不允許再混入其他的品種。也許有人要稱此為單一品種葡萄酒，但是任何試圖分開土地與葡萄的意圖都將更遠離布根地的精神。屬於Puligny-Montrachet的夏多內，或是屬於黑皮諾的Vosne-Romanée永遠都是不可分的一對。

●盛夏七月，En Charlemagne葡萄園裡夏多內葡萄的葉片。

生長週期
Cycle de vie

葡萄是多年生的植物，在歐洲，葡萄一年只採收一次，隨著四季變化發芽、開花、結果、落葉、冬眠，形成每年一次的生長週期。布根地的位置偏北，在寒冷的氣候下，要在一年的週期內讓葡萄能成熟，有足夠的甜度以釀製頂級葡萄酒，唯有採用像夏多內與黑皮諾這些早熟型的葡萄。早熟意味著發芽的時間特別早，布根地的發芽時間依各地氣候而有所不同，南部較溫暖，發芽較早，寒冷的夏布利最晚，一般約在每年的四月開始發芽。

發芽

經過一整個冬季的休養，葡萄樹在春天回暖之後，只要氣溫超過10℃，就會發芽(débourrement)。通常位於藤蔓頂端的芽眼會先膨脹然後露出葉芽。接著伸出葉子，然後就可以看到細小的花苞。等過了五月中，天氣變熱，藤蔓一刻不停留地快速伸長，長出更多的葉子，而花苞也開始分開變大。

開花

布根地葡萄開花(floraison)的季節約在六月，前後大概只有10-15天，枝葉的生長會先暫停，以全力完成開花的任務。細小乳白的葡萄花藉著風與昆蟲傳遞花粉。

結果

受粉的花結果(nouaison)長成葡萄，其他未能受粉的花，連同子房則將枯萎掉落稱爲「落花」。開花季若遇上大風或大雨，會讓落花變得相當嚴重而影響收成。結果之後，原本細小的果實又綠又硬，第一階段先增大體積，之後開始步向成熟。

開始成熟

當到了八月開始成熟(véraison)的階段，葡萄的藤蔓與葉子的生長將減緩，全力將葉中經光合作用儲存的養份輸送到葡萄串內。從此時開始，糖份將快速升高，酸味也將降低、酚類物質變多，黑皮諾的顏色變深，夏多內顏色變黃，同時葡萄內也將產生香味分子。

成熟期

大約到了九月的下半個月，葡萄就差不多進入成熟期(maturation)，熟甜的葡萄內，葡萄子也已成熟，由原本的綠色變為褐色，葡萄梗因木化變硬，甚至變黃。夏多內的皮會變成黃綠色，略帶透明，黑皮諾的外皮則如深黑中帶著紅紫的美麗顏色。這時就可以採收葡萄了。

落葉

採收季過後，葡萄葉開始變黃或甚至轉紅，最後逐漸落葉(chute des feuilles)，露出已經木化的葡萄藤蔓。

冬眠

隨著冬天的到來，葉子全掉光的葡萄樹進入冬眠(dormant)的階段，完全停止生長。葡萄藤上的芽在經過寒冬之後，具備了發芽的能力，等到隔年春天，一切又可以重新開始。

未成熟的葡萄（Verjus）

在生長季節的中途，葡萄蔓上有時會橫長出新的芽來，雖然比正常的季節晚，但還是會開花結果，只是來不及成熟，冬天就已經降臨，甜度不夠無法採收。這種酸味高、甜度低的未成熟葡萄，偶而會有酒莊在葡萄酸度不足的年份，添加一小部份到成熟的葡萄中，以提高酸味。另外也常被廚師用來調製酸中帶甜的美味醬汁。

嬌貴刁鑽的黑皮諾葡萄 Pinot Noir

在這個有八千多個葡萄品種的地球上，唯有布根地的葡萄酒莊最受世人欽羨，因爲他們完全獨享了來自黑皮諾的榮耀與美味。黑皮諾是全世界最細緻的葡萄品種，但伴隨的是脆弱多病和對環境的適應不良，除了原生地布根地，沒有別的地方能讓黑皮諾表現出它如此優雅細膩的迷人風姿。

黑皮諾在歷史上出現得相當早，1375年布根地菲利浦公爵(Philippe le Hardi)的時代就已經出現「鮮紅的皮諾紅酒」(vin de Pinot vermeil)的記載。也因爲歷史悠遠，加上品種的基因不是很穩定，黑皮諾發展出許多的別種（相關內容請參見Part II．第2章），各有不同的特色，種類高達千種之多。

整體而言，黑皮諾的葡萄串體型小，葡萄粒也較其他品種嬌小，而且非常緊密，葡萄粒之間幾乎沒有空隙。因爲這樣的外型，有人認爲黑皮諾的名字是源自於同樣小巧的松果"pomme de pin"。黑皮諾的皮薄，呈藍黑色，多汁少果肉。黑皮諾的汁沒有顏色，除了可以釀成紅葡萄酒外，也很適合用來釀造氣泡酒。

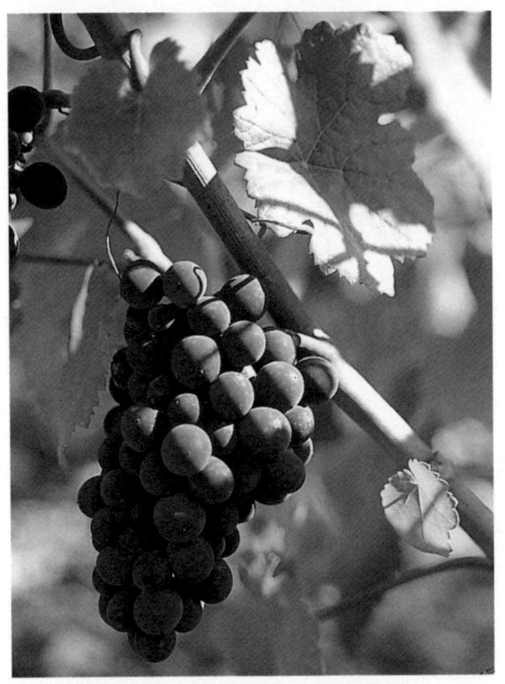
●黑皮諾葡萄比較小串，像松果，是Pinot名字的由來。

產區分布

目前全布根地種有約8,000公頃的黑皮諾，主要集中在金丘區，高達5,000公頃之多，其中有1,500公頃屬於夜丘區，是黑皮諾紅酒的最佳產區。黑皮諾非常適合布根地涼爽的氣候，以及本地山坡上的石灰質黏土。當黑皮諾成熟得越慢，越能夠表現豐富而細緻的香氣，種在天氣太炎熱的地區，會生長太快，讓品種本身的特色完全喪失，所以法國的黑皮諾主要種植在寒冷的北部；除了布根地外，以香檳區的種植範圍最廣，全用來釀造香檳氣泡酒。此外，在東北部的阿爾薩斯、羅亞爾河的松塞爾(Sancerre)及布根地西面的侏羅區(Jura)也都有小規模的種植，但都不是當地主要的品種。法國以外，目前只有紐西蘭和美國的奧利岡州及加州海岸的種植潛力較受矚目。

敏感、細緻、難以捉摸

黑皮諾除了對環境的適應力較差之外，葡萄的品質也比較不穩定，很容易因爲外來的因素而改變，其中最著名的是它對產量非常的敏感，只要產量一高，就很難保有葡萄的品質，所以在布根地對黑皮諾的產量有較爲嚴格的限制，特等葡萄園每公頃只能產3,500公升，比夏多內少500公升。另外黑皮諾的成熟空間也比較窄，有許多品種像夏多內(Chardonnay)、卡本內-蘇維濃(Cabernet Sauvignon)、梅洛(Merlot)等等，越成熟越能出現圓熟豐美的口

●黑皮諾葡萄的顏色比較淡，伯恩(Beaune)產區的一家酒莊在採收季之前拔掉葡萄葉，讓葡萄曬到太陽，加深葡萄皮的顏色。

感，但這方法用在黑皮諾身上卻不見得能行得通，過熟的黑皮諾香味會變得濃重粗糙，完全失去特有的細緻變化。

在釀造上，黑皮諾因爲不及南部產區的葡萄有豐富的酚類物質，所以如何有效地自葡萄皮中萃取出單寧與色素是相當重要的課題。布根地還一直流行傳統的人工踩皮法，因爲這種輕柔的方法最能讓黑皮諾免於傷害。由於黑皮諾在釀製時比其他葡萄品種容易氧化，所以淋汁不能太頻繁，以免讓黑皮諾過度曝露在氧氣之下。雖然黑皮諾容易氧化，但卻很適合在橡木桶中培養，不僅讓口感更爲細緻柔和，同時也讓香味更爲豐富。雖然黑皮諾裝瓶後不如卡本內-蘇維濃來得長壽，但是卻也相當耐久存，品質較好的黑皮諾紅酒存上十幾年是絕對沒有問題。

黑皮諾讓如此多的酒迷們爲之著迷，願付一切代價，完全在於它的細膩精巧，與讓人捉摸不定的優雅特性。在這方面，沒有其他葡萄品種能與之相比。黑皮諾釀成的酒顏色通常比較淡，很難像其他品種可以透過酒色的濃度來分辨酒的好壞，有許多精彩的黑皮諾紅酒在顏色上往往驚人地「清淡」。雖然剛釀好之後酒色是紅中略帶紫，但很快就變成櫻桃紅，比其他酒少見紫色，比較偏正紅色，甚至較偏橘紅。

戴著絲手套的鐵腕

年輕的黑皮諾以它特有的櫻桃香味聞名，特別是各式各樣的紅色漿果相當怡人。成熟之後，香味的變化非常豐富多元，常見酸梅、香料與動物性香。黑皮諾的招牌特色是有如絲一般細滑的單寧，又緊又密，卻又薄如蟬翼。相較於其他葡萄品種的天鵝絲絨般的單寧，黑皮諾的單寧更細更滑。雖然有許多黑皮諾在年輕時含有大量的的單寧，澀味很重，但卻不會出現單寧堅澀咬口的情形，而且，只要隨著時間的熟化，單寧可以變得更爲圓潤可口。有些酒莊在釀製黑皮諾時刻意保留一些葡萄梗以提高單寧的含量，這樣的作法可能會讓釀成的酒出現較粗澀的單寧。

因爲不同的環境，黑皮諾展露出不同的風情。在北部的歐歇瓦(Auxerrois)，寒冷的氣候讓黑皮諾顯得清新細瘦，夜丘區則表現黑皮諾最強勁與細緻的極致，「如戴著絲手套的鐵腕」是最佳的比喻。有哲維瑞-香貝丹村(Geverey-Chambertin)的雄渾風格；香波-蜜思妮村(Chambolle-Musigny)的溫柔婉約以及馮內-侯馬內(Vosne-Romanée)的圓融豐滿等多種特色與面貌。朋丘區的黑皮諾顯得更平易近人，迷人可口的果味配上柔美的口感，也如夜丘區般有多重的變化。

廣受歡迎的夏多內葡萄 Chardonnay

夏多內是當今世上最受歡迎的白葡萄酒，對環境的適應力特強，現在世界各地的主要產地都找得到它的蹤影。不僅可釀成高品質的干白酒，也是非常優秀的香檳與氣泡酒材料。

產區分布

原產自布根地的夏多內雖然到處受歡迎，但至目前爲止，還是以布根地出產的夏多內白酒最能表現細膩多變的一面。至於最肥美甜潤的口感或最濃重的酒香則是加洲與澳洲夏多內的專長。

在馬貢產區有一個夏多內村，有許多人猜測這是夏多內的發源地，村名已經有千年以上的歷史，比夏多內葡萄出現的時間早了好幾百年。事實上夏多內這品種眞正被定名成"Chardonnay"不過是十九世紀的事。因爲被轉種於世界各地，夏多內的別名非常多，光是在布根地境內就有很多，在夏布利稱"Beaunois"，歐歇瓦(Auxerrois)稱"Morillon"，在金丘區稱"Aubaine"，而馬貢產區叫"Pinot Chardonnay"，在各地還有二十多個別名。

穩定、高可塑性、耐久存

夏多內不僅受大衆喜愛，更受到葡萄農們的青睞，比起嬌貴的黑皮諾，夏多內可是容易照料多了。除了生長力強，夏多內成熟快，糖份高，釀成酒之後酒精濃度也比較高。也因爲這個原因，布根地的葡萄酒法對夏多內的成熟度有特別的要求，比同一等級的黑皮諾要多上0.5%。例如特等葡萄園蜜思妮的黑皮諾最低成熟度是11.5%，而夏多內得達到12%以上才能採收。不過因爲夏多內的品質並不像黑皮諾對產量非常敏感，即使產量稍微高一點也不會影

●夏多內葡萄在布根地保有比較多酸味，有更均衡多變的口感。

響葡萄酒的風味，所以有關最高產量的規定，夏多內都定得比黑皮諾高，同樣是蜜思妮特級葡萄園，夏多內最高每公頃可生產4,000公升的白酒，而黑皮諾卻只能產3,500公升。

在釀造方面，夏多內是所有白葡萄中最適合在橡木桶中發酵與培養的品種，也因此，許多人往往把來自橡木桶培養的香味如香草、乾果、奶油等誤以爲是夏多內特有的氣味。其實夏多內最特別的地方也就在這裡，品種本身的香味與口感並無特別處，但卻非常容易因生長的環境與釀造法而產生變化，可塑性強，和個性忸怩又愛挑剔的黑皮諾有如天壤之別。也因此，夏多內不論和橡木桶或不鏽鋼桶都能結合得相當好。

耐久存是夏多內另一個無人能比的特色，而且還能讓酒越陳越香。金丘區內的幾個特等葡

●Domaine Jacque Prieur的蒙哈榭(Montrachet)葡萄園，這些夏多內葡萄，將釀成全世界最頂級的干白酒。

萄園在好年份都能出產可存上十幾年甚至數十年的白酒。更出人意料地，在向來以清淡型的夏多內聞名的夏布利地區，因酒中的高酸度，往往可以讓夏多內變得非常長壽，許多酒莊珍藏的四、五十年老酒都還保留著迷人的果味。

白酒王國的主角

夏多內特別喜好含石灰質的沉積土，非常適合布根地的環境，唯一美中不足的是發芽早，容易受到霜害。在布根地境內有近九千多公頃的種植面積，比黑皮諾還多，由北到南的各個產區分別出產風格殊異的夏多內，如口感清新帶青蘋果與礦石味的夏布利；強勁帶野性的高登-查理曼(Corton-Charlemagne)；豐盈肉慾的梅索(Meursault)；細膩結實又多變化的普里尼-蒙哈榭(Puligny-Montrachet)以及最南邊有香瓜與肥美口感的馬貢。這些各式各樣的夏多內，結合著難以數計的獨特葡萄園，在這個夏多內泛濫的時代，共同構成了布根地這個屹立不搖的白酒王國。

蜜思嘉香氣的夏多內葡萄
Chardonnay Musqué

與遺傳基因很不穩定，別種無數的黑皮諾比起來，夏多內可是安定多了。不過還是有些有趣的別種，例如玫瑰紅色的夏多內葡萄，以及帶有密思嘉香氣的夏多內。

蜜思嘉葡萄是歷史相當久遠的葡萄品種，現存的葡萄品種大多是它的後代「子孫」，夏多內雖然演化成獨立的葡萄品種，但難免帶著一些傳自遠古的遺留，出現帶蜜思嘉的味道並不特別另人驚訝。在蒙塔尼村Stéphane Aladame酒莊第一次品嘗到帶蜜思嘉氣味的夏多內。據說在馬貢區還偶而可見，但從未見單獨裝瓶。Stéphane的這款Motagny 1er cru產自葡萄園Les Burnins，全是75年的老樹，撲鼻的荔枝與玫瑰花香幾乎蓋過夏多內的特色，但卻擁有蜜思嘉葡萄少有的細緻表現，帶有清新的柑橘香氣，口感更是濃郁圓滑。

布根地的非主流葡萄品種
Aligoté, Gamay, Pinot Gris, Pinot blanc, César et Sauvignon blanc

黑皮諾和夏多內是布根地的主流，但是還是存在著一些比較另類與「邊陲」的葡萄品種。雖然不太常見，但都各自有留存於布根地的理由。

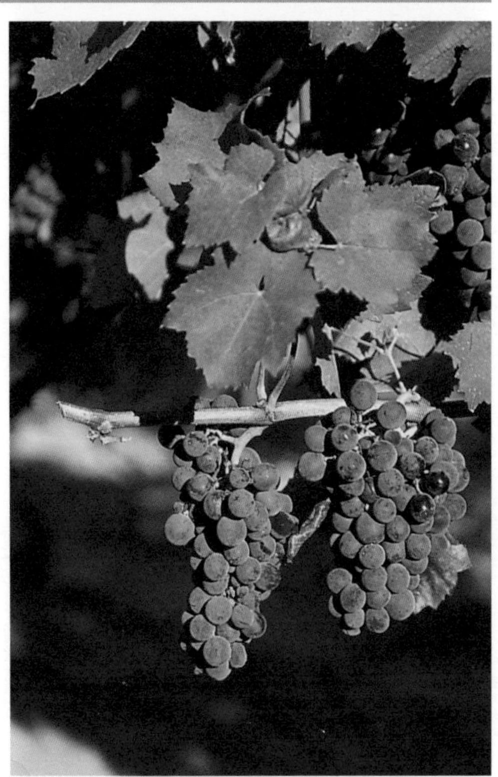
●布根地的加美葡萄主要產自馬貢區(UIVB提供)。

加美種(Gamay)

加美種紅葡萄，在布根地南鄰的薄酒來地區(Beaujolais)，幾乎完全獨佔了當地所有的葡萄園。由於地緣的關係，布根地最南邊的馬貢地區的紅酒也以加美種爲主，事實上，在當地就地形與地貌而言，實在很難分出兩個產區的差別，連界線也不很清楚。不過，馬貢區向來以白酒聞名，紅酒只不過是陪襯的配角，所以在布根地也很少有人會認眞看待加美葡萄。在布根地的地區性AOC——"Bourgogne Passe-tout-grains"中也常添加加美種和黑皮諾混合釀製，是布根地最平價的酒。因爲薄酒來的關係，加美的名聲並不太好，以清淡、柔和、多果味爲特色，雖然順口好喝，但遠比不上黑皮諾的細緻與深度。特別是在布根地，土壤多石灰質，加美種喜好的火成岩土除了馬貢區外並不多見。

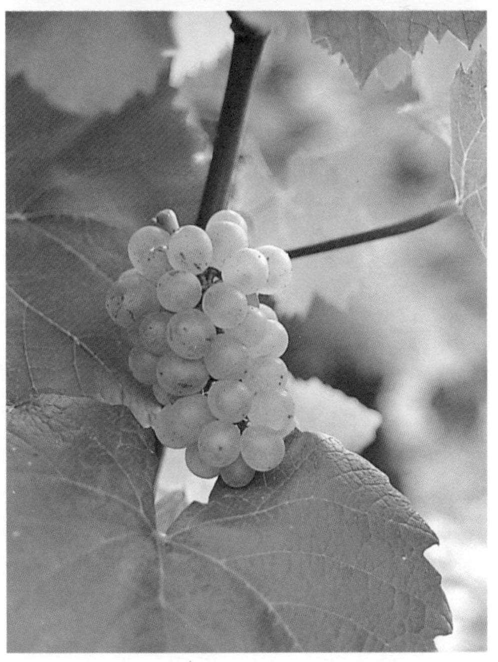
●Aubert de Villaine在布哲宏村(Bouzeron)種植的Aligoté doré。

阿里哥蝶(Aligoté)

阿里哥蝶白葡萄在布根地的重要性排在加美之後，名列第四。和加美種的命運類似，常被種在平原區最差的葡萄園，產量大，生產酸味高，口味清淡、讓人一喝即忘，而且被列爲「止渴型」的白酒。除了生產布根地最便宜的白酒布根地-阿里哥蝶(Bourgogne Aligoté)外，也是布根地氣泡酒(Crémant de Bourgogne)的主要原料。特別是一種稱爲綠色阿里哥蝶(Aligoté vert)的品種，生長快又多產，葡萄粒特大，水多皮少，糖份低，酸味特高，品質相當平庸。不過另外一個別種金黃阿里哥蝶(Aligoté doré)有較好的品質，葡萄粒

較少，成熟度高，有比較均衡的口感。如果能種在位置好的坡地，加上低產量與老樹等條件，阿里哥蝶還是能生產相當可口，有迷人果味的白酒。但無論如何，屬於適合早飲、多果味的類型，不太能久放。

位在夏隆內丘北端的布哲宏村(Bouzeron)以出產品質優異的阿里哥蝶聞名，在村內的明星酒莊Aubert de Villaine的全力鼓吹之下，1998年剛升格爲村莊級AOC，也是全法國唯一完全採用阿里哥蝶葡萄釀造的AOC產區，1997是布哲宏的第一個年份。

灰皮諾(Pinot gris)和白皮諾(Pinot blanc)

灰皮諾和白皮諾這兩個屬於皮諾(Pinot)家族的白葡萄品種在布根地並不常見。「理論上」這兩個品種在布根地不能夠單獨裝瓶，只能夠混合黑皮諾釀成紅酒。有趣的是，依法這兩個品種卻不能夠用來生產白酒，也不能和夏多內混合。這樣奇怪的規定其實有歷史的脈絡可尋。過去人們對紅酒的喜好並不像現在那麼偏好顏色深及味濃且澀，反而特別喜愛柔和順口。所以在紅葡萄中常會添加一點白葡萄讓紅酒變得更圓潤可口，在紅葡萄園內常會種一、兩行的白葡萄。布根地沿用30年代訂定的AOC法，依當年習俗允許在紅酒中添加15%以內的白葡萄來釀造紅酒。

現在，這種做法在布根地已相當少見，酒商Joseph Drouhin在伯恩市的一級葡萄園"Clos des Mouches"內還留有幾排灰皮諾，混入黑皮諾中。灰皮諾在本地又稱爲"Pinot Beurot"，屬早熟品種，和黑皮諾一起採收時經常已經過熟，所以口感甜美圓潤，有濃郁的果味。有些酒莊灰皮諾種植的面積比較大，雖然法令並不允許，偶而也會單獨採收，例如Comte Senard酒莊所產的阿羅斯-高登村莊級白酒Les Caillettes即是100%的灰皮諾釀成。至於白皮諾，則更爲少見，口感上比較清淡，不及灰皮諾的雄渾與強勁，除了做黑皮諾的配角，也偶有單獨裝瓶，以Henri Gouges的夜聖僑治一級葡萄園Les Perrières最出名。

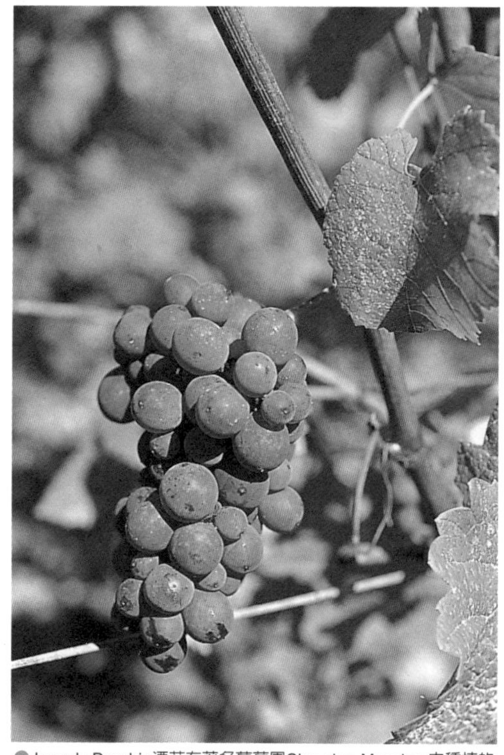

●Joseph Drouhin酒莊在著名葡萄園Clos des Mouches內種植的灰皮諾葡萄。

希撒(César)、白蘇維濃(Sauvignon blanc)

布根地北部的歐歇瓦(Auxerrois)也保留著一些相當少見的品種，如紅葡萄希撒(César)和"Tressort"以及白葡萄"Sacy"。其中以希撒比較常見，風格粗獷，堅澀，和黑皮諾混合之後可以變得柔和一點。最常出現在"Irancy"這個AOC之中。除了這些古董級的品種，歐歇瓦靠近夏布利附近的聖比村(Saint Bris)也種植不少白蘇維濃(Sauvignon blanc)，現已成爲VDQS產區，酒名就叫"Sauvignon de Saint Bris"，比一般其他地區的白蘇維濃來得清淡，酸味高。

第3章 布根地的年份

Les Millésimes de Bourgogne

布根地位在葡萄種植的極限區域，每年天氣的差異大，不同年份的布根地葡萄酒在風格上常會有很大的變化。這和氣候炎熱的葡萄酒產區氣候穩定，年份變化小，每年都幾乎是好年份完全不同。在布根地，酒農們必須冒著風險，忍受酒的品質隨著年份變換，有高有低。但是，他們並非沒有回報，因為天氣如此地多變，每個年份都是唯一；透過葡萄，每一瓶酒都把那一年的時間封進瓶裡，成為可以品嘗的記憶。

●伯恩酒商Champy Père & Cie.的地下酒窖裡還存著上一世紀的布根地葡萄酒，瓶中的酒汁記載著百多年前每個年份的天氣變化。

影響年份特色的因素

葡萄酒年份特色的變數，以溫度、陽光、雨量和濕度最爲重要。通常在其他產區只要天氣熱，乾燥，少下雨、陽光普照就能保證是一個釀造濃郁葡萄酒的好年份，但在布根地，可就沒這麼簡單，例如黑皮諾對天氣變化的反應就特別的複雜細微，畢竟要表現葡萄酒的細膩變化，決不僅是乾熱的天氣就可達到。

布根地同時生產紅酒和白酒，夏多內和黑皮諾的成長週期不太一樣，所以同樣的天氣變化會對這兩個品種產生不同的影響，所以談布根地的年份，其實必須紅、白分開才具意義。當然，布根地產區南北分列，距離遙遠，也讓每個年份在五大產區之間很難出現同質性。似乎，在年份的問題上，布根地也顯得比別的地方複雜許多。

現在葡萄種植與釀造的技術越來越精確，透過低產量，以及嚴格地挑選葡萄，人爲的力量還是可以多少補救一些年份的不足，這也是爲何近年來即使是在較差一點的年份，也都還能找到不少相當精彩的葡萄酒。但是，這樣的情況並不表示釀酒的人可以任意地抹去年份的風格，不論是葡萄園的條件或年份的變化，尊循自然所給予的特色釀酒，還依舊是布根地釀酒師的第一美德。

溫度

溫度決定葡萄發芽的時機、糖份的增加、酸度的降低，以及黴菌增長的速度等等。如果某年春季，例如1985年，溫度不穩定，讓葡萄提早發芽，然後又出現低溫，就很容易讓葡萄遭遇霜害，凍死葡萄芽，使產量降低。葡萄芽凍死後有時會有第二個芽在一兩星期後跟著發芽，但在布根地晚幾個星期發芽很難在冬季來臨前讓葡萄完全成熟。六月份的開花季如果碰上低溫（如1995年），會出現落花和結小果。落花有時可提高品質，只是產量會降低。但如果低溫延後開花也會讓葡萄成熟落後。

溫度高葡萄成熟快，但過高卻反而又會讓葡萄停止成熟（如1998年的八月），溫度高也會降低酸味，但如果酸味太低，也會影響口感的平衡，不耐久存（如1997年的白酒和紅酒）。

陽光

陽光充裕的年份，葡萄成熟快，葡萄皮的顏色深（如1990年）。但和高溫不同，陽光不會增加病菌的滋長，也不會讓酸度快速降低，反而可以讓葡萄均勻緩慢地成熟（如1996年）。

雨量

雨量的多少不一定影響年份的好壞，雨量的分佈才是要點。如同法國其他產區，布根地的葡萄園也一樣禁止人工灌溉，所以葡萄園水份的多寡完全依賴降雨和地下岩層裡的儲蓄。在非收成季節，適度的雨量反而有利光合作用與葡萄的成熟。但收成季節則最好不要下雨，以免葡萄吸收太多水份造成甜度降低味道變淡（如1999年）。排水好的葡萄園影響比較小，酒的品質通常也比較穩定，不過在特別乾旱的年份會有葡萄缺水停止成熟的危險。

濕度

溫度過高會加快葡萄病菌的滋長，如1993年的潮濕天氣讓灰霉病及粉孢菌在布根地各地蔓延。特別是黑皮諾的抗病力比較差，而且一旦遭受感染就馬上變味，不像夏多內在感染黴菌的初期還能散發出特殊的香味。

冰雹

影響的範圍比較小，會讓發生的區域產量大幅減少，如1989的Meursault，1998的Saint Verant等等，在布根地幾乎每年都要發生好幾回。遭受冰雹傷害的葡萄常會釀出帶有一點植物性氣味的葡萄酒。

影響年份變化的因素遠比想像中複雜。首先，由於夏多內和黑皮諾葡萄的生長週期並不完全一致，所以在同一年份裡的表現也不盡相同（如88、89、90、92、93等），例如夏多內通常比較早熟，所以採收季節和黑皮諾並不一樣；同樣的，布根地區內的不同產區也都有所不同，特別是夏布利產區距離遙遠，天氣和其他區很少有一致的變化。再加上各葡萄園的特殊條件與酒莊的不同作法，都會讓年份的氣象變化在葡萄酒的風味上表現出不同的面貌。所以許多有關年份的論述也僅能是個參考，很少能決定一切。

布根地最近十三個年份的特色

2000年——灰黴病的陰影

現在來談2000年份的特色似乎有點過早，但已發生的天氣條件和新釀成正處窖藏的葡萄酒卻可以讓我們略畫出輪廓，但眞正的結果得等到2002年裝瓶上市之後才能有定論。雖然又是一個早熟的年份，但七、八月的連綿大雨讓大部份的人都對2000年份不感樂觀，尤其是葡萄的健康情況更是讓人擔憂，特別是黑皮諾的情況最爲嚴重，不論是金丘或夏隆內丘區都有很多葡萄感染灰黴病，在伯恩丘區甚至出現三分之一以上的葡萄得病。加上葡萄的產量又特別高，預計品質不會太好，良莠不齊的現象也更明顯，無論紅酒或白酒，確定及不上1999年的水準。

伯恩丘區從9月11日開始採收，但12日就碰上豪雨，雖然黑皮諾葡萄的成熟度不差，但因爲灰黴病的關係有許多葡萄的酸味低也很難萃取出顏色，只有產量地，同時又嚴格挑選葡萄的酒莊才能釀出好酒。夜丘的情況比較好，採收季的天氣相當晴朗，葡萄的染病情況也較不嚴重。

白酒的情況稍微好一點，染病的情況不多，成熟度好，酸味也沒有過低。夏布利的氣候條件比較好，整個九月份都很晴朗，但是因爲產量太高，成熟度沒有預期好，只能算是中等的年份。

1999年——超高產量、品質落差大

9月18日一場採收季的連綿大雨澆熄了所有人對1999年——二十世紀的最後一個年份的殷切期盼。年份就像球賽一般，不到終場很難斷定成敗。在九月底的豪雨之前，葡萄的狀況一直相當好，提早採收的酒莊可以有一部份高品質的收成；但堅持晚收，等待陽光的酒莊就只能望天興嘆了。事實上馬貢區從13日就已經開始採收，伯恩丘區15 日，而夜丘區在18日才開採，以夜丘區受雨影響最大。

超高水準的產量也是1999年令人憂心的主因，每顆葡萄樹都結實累累，是從1982年之後產量最高的年份，沒有控制產量的酒莊，毫無意外地，將很難出現好成績。這一年，連非常注意產量控制的侯馬內-康地酒莊（Domaine de la Romanée-Conti）都出現高出最高產量限制的情形。無論如何1999年是一個好壞相差非常大的年份，有世紀佳釀和許多因爲產量過高而淡而無味的平庸產品。

所有的產區中夏隆內丘區的表現最傑出，特別是紅酒，可以和1990、1996同爲90年代最好的年份。伯恩丘的紅酒也有些酒莊出現很高的水準，但是良莠不齊的情況非常嚴重。白酒則偏柔和清淡，可能會很早熟，不會有1990、1996等年份的豐富變化。夜丘因爲高產量以及採收時的大雨，情況比較差，必需很謹愼選

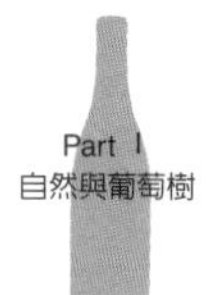

酒。夏布利的情況也差不多，好壞相差很大，只有最認眞的酒莊有好品質。至於南部的馬貢產區因爲採收早，年份條件普遍比伯恩丘與夏布利的白酒來得好，有不錯的成熟度與甜熟的果味。

唯一可以慶幸的是，1999年的高產量讓已經連漲五年的布根地葡萄酒價稍稍降溫。

1998年——考驗布根地酒迷選酒能力

這是一個相當困難的年份，聖嬰現象發威，正是考驗酒莊功力與運氣的一年。霜害、冰雹、多病、酷寒（4月出現-7℃）、暴雨、八月的酷熱（40℃）、九月初一週的綿綿細雨與低溫，以及收成季後期的連續大雨，都讓許多人不敢對1998年份寄予厚望；不過實際的品嘗卻有不少驚人的發現，特別是紅酒有高水準的表現，尤其是在夜丘區更有不少強勁又深厚的黑皮諾，哲維瑞-香貝丹(Geverey-Chambertin)應該是最成功的村子之一；只是酒莊間的差異和1999年份一樣非常大，有更多失敗的酒莊。這是一個考驗布根地酒迷選酒能力的年份，出現近幾年好壞相差最懸殊的景況，因爲霜害與冰雹等災害，1998年的產量再度降低，酒價續攀新高。

1998年的白酒和1997年有些許的類似，濃重的果香配上圓柔可口的口感，酸味不高，有時甚至偏低，又是一個可以提早享用的可愛年份。主要產區以伯恩丘與夏隆內丘表現較好。夏布利的葡萄成熟度不是很理想，但酸味高，只能算是普通的年份，因爲5月14日的冰雹摧毀許多特級葡萄園的葡萄芽，影響頂級夏布利的產量與水準。

1998年的紅酒似乎比白酒來得更有潛力，但也比較內斂，單寧頗重，比較耐久放，只是好壞的差距比白酒還大，特別是在夜丘區。事實上許多馬貢區、夏隆內丘區與伯恩丘區在大雨到來之前，大都已經全部完成採收，水準較整齊。但是比較晚收的夜丘區則無可避免地碰上大雨，但是，非常意外地，不少夜丘區的紅酒卻相當有架勢，甚至於超越其他產區。但無論如何，都必需謹愼選擇。

1997年——可口肥美、及時行樂

過於炎熱的氣候促成了一個甜美可口、果味成熟豐郁，單寧圓熟但卻酸味不足的早熟年份，不論紅、白酒，有許多在出廠時就都已經相當好喝，但可以預期將無法儲存太久；大部份的酒莊爲了保留酒中的果味都提前裝瓶，以免酒在橡木桶中成熟太快，也許過個十幾年之後，大概就不會再有人憶起這個曾經如此美味、直接的年份。要說這個年份不好實在很難，不過由於產量少，酒的價格並不便宜。

1997年紅酒的顏色普遍相當深，有不少酒莊釀出黑皮諾少見的深黑色澤，酒的味道濃厚，幾乎掩蓋單寧的澀味，但比較難表現黑皮諾的細緻；白酒也一樣顯得圓厚，甜美的成熟果味常常稍欠一點清新的酸味，有不少酒莊需添加酸味以求口感的平衡，濃郁有餘而細膩不足。夏布利和馬貢區的白酒最爲突出，特別是後者，重現了自1989年份以來未曾出現的極度成熟風格，一種專屬於馬貢區的圓潤甜美口感。1997年份屬於及時行樂型，可口肥美，有時讓人感覺有點太肉慾。

1996年——90年代最値得期待的年份

在90年代中最値得期待，也最能表現黑皮諾與夏多內葡萄最均衡細緻的難得年份首推1996。不論紅酒或白酒，從北邊的夏布利到南邊的馬貢內，全都有精彩的表現。近十幾年來只有90年可以和它相比，但在風格上卻有懸殊的兩樣風情。

弔詭的是，雖然所有的專家都強調多產的布根地決無好酒，但96與90年份卻是布根地近十多年來最多產的兩個年份！對葡萄農來說，

1996年是一個相較起來比較輕鬆的年份，沒有霜害、開花順利，成熟季天氣寒冷乾燥，沒有病害。所以葡萄的酸度和成熟度都很高。有些產量過高的葡萄酒有過於清瘦的危險，但即使是平庸的酒莊或酒商只要產量控制得宜也可能有驚人的表現。

不同於97、90、89年份的豐腴肥美，96年完全以勻稱、靈巧、細節明析見長。優雅而且將會非常耐久存。出廠價格也比97、98、99都來得便宜。

1995年——紅白酒皆優

在眾人的高度期盼下，相隔六年，總算在90年份後再度出現紅、白酒皆優的年份——1995，雖然在整體上還是比不上90和96年有特色。95年的產量不高，主要是初夏的寒冷氣候影響葡萄的結果情形。不過從七月開始溫度就直線上升延續整個夏季。九月前半個月整整下了兩週的雨，延緩了葡萄的成熟，但接連著來到的是連串的好天氣。晚採收的酒莊可以讓葡萄有相當好的成熟度，沒有黴菌的問題，酸味和單寧的成熟都不錯。

白酒普遍濃郁厚實，酸味佳，耐久放。整體而言95年白酒比紅酒的成熟度來得好。紅酒有不錯的架構和深度，但會比93、90、88等年份還要來得稍微早熟一點。

1994年——戲劇性的一年

1994年的天氣相當具戲劇性變化，由於自年初以來各項氣象條件都相當優異，在採收之前，幾乎可以確定這將是個世紀年份。但是無情的大雨自9月10日下了一個多星期，直到19日才結束，澆熄了原本已經唾手可得的夢想。在白酒方面，由於原本葡萄已有不錯的成熟度，一些在大雨開始的前幾天採收的酒莊（除了普里尼-蒙哈榭Puligny-Montrachet之外）都還釀出一些可口的白酒，但較晚收的酒莊有許多都碰上葡萄酸味不足或腐爛的尷尬情形（94年有些酒莊釀出帶有一點貴腐香味的奇異夏多內白酒），除了夏布利和普里尼(Puligny)等地

之外，其他地區的白酒表現還不差，但酸味比較低，不過至少比紅酒好，只是好壞差距很大。在紅酒方面，由於夜丘區採收較晚，在大雨後稍微回復被雨水「沖淡」的成熟度，所以比伯恩丘紅酒普遍來得好一些，但是整體而言還是略顯乾瘦，欠缺一點豐潤的口感。

1993年——出人意表的黑皮諾

八月的酷熱天氣中止了葡萄的成熟，到九月份開始下起雨來，溫度降低後葡萄的甜度才又開始提升，但是潮濕的天氣也讓不少葡萄感染黴菌。之後的收成季節也是連綿不絕的雨下個不停。面對這樣糟糕的天氣，在當時，連葡萄農都不敢相信最後能釀出好酒來。

夏多內的問題確實很多，在原本成熟度就不高的情形又碰上大雨，味道變得很清淡，夏布利稍微好一點，馬貢區則好酒難尋。迷人的多變香味是93年白酒的特長，可稍彌補口感上的不足，即使是頂尖的葡萄園在5、6年內就可達到適飲期。

93年最奇特的是黑皮諾，有出人意料的表現，不僅甜度不因雨水而減少，而且葡萄皮厚顏色深，特別在夜丘區，有強勁又細緻的口感，單寧重，圓厚的程序雖不及90和95等年份，但是卻有均衡與架構嚴謹的特長。是一個耐久的堅實年份。

1992年——順利的一年

布根地少見沒有霜害及冰雹的年份，發芽、開花都還算順利，產量自然較高。雖然在收成季節一度有大雨出現，但好天氣居多，夏多內的成熟度相當好。1992年的夏布利和馬貢區白酒較為柔和早熟，酸味低，完全比不上伯恩丘白酒的完美表現。極端成熟的葡萄，保有還不錯的清新酸度，使得92年的伯恩丘白酒有均衡、豐富、強勁及圓熟等特性，是90 年代最好的年份之一，豐沛的果味在年輕時就頗迷人。

92年的紅酒則沒有白酒幸運，屬於較為清淡的年份，口感細膩、柔和，成熟快，五、六年就可達極致。

1991年——產量最低的一年

因採收期下雨的關係，1991的品質受到影

1988～1999布根地各產區品質評分表

	夏布利白酒	夜丘紅酒	伯恩丘紅酒	伯恩丘白酒	夏隆內丘紅酒	夏隆內丘白酒	馬貢區白酒
1999	6-7	7-8	7-9	7-8	8-10	7-8	8
1998	7	6-8	7-8	7	7	7	7
1997	7-8	7	7	8	7	8	8
1996	10	9	9	9	9	8	8
1995	8	8	8	8-9	8	8	8
1994	6	6	5	7	5	7	7
1993	6	9	8	6	7	6	7
1992	7	5	5	9	5	7	7
1991	6	7	7	5	7	6	6
1990	9	10	10	8	9	8	7
1989	8	8	8	10	9	10	9
1988	6	7	7	6	7	7	7

其他近半世紀布根地優異年份

紅酒：82,85,78,76,71,69,66,64,62,59,57,52.

白酒：85,83,79,78,71,69,67,64,62,61,59,50.

響，加上霜害與冰雹，產量是90年代最低的一年。白酒酸味經常不足，宜早品嘗；紅酒比白酒好，只是少了90年份的豐厚口感，顯得較爲緊澀，但無論如何，91年還是出產了不少超水準的佳釀，主要集中在夜丘區。夏隆內丘區的表現也不錯（連白酒都不壞），但屬於早熟美味的類型。

1990年——質量皆備的一年

1990年在法國各產區都出現了近數十年少見的世紀年份，在布根地也不例外，而且是質與量皆備。90年的特殊天氣條件從暖冬開始，早來的春天使得生長季提前開始，加上乾熱的夏季（除了八月底九月初的大雨）與溫暖、但不過熱的收成，讓葡萄有非常好的成熟度，也維持完美的酸味。無論發芽、開花都很順利，90年的產量相當高，比89、91都高出甚多。

白酒因爲受到高產量的拖累，稱不上是世紀年份，也許比不上89年來得濃厚，但無論如何平衡感和成熟度都不錯，在夏布利更是大放異彩。90年份的紅酒和96年可並稱90 年代最精彩的兩個年份，濃厚堅實，架勢十足，同時有成熟圓潤的迷人口感，難得的是還兼顧了黑皮諾的細緻風味，耐久的潛力更是無可限量。不論夜丘或夏隆內丘都有非常精彩的表現。

1989年——布根地白酒的世紀年份

因爲炎熱少雨，在法國各地1989年都是相當受矚目的年份，特別是有驚人的高成熟度。但對於黑皮諾葡萄，過熟或是過熱有時並不見得是優點。89年份的紅酒在剛裝瓶時就已有非常圓潤豐滿，肥美的口感顯得單寧並不特別強勁，但這樣的美味卻只是曇花一現，因爲酸味較低，大部份的89年紅酒很少能經得起時間的考驗，10年後就顯得有點老。夏隆內丘紅酒的均衡感甚至比金丘區要好一點。

至於白酒，有人譽爲世紀年份，屬於豪華大尺寸型的夏多內白酒年，不免讓人憶起享樂式的豪奢景象。由於保留了較多的酸味，足以搭配肥厚豐郁的口感，比紅酒更有潛力，而且幾乎各區都有高水準的演出。

1988年——單寧重澀的紅酒

在各項天氣條件上除了九月初下了雨以外，1988年的氣候條件其實都相當好，但結果卻有一點出人意料。紅酒的單寧澀味非常重，算得上是十幾年來僅見，有不少88年的紅酒現在喝起來還顯得未完全熟化。加上少了一點像90年足以平衡澀味的果味與圓潤口感，1988年份一開始並不是那麼討人喜愛，是個適合遺忘在酒窖中十幾年的年份，夏隆內丘和金丘區的水準都不差。比起紅酒，88年的白酒卻不如預期，雖然酸味還不錯，但屬柔和清淡的類型，濃厚不足，較偏平淡。馬貢區和夏隆內區普遍表現稍好一點。

PART II

人與葡萄酒

Homme et Vin

人與自然那一個對葡萄酒的影響最深刻，一直是個爭論不休的話題。但在布根地，即使是最頂尖的釀酒師也都謙虛地自稱是自然的奴僕，僅是將上天的賜予轉化為酒汁。在布根地，人定勝天似乎不受到鼓勵與讚揚，自然天成地依勢釀酒才是布根地人最常掛嘴邊的理念。

即使如此看重自然，人卻也一直是布根地葡萄酒的中心，沒有任何一個葡萄酒產區有比布根地更複雜多變的人文風貌，也沒有其他地區產的葡萄酒像布根地這麼能傳遞莊主的個人風格。身處葡萄種植與釀酒方法最紛歧的地方，全布根地四千多家酒莊與酒商都想在釀酒細節上與人不同，布根地的個人主義讓這個看似嚴守傳統的葡萄酒產區活像個百家爭鳴的實驗場。

人與自然在布根地葡萄酒的歷史中拔河，每一瓶酒都可能是一篇人與土地的精彩故事。

第1章 布根地葡萄酒的歷史

Histoire du vin de Bourgogne

布根地葡萄酒的風格與過去千年來的歷史變遷息息相關，漫漫的布根地葡萄酒史匯聚成今日的布根地葡萄酒典範。傳統的經驗加上時代的變遷，讓布根地的土地在每個世代都能培育出最讓人想望的美酒。

雖然本地的酒莊常常為何者才是真正的傳統布根地葡萄酒爭論不休，但如果放眼全世界，布根地卻是在不斷創新中同時保有最多舊時傳統的葡萄酒產區，包括葡萄品種、葡萄園分級、種植法、釀造法等等，都是由歷史演進而成，只是這些所謂的傳統有數十年、百年與千年的差別罷了。

時間經常在布根地的酒窖裡失序，再先進的釀酒窖裡都難免充斥著各式各樣的古今雜陳，每一家酒莊都有屬於他們自己對傳統的詮釋，和面對歷史的方式。守舊如布根地，歷史常變成創新的護身符，許多新式的釀酒法都因和傳統製法扯上一點牽連而被葡萄農們所接受。

教士、公爵、布爾僑亞與農民，不同的社會階級在布根地的葡萄酒史裡，都曾輪番扮演過重要的角色，即使都已經成為歷史陳跡，但還依舊深深地影響著今日的布根地葡萄酒業。

●伯恩酒商Champy Père & Cie. 1792年的葡萄酒採買記錄簿，紀錄了當年採買的酒款與價格。

●西都教會所有的梧玖莊園已經有近九百年的釀酒歷史。

羅馬人引進葡萄酒

在羅馬人還沒有佔領布根地之前，居住在布根地的高盧人並沒有留下釀酒的痕跡。水、新鮮牛奶或發酵的奶汁以及自製的大麥啤酒是當時主要的飲料。但是本地出土的雙耳尖底希臘陶瓶以及葡萄酒器也證明高盧人從西元前五世紀（或更早）起就享用過葡萄酒，只是這些葡萄酒主要來自希臘、腓尼基人的殖民地及義大利半島，此時葡萄還沒有引進布根地種植。這些稀有的葡萄酒專屬於統治階級的飲料，有時也用來鼓舞戰士的勇氣。

西元前一世紀間羅馬人佔領了布根地之後，羅馬兵團對葡萄酒的需要日增，就如同當年在其他羅馬帝國版圖內一般，推估葡萄樹也被引進布根地，就地種植葡萄釀酒。不過現存有關布根地大規模葡萄種植的文字記載卻是一份西元312年時的講稿，傳述的內容提到在伯恩與夜-聖僑治附近地區種植著許多釀酒葡萄。

隨著西羅馬帝國的衰敗，布根地為來自北方的蠻族所佔領，一群來自北歐斯堪地那維亞地區的蠻族——Les Bourgonde佔領隆河谷地，然後西元456年在里昂及第戎建立了王國。雖然這個王國在534年被法蘭克王國消滅，但今日的布根地人還仍然帶點北歐的血統。西元591年的記載提到在第戎市西邊的山坡上生產高品質的葡萄酒，味道類似Falernian（當年義大利最著名的葡萄酒，分為干白酒和甜白酒兩種）。

中世紀教會的修士

佔領高盧地區的蠻族逐漸皈依天主教，教會經常收到來自國王的贈與。在布根地，從六世紀起就已經有國王將葡萄園奉獻給教會，開啓了布根地教會種植葡萄與釀造葡萄酒的千年傳統。在中世紀時，所有的土地包括葡萄園都由國王與封建貴族所有，教會接受贈與，也擁有土地，甚至還可以跟貴族買地擴充面積。許多當年由不同教會所有的葡萄園都成為今日耳熟能詳的歷史名園，例如西都教會(Citeaux)所有的梧玖莊園(Clos de Vougeot)、貝日教會(Bèze)在哲維瑞-香貝丹村(Geverey-Chambertin)的貝日莊園(Clos de Bèze)、聖維馮教會(Saint-

Vivant)在馮內-侯馬內村(Vosne-Romanée)的侯馬內-聖維馮(Romanée-Saint-Vivant)、Ursules教會在伯恩市所有的Clos des Ursules等等不計其數，好似所有布根地出名的葡萄園多少都和教會扯上點關係。

當時擁有葡萄園的修道院內都有專責種植葡萄與釀造葡萄酒的修士（或修女），他們除了生產葡萄酒，還對葡萄的種植與釀造進行了許多的試驗和研究。舉凡葡萄的修剪、引枝、接枝、釀酒法以及葡萄酒的品嘗分析等，都曾經是修道院修士們研究的主題，他們的研究成果讓布根地在中世紀時就已經在技術上有長足的進步。

布根地葡萄酒的精髓—"climat"概念就是由中世紀教會所提出的新觀念。"climat"指的是在一個有特定範圍和名稱的土地上，因擁有特殊的條件，可以生產出風味特殊的產品（也就是法文中的"terroir"在布根地的說法）。他們經常把這些特殊的"climat"用石牆圍起來，成為所謂的"clos"，這個傳統一直延續至今，現在布根地到處都還留著許多圍有石牆的"clos"葡萄園。

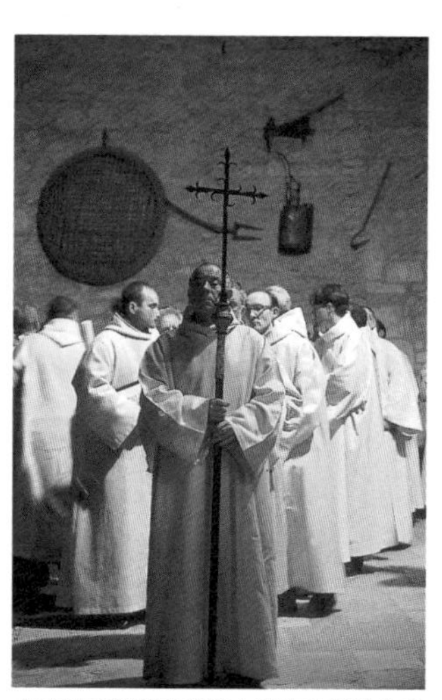
●中世修道院內的教士研究布根地的葡萄園，並分出等級。

憑著教士們孜孜不息地努力提高品質，與教會大力的傳播，布根地葡萄酒在中世紀就已經非常著名。在諸多教會中，影響布根地葡萄酒最深的是910年在馬貢區的Cluny所建立的本篤會(Benedictine)以及十一世紀在夜丘區成立的西都會(Cîteaux)。前者曾經擁有大片的葡萄園，包括許多位於哲維瑞-香貝丹附近的知名葡萄園，後者經營歷史名園梧玖莊園達六百多年，是目前布根地最聞名的一片葡萄園。

教會的影響一直延續到十八世紀法國大革命才眞正劃下句點，所有教會的葡萄園全部充公，最後拍賣成私人的產業。

布根地公爵

十四世紀時，屬法國瓦洛王朝分支的布根地公爵菲利普，因迎娶法蘭德斯的繼承人瑪格芮特公主而擁有包括法蘭德斯在內的許多土地，使得布根地公國氣勢強盛，成為介於法國與神聖羅馬帝國之間的歐洲強權。公爵當年在伯恩及第戎所建立的華麗宮庭因文藝鼎盛而受到歐洲各國的矚目，豪奢的程度遠超過當年的法國國王，布根地葡萄酒也就此聲名遠播。

在十四世紀末到十五世紀末這段黃金時期，歷任的四位公爵將布根地建設成全歐最強盛的公國。布根地葡萄酒自然也藉著公國的政治實力，成為當時全歐最著名的葡萄酒。

歷任公爵都是布根地葡萄酒的愛好者與支持者，也對葡萄酒品質的增進有許多貢獻，曾發佈許多改善葡萄酒品質的飭令；最著名的是1395年菲利普公爵下令禁止採用多產、品質低的加美種葡萄，必須種植品質優異的黑皮諾葡萄。此外也曾禁用肥料以免葡萄太多產。他的孫子（也叫菲利普公爵）則要求將葡萄種在條件較好的山坡地以保有葡萄酒的品質，禁止在平原區種植。現在布根地每年舉行葡萄酒義賣會的伯恩濟貧醫院就是他任內的掌印大丞Nicolas Rolin所創設。

修道院的修士為布根地葡萄酒的品質建立基礎，但他們生產的葡萄酒卻僅供教會的需要。相反地，在布根地公爵們的帶動下，葡萄酒變成高品質的商品，成為流行風潮裡的要角，不僅在公國內受歡迎，也銷往巴黎、教皇國、及歐洲其他國家。

布根地公國在1477年被法王路易十一收入法國版圖，但布根地人至今仍然對這段輝煌的歷史存有深厚的認同感。

●15世紀時，布根地公爵的掌印大丞Nicolas Rolin在伯恩市開辦了伯恩濟貧醫院，院方擁有數百年來善心人士捐贈的葡萄園，釀成的葡萄酒每年在11月舉行拍賣會。

布爾僑亞階級的興起

1720年布根地的第一家酒商Champy在伯恩市成立。此後類似的葡萄酒商便如雨後春筍般冒出，如1731年成立的Bouchard Père et Fils、1750年的Chanson Père et Fils、1797年的Louis Latour等等。新興的布爾僑亞階級酒商，取代過去的教會與貴族，在布根地葡萄酒業裡開始擔任最重要的角色。特別是1789年法國大革命之後，教會與貴族所擁有的葡萄園充公後，逐漸被當時興起的布爾僑亞階級所收購。例如50公頃的梧玖莊園，在1791年由巴黎銀行家Foquard以1,140,600古斤銀的價格標得。土地的重新分配使得居住在城市的布爾僑亞階級以及少數的富農成爲布根地葡萄園的主要園主。

布根地葡萄酒雖然有相當高的名聲，但是因爲交通不便，遠離主要的葡萄酒市場（除了鄰近巴黎的夏布利）所以在當時並不是葡萄酒貿易的主流。十八世紀法國道路的改進，讓布根地葡萄酒的市場潛力大增。配合中產階級崛起後精品市場的勃興，以及布根地酒商強勢的行銷能力，布根地葡萄酒的需求於是大幅提高。特別是紅葡萄酒開始在市場上受到注意，玻璃瓶普遍被採用取代橡木桶，讓耐久存的高級紅酒也逐漸受到市場的青睞。這個趨勢提供布根地葡萄酒發展更精緻的高級葡萄酒的空間。當時的布根地葡萄酒以出產顏色深，口感強勁帶澀味的紅酒聞名。

十九世紀布根地運河的興建以及1851年由第戎通往巴黎的鐵路通車，都再度提高布根地葡萄酒向外地輸出的方便性，葡萄園不斷地擴張，連不適合種植葡萄的平原區也開始種滿多產的加美葡萄。19世紀後半，在布根地南邊的產區已有兩萬三千多公頃的葡萄園，而夏布利地區更達到四萬多公頃。集中在伯恩市和夜-聖僑治市的葡萄酒商幾乎包辦了所有布根地葡萄酒的銷售。但這片榮景並沒有維持太久。由新大陸傳入的葡萄病害，在19世紀末幾乎悉數毀掉了布根地六萬多公頃的葡萄園。

最早出現的是霜霉病(mildiou)，然後是致命的葡萄根瘤芽蟲病(phylloxera)，於1875傳到馬貢區，1878傳到Meursault，最後在1886傳到夏布利，布根地葡萄園幾乎無一倖免。這場橫掃全歐洲的葡萄災難，因爲採用抗芽蟲的美洲種葡萄作爲歐洲種葡萄嫁接的砧木而平息，在布

根地花了將近二十多年的時間才逐漸將葡萄園重建起來。但葡萄園永遠無法回復原本的規模，葡萄酒經濟受到重創的布根地只有能力重種條件較好的葡萄園，在夏布利地區，重新種植的面積甚至不到芽蟲病前的十分之一。

葡萄農的世紀

酒商獨佔葡萄酒市場的景況到了二十世紀開始出現轉機。首先，一次大戰帶來的不景氣讓葡萄農有機會自地主手中買下耕作了一輩子的葡萄園，土地的所有權遂逐漸由農民所持有。到了30年代一些酒莊開始將生產的葡萄酒自行裝瓶銷售，在此之前，所有布根地酒莊出產的葡萄酒全都整桶賣給酒商，在市場上除了掛著酒商品牌的布根地葡萄酒，找不到任何酒莊釀造的產品。這樣巨大的轉變起因於布根地酒商引進大量廉價的南法葡萄酒，甚至連更便宜的北非葡萄酒也被一些酒商混入布根地葡萄酒中濫竽充數，不僅影響布根地的聲譽，也造成市場的混亂，傷害最大的自然是布根地酒農。

一股強調自產自銷，完全採用自家葡萄園生產的葡萄釀製而成的獨立酒莊葡萄酒(vin de domaine)風潮於是展開。至今聲名依舊的酒莊如Armand Rousseau、Henri Gouge、Marquis d'Angerville、Leflaive、Ramonet、Comtes Lafon等等都是當年最早的先鋒。原產與品質的保證加上媒體的鼓吹，獨立酒莊這個新觀念逐漸散佈，並爲大衆所接受。由此開始，慢慢地布根地難以細數的酒莊開始各自釀酒，採用自家的釀法釀成風格殊異的各色葡萄酒，然後用自己的名字裝瓶銷售。布根地今日如此的多元多變，有一部分要歸功於此。

AOC分級制度

葡萄酒市場的混亂不僅讓獨立酒莊的觀念誕生，也同時催生了影響更深遠的AOC制度的建立。1935年法國成立了AOC國家管制單位(INAO)，嚴格精確地管制葡萄酒的生產，葡萄酒的產地特色與品質都受到法律的規範，布根地也成立了許多保障品質與傳統葡萄酒風味的AOC產區。全區的葡萄園鉅細彌遺地劃分成四種等級，建立了全法國最複雜詳盡的分級系統，評選出33個特級葡萄園和五百多個一級葡萄園。這套管制系統至今一直規範著布根地葡萄酒的生產。累計至2000年，布根地已有近百個AOC產區，是全法國之冠。

事實上布根地葡萄園的分級並不是一蹴而成，遠自中世紀的教會修士就已經留下許多研究的成果，加上啓蒙時代的蒙田、Carnot等人對布根地葡萄酒的理性思考與歷代經驗的累積，在AOC制度訂定之前，一般對布根地區內各葡萄園的評價已經存在著許多定論。我們只要比較19 世紀中出版的《布根地優等葡萄園地圖》(Plan des Vignobles Produisant les Grands Vins de Bourgogne)和1855年出版，M. J. Lavalle所著的《金丘優等葡萄園史暨統計資料》(Histoire et Statistique de la Vigne des Grand Vins de la Côte-d'Or)等史籍中對各葡萄園的詳細等級評鑑，不難發現今日布根地葡萄園的分級和一個半世紀前的看法其實並沒有太大的出入。

回歸自然

過去兩千年的歷史決定了今日的布根地葡萄酒。背負著沉重傳統的布根地酒莊，現在開始走向回歸土地的道路，農藥的濫用已經讓布根地引以爲豪的土地逐漸枯竭死亡。最近，新的土地觀念總算讓布根地被掠奪數百年的土壤得到喘息與重生。再建土壤中的自然生態，讓土地保有自己的均衡，以供應葡萄樹最佳的生長環境，成爲許多酒莊的首要目標。這股走出酒窖回到葡萄園的潮流在布根地已經延續了一段時間，在這新的世紀裡將讓布根地酒迷們品嘗到這些努力的豐收成果。

第2章 葡萄酒業

Métiers du Vin en Bourgogne

相較於法國其他地區的葡萄酒業，布根地的葡萄酒生態必須用錯綜複雜來形容，但布根地迷人的地方正在這奠基於複雜人際網絡的關係裡，雖然在布根地大家老是談土地與自然，但人一直是布根地葡萄酒的中心。酒商、酒莊與合作社是布根地三個架構完全不同的產酒單位，他們彼此合作與競爭，在時代的變遷中互有輸贏，現在他們的總數合起來高達四千多家，靠著八面玲瓏的葡萄酒仲介居間引線讓布根地酒業得以運作自如。新時代的變換，也讓這個三角關係產生鬆動，界限變得越來越模糊，許多酒商越來越像酒莊，有些酒莊也下海成立酒商。

布根地酒業最奇詭的要算已有五百多年歷史的伯恩濟貧醫院，院方擁有幾世紀來善心人士捐贈的葡萄園，釀成酒後由酒商整桶競價標購，不畏歷史變動，百年來都是法國葡萄酒界的夢幻奇葩。這就是布根地，傳統與老舊總是最受歡迎的戲碼。

●羅馬酒神巴庫斯(Bacchus)的雕像守護著Savigny-lès-Beaune村裡的酒商Daudet-Naudin的地下酒窖。

葡萄酒商
Négociant-Eleveur

雖然獨立酒莊在布根地扮演越來越重要的角色，但是在產量上，葡萄酒商仍佔優勢，特別是在海外市場，幾乎大部份由酒商包辦。布根地酒商在十八世紀開始發展起來，現存最老的酒商是位於伯恩市內的Champy P. & Cie，1720年即已創立運作。直到一次大戰，布根地的酒商幾乎完全掌握了區內所有葡萄酒的經濟，即使之後獨立酒莊開始自己裝瓶銷售，但無論如何，至今還是有近60%的布根地葡萄酒是掛著酒商的名字賣出去的。

同時扮演多種角色

布根地酒商在法國葡萄酒的商業史上曾經是個要角，靠著他們既有的行銷網路，除了布根地葡萄酒，也曾掌控了大部份的薄酒來及隆河葡萄酒的銷售，如今美景不復當年，布根地酒商已從50年代的三百多家減少到今日的115家。但一股新的趨勢正在布根地萌芽，許多知名的獨立酒莊在自有莊園葡萄酒供不應求的情況下，開始設立酒商名號，採買他人的葡萄酒銷售，例如松特內村(Santenay)的Vincent Girardin，梅索村(Meursault)的Pierre Morey以及普里尼-蒙哈榭村(Puligny-Montrachet)的Etienne Sauzet等等都是此一新類型的酒商。

隨著時代的演變，布根地酒商所扮演的角色越來越多，和法國其他地區的酒商有點不太一樣，他們從最早期的「葡萄酒裝瓶者」(embouteilleur)及「葡萄酒培養者」(éleveur)逐漸加入「釀造者」(vinificateur)和「葡萄種植者」(viticulteur)的工作，身份非常多元。在商業上，他們除了掛上自己名字的葡萄酒之外，也會替獨立酒莊做經銷的工作。並非所有酒商都同時扮演這麼多的角色，但時下最頂尖的布根地酒商大部份都會多少擁有一些自有的葡萄園，釀成「自有莊園葡萄酒」(les vins de domaine)，好和獨立酒莊一別苗頭。目前一百多家酒商共擁有兩千多公頃的葡萄園，其中Faiveley、Bouchard P & F及Louis Jadot都是擁有超過百公頃莊園的大戶。

裝瓶者及培養者

「葡萄酒裝瓶者」及「葡萄酒培養者」是布根地酒商最傳統的角色，過去種植與釀造都是葡萄酒莊的事，酒商只是將買來的葡萄酒在自家酒窖培養一段時間，然後裝瓶賣出即可。這樣的工作聽起來似乎簡單，但實際上卻相當複雜。首先每年年底採買葡萄酒時，各酒商就得針對需要，在葡萄酒仲介的協助下找尋及選擇符合各酒商廠牌風格的葡萄酒。由於從不同酒農買來的同一個AOC產區的葡萄酒最後全都會混合在一起裝瓶，所以還得考量最後口味協調的問題；例如Champy酒商的"Côte de Beaune Village"紅酒通常都是混合較緊澀粗獷的馬宏吉村(Marange)及柔和多果味的修黑-伯恩村(Chorey-lès-Beaune)以混成剛柔並濟的口味。

同樣的葡萄酒經由不同酒商的培養之後，風味會變得不同，帶有該酒商的特色，特別是一些個人風格非常強烈的酒商，如喜歡把酒弄得肥肥胖胖的Dominique Laurent常會讓黑皮諾紅酒在培養後產生驚人的轉變；每年伯恩濟貧院的拍賣會常會由多家酒商標到同一批酒，培養後差別常常相當大，好像連酒裡都會蓋上酒商的戳印。

其實培養的過程對酒的影響很大，光就橡木桶的選擇就有許多差別，例如採用的橡木桶的

新舊比、時間的長短、不同地區的橡木及燻烤度等等都有可能改變酒的風味；此外，過濾、沉澱、攪桶甚至酒窖的溫度等全都是酒商藉以突顯自家風格的工具。

採買葡萄與葡萄汁

雖然葡萄酒的培養相當重要，但是葡萄酒的品質或甚至葡萄才是維持高品質的根本。由於更多的獨立酒莊將葡萄酒留著自售，頂尖的布根地酒商在好酒越來越難找的情形下，一方面得繼續與葡萄酒仲介合作，付高價找到高品質的葡萄酒，但另一方面也開始採買葡萄或葡萄汁（釀白酒用）自行釀製，以便控制葡萄酒的品質。如果酒商能夠擁有葡萄園，自己種植葡萄，那就更能夠像獨立酒莊一般全程掌控葡萄酒的品質，而且也不用擔心會買不到好酒。

●酒商Bouchard Père et Fils的酒窖直接位在伯恩市有如迷宮的中世城牆之內。

所以現今布根地許多知名的酒商多少都會擁有一些自有莊園，而且常常會被當作是酒商的招牌酒。一般自有莊園的葡萄酒酒商會在標籤上特別標示，但方法各有不同，如Faiveley和Joseph Drouhin會標出"Récolt du Domaine"（採自自有莊園），Louis Jadot和Bouchard則直接標出"Domaine Louis Jadot"（Loius Jadot獨立酒莊），"Domaine Bouchard Père & Fils"（Bouchard獨立酒莊），至於Leroy則乾脆像獨立酒莊一般，標"Mis en bouteille au domaine"（在自有獨立酒莊裝瓶）。

除了像Faiveley這種產量小，但自有莊園多的酒商，才能有超過一半以上的酒產自自有莊園，但這畢竟是個例外，大部份酒商主要銷售的還是買來的葡萄酒，唯有如此才能有足夠的產量，同時也才能同時供應全布根地各區的葡萄酒。試想，在布根地有近百個AOC，將近600個一級葡萄園(1er crus)，所以每家酒商供應的葡萄酒種類都相當驚人，例如Louis Jadot雖有百頃自有莊園，但在每個年份會推出近一百五十款的布根地與薄酒來葡萄酒的情況下，唯有向葡萄農採購，否則無法有這麼多不同產區或葡萄園的產品。

多元與專一

布根地有許多酒商像Louis Jadot一樣提供從夏布利(Chablis)到薄酒來(Beaujolais)的各色葡萄酒，但是也有些酒商卻專精於某些類型的葡萄酒，例如位於普里尼-蒙哈榭的Chartron et Trebouchet及Olivier Leflaive兩家就是僅專精於白酒的小型酒商；馬貢(Mâcon)地區也有專產白酒的Verget；在夏布利更是有多家只產夏布利白酒的酒商；而在夜-聖僑治(Nuits Saint-Georges)有Dominique Laurent是專產紅酒。

酒商實例
Bouchard Père et Fils

位於伯恩市的Bouchard是一家有上百個員工的老牌酒商，同時扮演葡萄酒的裝瓶者、培養者、釀造者和葡萄種植者的角色；出產布根地各區的葡萄酒，屬於全功能型的酒商，年產五百多萬瓶。公司總部位於伯恩城堡內，但主要釀酒廠位於城堡附近的城郊，在梅索還有一個專釀白酒的酒窖。至於葡萄園的耕作中心則位於城西，是一個有32人的耕作大隊，負責照料Bouchard 130公頃的自有莊園。除此之外，公司在夏布利還有一座酒莊（前Willame Féve）負責54公頃夏布利葡萄園的種植，Bouchard所有夏布利都一併在此釀造。

四大生產部門

在葡萄酒的生產方面，是由技術總監Christophe Bouchard統領以下四個部門的運作：

1.釀酒與培養：由首席釀酒師Philippe Prost指揮26個釀酒師釀製所有Bouchard的葡萄酒。

2.葡萄與葡萄酒的採購：由Jean-Paul Bailly負責。

3.實驗分析室與品管：由Gérard Aussendou負責。

4.葡萄園種植：由主任Thierry de Beuil帶領32人全職耕作隊及其他半職葡萄農及200個臨時採收工人。

雖然各部門有各自的職責，但有許多最關鍵的工作卻是彼此重疊的，需要相當好的默契，缺一不可。

錯綜複雜的釀酒過程

布根地的複雜不僅讓酒迷吃足苦頭，酒商們也同樣爲此付出代價，Bouchard上百款的酒全得分別採收，分成數百個酒槽獨立釀製，不論是114公升裝的feuillet木桶或是6,000公升的大

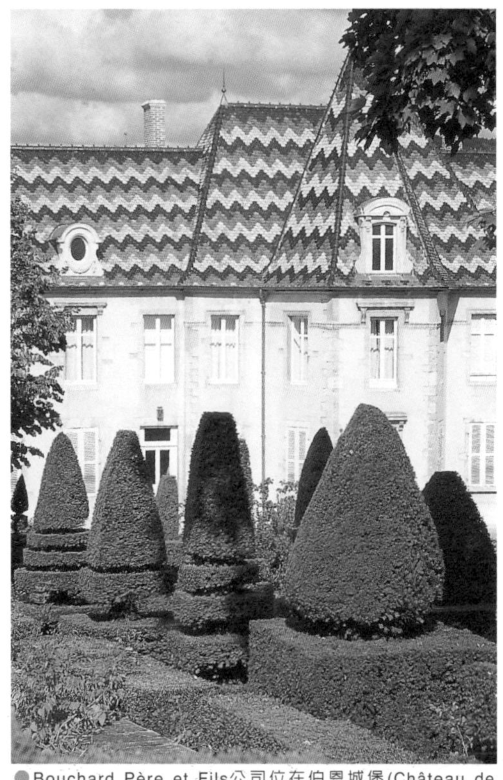
●Bouchard Père et Fils公司位在伯恩城堡(Château de Beaune)。

桶全都得費心照料。錯綜複雜的程序會讓人相信每年毫無意外地釀好所有葡萄酒簡直就是奇蹟。和獨立酒莊比起來，合作與嚴密的組織是酒商釀酒成功的重點。

採收前Thierry除了要照料自有莊園，還得和Jean-Paul合作，提供合作酒農種植上的協助；這時Philippe進行葡萄酒培養及裝瓶，同時和Christoph、Jean-Paul等人決定調配的工作。接近採收時，實驗室得不斷地採樣分析每一塊葡萄園的成熟度，Jean-Paul也要開始到供應葡萄的酒農查看葡萄品質，然後Thierry和Philippe得規劃出自有莊園採收次序，同時還得加上Jean-Paul買進葡萄的時間，再大的酒廠都有設備不堪負荷的問題，因爲榨汁得花上四小時，手工挑選葡萄所費的時間更多……所以一定得錯開來；但是大自然是不等人的，明天可能會突然下起大雨來，或者待採收的黑皮諾正因爲天氣熱而酸味直線下降……但是200人一天最多也只能採10公頃的葡萄。

●大瓶裝的Bouchard Père et Fils全用手工蠟封。

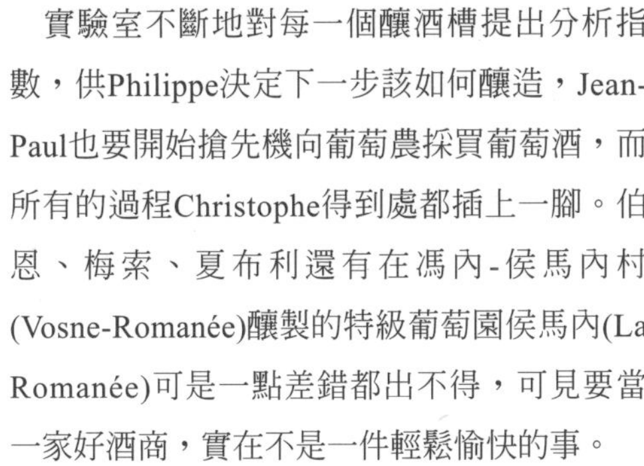

實驗室不斷地對每一個釀酒槽提出分析指數，供Philippe決定下一步該如何釀造，Jean-Paul也要開始搶先機向葡萄農採買葡萄酒，而所有的過程Christophe得到處都插上一腳。伯恩、梅索、夏布利還有在馮內-侯馬內村(Vosne-Romanée)釀製的特級葡萄園侯馬內(La Romanée)可是一點差錯都出不得，可見要當一家好酒商，實在不是一件輕鬆愉快的事。

葡萄與葡萄酒的採購主任Jean-Paul Bailly

採購葡萄酒是決定傳統酒商優劣的主要因素，所以酒商的採購經常扮演舉足輕重的腳色，得同時兼具多項才能方可勝任；Bouchard負責採購的Jean-Paul Bailly，在公司工作了25年，稱得上是元老級人物。釀酒師出身的Jean-Paul從Bouchard的實驗室開始，歷經釀酒部門的多年磨練，十年前才由Phillip Prost手上接下擔任採購的重任。每年負責買進約三百五十多萬公升的布根地葡萄，葡萄汁（白酒）與葡萄酒。

Jean-Paul的採買策略和大部份高品質的酒商一樣，都是盡量地提高採購葡萄的比例而不是葡萄酒，他覺得自己釀造比較能夠保證品質，或者用更精確的說法——更能保證Bouchard所要的風格。不過Jean-Paul也承認在布根地要完全自釀是絕對不可能的，因爲這牽涉到葡萄農的榮譽感的問題。Bouchard和Louis Jadot一般都是用成酒的價格來採買葡萄，這對葡萄農其實相當有利，可以免除釀製的麻煩與開支卻又能賣得一樣的價格；但是在布根地大部份的葡萄農還是覺得只賣葡萄不賣酒似乎顯得自己的能力不夠，是最低等酒莊的行徑，所以只賣葡萄的風氣一直不太盛行。Bouchard採用了一種折衷的辦法，讓葡萄農在自己的酒窖釀酒，但由Bouchard的釀酒師提供技術指導。

Jean-Paul透露，除了在非常難搞的金丘區外，他們在馬貢及夏隆內丘區(Côte Chalonnaise)有90%的釀造在他們的掌控之下。至於金丘區，除了靠長期與葡萄農的人際關係外，主要還是得靠葡萄酒仲介來買齊所需的葡萄酒，Jean-Paul固定合作的仲介有十個，他特地挑選專精某些村子的仲介，而不是什麼酒都有的浮濫型仲介，每年這些仲介會帶來他們認爲Jean-Paul會需要的數千款樣品酒，然後Jean-Paul再依價格、品質及公司的年度需要，從中選出約五百多筆的葡萄酒。所以每年從十一月開始，就是Jean-Paul最忙碌的時刻，每天有安排不完的樣品試飲。

Jean-Paul的選擇將多少決定該年份Bouchard葡萄酒的好壞，而且採買價格的高低也會影響酒廠的盈虧。至於採買旺季過後，Jean-Paul還得確認交貨時每筆葡萄酒確實與品嚐時一樣，以免爲酒農所蒙蔽，同時更重要的是得和各供應葡萄或葡萄酒的酒莊保持連絡以確保下一年份的酒源與品質，在布根地，大部份的葡萄農還是偏好口頭承諾，簽約比登天還難，白紙黑字對他們來說只會徒增煩惱，因爲利字當頭時，爲約所困不能見利忘義，對葡萄農來說畢竟是件內心交戰的痛苦事。

許多以量取勝的酒商有時會在大量訂單的壓力下以高於市場行情的價格大肆採購葡萄酒，經常造成市場的大起大落，供需失衡，無論如何布根地的市場小，隨便就能讓人興風作浪；加上許多仲介也會試圖利用一些耳語與風聲來影響採買的決定，要當個好採購，除了夠專業，也還得要能面對潛在的心理壓力才成。

首席釀酒師Philippe Prost

不同於其他產區的釀酒師每年只需釀製一、兩款，最多十來款的葡萄酒，布根地酒商的首席釀酒師常常一釀就是百來款葡萄酒，數量實在驚人，其中往往包含了年產數十萬瓶，大型不鏽鋼桶釀造的地方性AOC "Bourgogne"以及幾乎手工釀製，只有幾百瓶的特級葡萄酒"Grand cru"。要同時照顧這麼多種特性迥然不同的酒對每一個最頂尖的釀酒師都是一項挑戰，因爲無論"Bourgogne"或"Grand cru"，採收與釀造幾乎都是同在九月到十月間同時進行，更恐怖的是，釀酒師是無權喊停或重來的。其實，即使是布根地最頂尖的酒商，每年也多少有幾款酒出現釀製失當的情況。

1995年Henriot買下Bouchard之後，這個原本死氣沉沉的酒商，突然就變成耀眼的明星酒廠，讓所有人都好奇地想知道Bouchard品質一夕之間提高的秘密到底在那裡；在Bouchard工作二十多年的Philippe Prost從1992年就擔任首席釀酒師至今，也許他是最佳的解謎之人。

參觀不下十餘次Bouchard的酒廠，總算有機會訪問到Philippe，他似乎不太喜歡接受訪問，約會是定在早上七點，讓人懷疑是想嚇跑貪睡的記者。

Philippe自認爲Henriot並沒有爲Bouchard帶來什麼神奇的藥方，在他眼中其實早自80年代末期Bouchard就有計劃地改善葡萄種植與釀酒設備，這些都不是一蹴可及的，之前的努力剛好在Henriot買下之後開花結果。現在他們有更多的資金用來投入葡萄園的整治。

「沒有什麼比葡萄園更重要的了！」Philippe很認眞地說了這句話。雖然首席釀酒師的角色舉足輕重，但是在布根地最著名的釀酒師全都一致認爲，最重要的都已經在葡萄園裡完成了，他們只是在一旁幫襯而已。會有這樣的想法也許因爲他們懂得謙遜，不過主要還是因爲他們眞的瞭解布根地的精髓，因爲特別意圖要做什麼時，往往會變得適得其反。

才第一個問題，Philippe用了一個小時的時間跟我解釋每年他如何嚴密地制定葡萄採收的計劃，掌握最佳的成熟時機採收完分散成幾百塊的葡萄園。最後他卻幽幽地說，但只要氣象預報稍有不準（一般都不會太準）一切計劃就得重來。之後，Philippe用了一個早上的時間回答了幾個問題，但是我還有數十個問題還沒問。每回訪問釀酒師，我都覺得可以寫成一本書，所以我把原本要放在這裡的內容放到書中談釀造的地方去了。

◎有關Bouchard P & F的其他內容請參考Part III第3章伯恩市的超級酒商

獨立葡萄酒莊
Domaine

在漫長的中世紀時期，土地的所有權（包括所有葡萄園），全都掌控在教會與貴族的手中，直到十八世紀法國大革命成功之後，土地經由沒收與拍賣，才逐漸為布爾僑亞階級及富農所收購，擁有葡萄園的獨立葡萄酒莊園也因此誕生。不過在布根地，直到一次大戰前，葡萄酒業還是完全由屬布爾僑亞階級的葡萄酒經銷商掌握，葡萄農釀好酒之後，悉數賣給經銷商，由他們裝瓶銷售，酒標上貼的永遠是酒商的名字。

雖然土地的改革策略讓葡萄園逐漸為實際耕作的葡萄農所有，但是直到20年代，獨立莊園或葡萄農依舊籠罩在酒商的陰影之下。在20、30年代，布根地幾家至今依舊盛名不墜的獨立酒莊如Marquis D' Angerville、Henri Gouges、Armand Rousseau、Leflaive等等，首開了葡萄農用自己的名字裝瓶的先例。就如同布根地葡萄酒作家Bazin所說，經過兩千多年的被遺忘，葡萄農總算走出地窖，成為知名的公眾人物。

無論如何，至今酒商還是布根地葡萄酒的要角，但是若論名氣與品質，頂尖的獨立酒莊似乎總比酒商們略勝一籌；至少在他們的酒中，更能表現土地與人的風味。因為獨立酒莊的葡萄園面積小，而且大多位在鄰近的村子裡，可以更悉心地照顧葡萄樹，對葡萄園的自然條件也認識較深，同時也累積了許多父子相承的經驗；例如在普里尼-蒙哈榭村(Puligny-Montrachet)的Leflaive酒莊，梅索村(Meursault)的Comtes Lafon酒莊，馮內-侯馬內村(Vosne Romanée)的Domaine de la Romanée-Conti酒莊等等都是酒商們無法超越的。

不過，因為設備或能力不足，許多獨立酒莊不見得釀得出超過酒商品質的葡萄酒，甚至相距甚遠，特別是品質經常隨年份的好壞而有很大的落差。

布根地平均一家酒莊只有6公頃的葡萄園，經常分散成數十片，分屬多個不同的AOC，不僅管理困難，而且還要為如此小的產量添置全套的釀酒設備。在這樣的環境下，大部份葡萄園面積較小的莊園，經常由莊主自己兼任所有的工作，例如在哲維瑞-香貝丹村(Geverey-Chambertin)的Claud Dugat酒莊僅有3公頃的葡萄園，種植、釀造，裝瓶，銷售及會計等所有想得到的事，全由他自己和老婆及兩個年輕的女兒包了下來，只有在採收季節才臨時雇用一些採收工人。當我們看到一瓶產自獨立酒莊的葡萄酒，我們也同時看到一個人，因為這瓶酒就如同莊主自己懷胎生下的小孩，和他是如此的血肉相連。

除非是像Claud Dugat有頂級的莊園，否則要靠3公頃葡萄園維生似乎不太容易，許多布根地葡萄農必須跟別人租葡萄園，以便達到合理的種植面積。租用的方式有許多種，在布根地主要採用"Fermage"和"Métayage"兩種方式，都是數百年流傳下來的舊制度。由於法國當地的法律保護實際耕作者的權益，所以葡萄園的租用者享有許多保障，出租人只有在要自己耕種的情形下才能要回出租的葡萄園。

"Métayage"的方式是地主和葡萄酒農一起分葡萄酒，這種獨特的租約方式在法國其他地區已經不太常見。一般地主每年可分得產量的1/3或1/2。以位於香波-蜜思妮村(Chambolle-Musigny)的George Roumier酒莊為例，酒莊耕作的特級葡萄園乎修特-香貝丹(Ruchotte Chambertin)有 0.54公頃，是向法國盧昂市

(Rouen)的一位Michel Bonnefond先生以"Métayage"的方式租來的，依約每年依該園產量多寡，Bonnefond先生可得總產量的1/3。例如1996年該園共產七桶1,596公升，Michel Bonnefond可得1,596公升的1/3，即532公升的乎修特-香貝丹特級葡萄酒做爲租金。Roumier酒莊則實得剩餘的1,064公升。

"Fermage"則完全以金錢支付租金，但計算的標準還是葡萄酒，不過並不是按比例，而是一個定量，通常每年不論收成多寡，每公頃需支付等値於四桶（228公升）該園葡萄酒的法朗爲租金，至於酒的市價是依照官方公佈的每一村莊同一等級葡萄酒該年份的平均價爲準。同樣地以George Roumier酒莊爲例，酒莊耕作的香波-蜜思妮的一級葡萄園——愛侶莊園(Chambolle-Musigny 1er cru Les Amoureuses)共0.4公頃，是向目前的管理者Christophe Roumier的親戚Paul Roumier租來的。依約（每18年換約一次），每年每公頃的租金是四桶愛侶莊園的紅酒的價格，例如1996年愛侶莊園的平均價是25,500法朗一桶，所以Paul Roumier在1996年可得到的租金爲：25,500法朗 ×4桶酒 ×0.4公頃＝40,800法朗。

在收成好的年份"Métayage"似乎比較划算，但是當欠收時反而"Fermage"對地主比較有利。通常所有耕作與釀酒的支出全部由承租人負責，但是像重新種植這樣龐大且數十年才發生一次的支出就必須由地主來承擔。許多的租約關係人都是家人或親戚，奇特的租約方式碰上複雜的人際關係，常常讓外人弄不清楚，誰家的酒是否是自家釀造或僅是鄰居付的「租金」。

獨立酒莊其實有許多不同的類型，有些是完全不自己裝瓶，釀成的葡萄酒全部賣給酒商，有些則全部自售，但最常見的是一部份自售，一部份賣酒商。即使連侯馬內-康地這樣著名的酒莊也會把整桶的葡萄酒賣給酒商。酒農們常會告訴訪客他們把最差的幾桶酒賣給酒商，最好的酒留著自己裝瓶，所以酒商們得到的都是次等貨。不過人際關係運作及現金的誘惑，還是會讓許多酒莊賣出部份品質好的桶裝葡萄酒。

繼承的問題是獨立酒莊的最痛，不斷地均分，葡萄園被分得越來越小片到幾近無法耕作與釀造的地步。例如位於松特內村(Santenay)的Jean Lequin酒莊在1992年兩個兒子分家後分成"Louis Lequin"和"René Lequin-Colin"，12塊葡萄園全部被均分；例如特級葡萄園高登-查理曼(Corton-Charlemagne)被分成僅有0.09公頃大小。另外，龐大的遺產稅也讓付不出高昂稅金的下一代不得不要賣掉葡萄園，常讓虎視眈眈的財團有機可趁；不過相較其他農牧業，新一代的年輕人非常樂意承接父親的釀酒工作，讓布根地的獨立酒莊有相當光明的前景。

獨立酒莊實例
Domaine George Roumier

這家位於香波-蜜思妮村的著名酒莊是在二次大戰勝利後才開始自己裝瓶。現今管理者Christophe的爺爺George 1924年娶了香波-蜜思妮村子裡Quanquin家的女兒之後，開始了Roumier家族在香波-蜜思妮村的歷史。George的三個兒子中，老大Alain成了村內Comte de Vogüé的莊務總管，現在Alain的兩個兒子在村內分別成立Laurent Roumier和Hervé Roumier兩家酒莊，至於George的酒莊最後由三兒子Jean-Marie在1961年時接手管理，1990年再度傳給兒子Christophe。由於在1965年改設置成公司的型態，所以酒莊一直沿用George的名字，和一般因兒子繼承而跟著改名的情況有點不同，因爲是由家庭的各個成員分別持有股份，而不是Christophe一人獨有。

酒莊本身並不擁有葡萄園，大部份是由家族所有，再以"fermage"的方式租給酒莊。目前

由酒莊釀製的葡萄園詳列如下：

負責管理酒莊的Christophe Roumier幾乎插手所有工作，除了他之外，Christophe的二妹（大妹嫁給梅索村的酒界明星Dominique Lafon）在照顧小孩之餘兼管會計與秘書的工作，另外還僱用四個全職的工人在葡萄園或酒窖裡工作，以及一位專門負責裝瓶和貼標籤的半職女工；雖然人員不多，但在布根地已算是大戶了。到了採收時，Christophe為了能密集地在4天內採完葡萄，得臨時僱用40-45個採葡萄工人。每年的葡萄酒總產量因年份不同，只有四到六萬瓶，但因酒價高，總銷售額約380萬到450萬法朗。

●布根地的精英釀酒師Christophe Roumier，他是著名的George Roumier酒莊的第三代莊主。

◎有關葡萄種植與釀造請見Part III第2章香波-蜜思妮

等級	葡萄園名稱	面積	所有者
特級葡萄園 Grand cru	邦馬爾Bonne-Mares	1.46 ha	（分成多塊由多位家族成員所有）
	蜜思妮Musigny	0.09 ha	（Christophe所有）
	梧玖莊園Clos-Vougeot	0.32 ha	
	高登-查理曼Corton-Charlemage	0.20 ha	（Christophe的母親Odile Ponnelle所有）
	乎修特-香貝丹Ruchotte Chambertin	0.54 ha	(Métayage， Michel Bonnefond所有）
	夏姆-香貝丹Charme-Chambertin	0.27 ha	(Métayage，Jean-Pierre Mathieu所有)
香波-蜜思妮一級葡萄園 Chambolle Musigny 1er cru	愛侶莊園Les Amoureuses	0.40 ha	（Christophe的二叔Paul所有)
	Les Cras	1.76 ha	
	Les Fuée(釀成村莊級等級)		
	Les Combotte(釀成村莊級等級)		
香波-蜜思妮村莊級 Chambolle Musigny village	Les Veroilles		
	Les Pas de chat		
	Les Cras(Village等級部份)		
	Les Fuée(Village等級部份)		
	Les Combottes	4.14 ha	
摩黑-聖丹尼一級葡萄園 Morey Saint Denis 1er cru	Clos de Bussière	2.59 ha	（Christophe父親Jean-Marie所有）
地方性AOC	Bourgogne	2.00 ha	

◎Fermage：12.96ha（全部自己裝瓶，不賣給Négociant）

◎Métayage：0.81 ha（以Christophe Roumier的名義裝瓶）

葡萄工人
Tâcheron

在布根地不論是酒商或是獨立酒莊，經常葡萄園四散分佈，位在Rully的酒莊可能因爲繼承的關係有一小片葡萄園在50公里外的哲維瑞-香貝丹村（Geverey-Chambertin），要自己照顧不僅浪費時間、不敷成本，而且沒有辦法像在村內的葡萄園一般細心呵護，所以通常都會僱人就近照料。除此之外，許多酒商也擁有一些葡萄園，如果面積不大自組耕作團隊並不划算，直接托人看管照料反而比較實際。而且也不會有因爲租給別人耕作卻要不回葡萄園的困擾。

●為伯恩市酒商Louis Latour種植葡萄的虛東太太。

在布根地雇用葡萄工人最常用的是一種類似責任制的方式。雇主將一片葡萄園托付工人，依葡萄園面積與工作內容計算工資，至於工作的時間完全由工人自主，只要照顧好葡萄，在預定的時間內完成即可。這樣的方式在本地稱爲“à la tâche”，以這種方式工作的工人就叫做“tâcheron”，因爲工作時間很有彈性，可半職或全職，也可同時幫多家酒莊工作。

葡萄種植經常受天候條件所限，例如太冷不能剪枝，剛下雨不要剪葉……等。布根地的葡萄園單位面積小，位置也很分散，機動性佳的“tâcheron”顯然較其他制度更適用於布根地的葡萄酒業。著名的特級葡萄園La Tâche即因曾以責任制的方式委託葡萄工人種植而得名。

葡萄工人實例
Marie-Helene CHUDANT

家住Morey-St.-Denis的虛東太太(Marie-Helene CHUDANT)，平時在家照顧小孩及料理家事，但是她同時也是伯恩市知名酒商Louis Latour以責任制顧用的葡萄工人。雖然Louis Latour在阿羅斯-高登村(Aloxe-Corton)有一支龐大的葡萄種植大隊，但在夜丘區的莊園還是過於遙遠，所有有關剪枝、除多餘樹芽等手工全得托當地的葡萄農照料。虛東太太負責的是Louis Latour在夜丘區裡最頂尖的兩塊特級葡萄園：0.8公頃的Chambertin以及整整一公頃的Romanée-St.-Vivant。此外，她也同時替位在夜-聖-僑治市的一家完全沒有負責種植人員的酒商Dufouleur Frères照料位在香波-蜜思妮(Chambolle-Musigny)、Brochon及哲維瑞-香貝丹等村子裡的四小片葡萄園。

兩家合起來不過兩公頃半的葡萄園工事，虛東太太還可以趁空料理家事。不論葡萄園的等級如何，照顧所花的心力全都一樣，所以通常tâcheron並不會因爲在頂尖的葡萄園工作而有較高的收入，不過虛東太太覺得當想到自己辛苦照顧的葡萄被釀成知名的美酒，心裡還是很有成就感。

我在Louis Latour的Romanée-Saint-Vivant碰到虛東太太，趁著布根地冬季難得的好天氣正在預剪葡萄枝蔓。由於Louis Latour的這片特級葡萄園剛好拔掉半公頃，正在整地重種，所以她又另外接了一片半公頃葡萄園的工作，只是這片葡萄園是遠在伯恩丘的高登(Corton)特級葡萄園，每天來回得多開上一小時的車程。

濟貧醫院
Hospices

醫院和葡萄酒似乎可以牽上一點關係，但也僅是因爲幾世紀前葡萄酒曾被當作抗菌藥品，如果一家醫院不是靠醫術，而是因爲生產及銷售葡萄酒出名，那就有點不務正業了。這樣弔詭的事大概只有在像布根地這個因爲葡萄酒聞名全球，又老愛抓著傳統當賣點的地方，才會變得如此的理所當然。

在布根地大大小小四個由濟貧醫院設立的葡萄酒莊園裡，以位在伯恩市的伯恩濟貧醫院最爲重要，不論葡萄園面積、歷史、知名度或甚至酒的品質都是第一，每年11月舉行拍賣會銷售釀製的葡萄酒。夜-聖-僑治的濟貧醫院葡萄園較小，只有八公頃，每年三月舉辦拍賣會，至於規模更小的第戎濟貧醫院則全部將酒賣給伯恩城裡的酒商Patriarche。

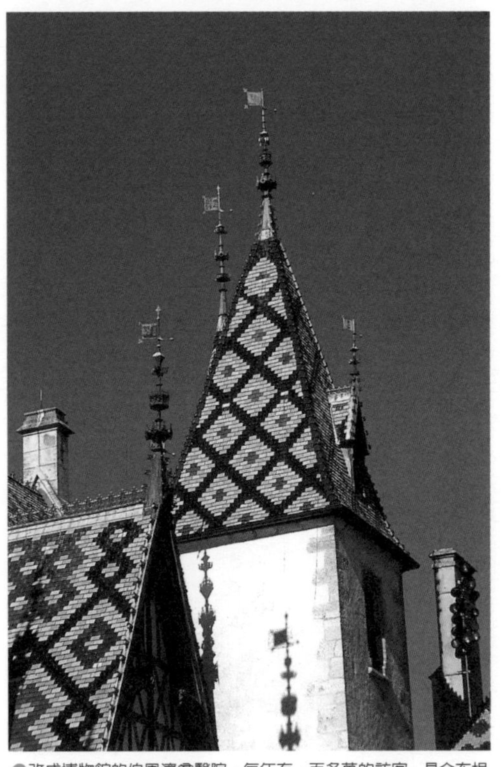
●改成博物館的伯恩濟貧醫院，每年有一百多萬的訪客，是全布根地最重要的觀光重地。

濟貧醫院實例
伯恩濟貧醫院 (Hospices de Beaune)

有傲人歷史的伯恩濟貧醫院是在布根地菲利浦公爵(Philippe le Bon)時期設立的。正確的年代是1443年，英法百年戰爭之後，民不潦生的時代。創辦人是侯蘭(Nicolas Rolin)，公爵的掌印大臣，和侯蘭的第三任妻子莎蘭(Guigone de Salin)。濟貧醫院提供窮困病人免費的醫療與照顧，但位在伯恩市中心的院址，卻是一座充滿原創的華美建築，是中世紀布根地建築風格的代表作。靠著包括法王路易14在內的善心人士的捐贈，濟貧醫院逐漸建立自己的資產，樂捐的內容包括各式各樣的財物及不動產，當然，也包括許多的葡萄園。法國大革命之後，伯恩濟貧醫院被納入一般的醫療系統，由市政府管轄，並在七O年代遷到城郊，現在醫院原址已經改成博物館。

歷經五百多年來的捐贈，伯恩濟貧醫院擁有62公頃的葡萄園，主要集中在伯恩市附近的幾個村莊，但也有遠在馬貢的普依-富塞（Pouilly-Fuissé）或夜丘的特級葡萄園馬立-香貝丹（Mazi-Chambertin）。不論等級如何，葡萄園全都依照不同的捐贈者劃分成38個單位，由23個葡萄農各自負責照料1-2單位的葡萄園。濟貧醫院和葡萄農之間是採用責任制的合作關係，有點像Tâcheron的方式，不同的是葡萄農還會依照葡萄酒拍賣的結果得到分紅，待遇相當高。

釀酒方式

收成後的葡萄統一運送到濟貧醫院極端摩登

現代的釀酒酒窖統一釀造。每單位內生產的葡萄全部混合在一起，例如"Nicolas Rolin"這一單位(一般稱爲"Cuvée Nicolas Rolin")，包括"Beaune"產區裡的0.14公頃的Bressande，0.33公頃的Grèves，1.4公頃的Cent Vignes，0.2公頃的En Gênet及0.5公頃的Teurons等6片一級葡萄園。

前任的釀酒總管是知名的André Porcheret，他和接手的Roland Masse一起釀製1999年份後即退休。一般而言，釀酒總管全權管理醫院所屬的葡萄酒部門，平時他只有兩個助手，但到了收成季節，許多醫院裡的技術員會被臨時派來幫忙。Porcheret釀紅酒時不太喜歡連葡萄梗一起泡皮，浸泡時間通常也不會太長，只有十多天，似乎和近幾年濃澀的濟貧醫院的紅酒特色不太相近。發酵完成後，不論好壞年份或葡萄酒的等級，全部放入100%的新橡木桶；白酒也全在新桶中發酵。如同Leroy和Domaine de La Romanée Conti，一律採用François Frères橡木桶廠的全新木桶。

●伯恩濟貧院的標示立在每一片所屬的葡萄園裡。

年度盛事——公開拍賣

才剛釀好的酒(有時白酒甚至還沒完成酒精發酵)，馬上得在十一月的第三個星期日舉行拍賣會，幾百年來，醫院不自己裝瓶，而是整桶賣給酒商，早期採招標方式，現在則是公開拍賣。伯恩濟貧醫院葡萄酒的拍賣會是法國葡萄酒界的年度大事，從1859年舉辦到現在，歐洲皇室、政要、電影明星等等都曾擔任過拍賣會的主席。

拍賣前，當年的所有新酒都將提供試飲作爲採買的參考。依規定，只有布根地本地的酒商才能參與競標約五百多桶的新酒，這些以捐贈者爲名的葡萄酒，被分成每一筆包括2-7桶228

●在拍賣當天的早上，該年份的所有拍賣酒提供買主品嘗。

公升的葡萄酒。例如1998年的Mazi-Chambertin Cuvée Madelaine Collignon共12桶，均分成三筆各四桶，由Louis Jadot, Moillard-Grivot及P.G.V.F分別以桶價81,000，81,000及83,000法朗標得。酒商得另外再付傭金及橡木桶的錢，在隔年1月15日前取酒運回自家的酒窖繼續完成桶中培養的工作。爲了防止仿造，酒標則全由醫院統一印刷，再分發給得標酒商印上自己的廠牌。

雖然酒由本地酒商標得，但是背後眞正的買主多半是國外進口商或私人委託競標，直接成爲私人收藏，所以市面上並不常見。因爲帶點慈善義賣的意味，價格通常超出市值好幾成。

濟貧醫院院長Antoin Jacquet

「在濟貧醫院裡有太多的弔詭」院長Jacquet帶著無奈卻又有點得意的表情表達他對外界批評的看法。太沉重的歷史負擔，讓他只能以不變應萬變，原本在法國北部南錫市(Nancy)的兒童醫院工作的Jacquet，從來沒想到自己會變成62公頃頂尖葡萄酒莊園的管理者。

有人覺得新橡木桶的比例太高，有人提倡拍賣要改到隔年春天或甚至一年之後比較能喝出酒的品質，也有不少人指控濟貧醫院拍賣會拍出的高價是布根地葡萄酒價不斷攀升的罪魁禍首。面對質疑，Jacquet一貫提出反問，有誰能對幾百年的傳統作出更改的決定呢？也許這就是伯恩濟貧醫院可以在全球葡萄酒界中如此與衆不同的原因吧！因爲結構本身就已註定該當如此。

Jacquet舉濟貧院的伯恩一級葡萄園（Beaune 1er crus）爲例，10名捐贈者共捐了廣達20公頃的葡萄園，分屬多個一級葡萄園，院方必須完全拋開布根地分級的邏輯，而且也不能以最完美的混合爲準則，僅僅能將來自同一個捐贈者的葡萄園混合在一起，因爲唯有如此才能讓大衆知道善心捐贈者的大名。

在守舊的制度裡，其實，自1994年後，Jacquet已經在設備方面做了許多新的改進，已經看不見太多傳統布根地酒窖的影子。

●1998年11月15日，伯恩濟貧醫院葡萄酒拍賣實況。

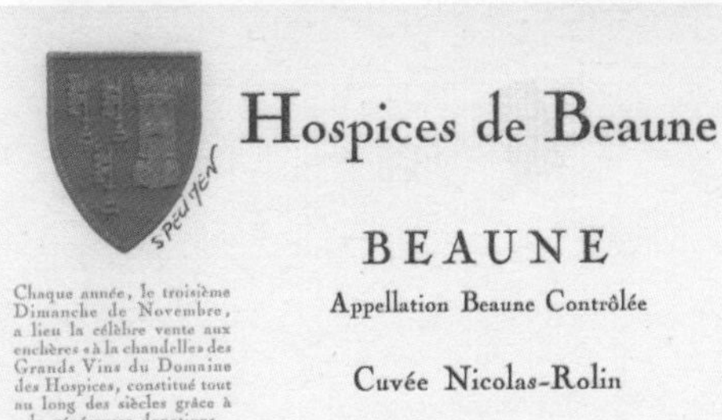

葡萄酒買賣仲介
Courtier du Vin

葡萄酒仲介這個古老的行業，在現今的布根地葡萄酒業裡仍是個要角，只是他的神秘氣息延續至今，依舊是暗藏在鎂光燈打不到的角落；雖然每年有80%的布根地葡萄與葡萄酒的買賣都是透過仲介完成的，但是大部份的人還是有點摸不清楚仲介們到底是做什麼的。

協助酒商採購

在布根地，由於精細地分級以及均分繼承，將這裡的葡萄園分割成無數的狹小莊園，如此環境對於葡萄酒商的採購是相當大的負擔。一個酒商光要熟知每一塊葡萄園的特性、葡萄農的能力以及每一年份的變化、摸清楚市場價格以及誰有酒可賣等等已幾乎是不可能的事，若還妄想要搞定那些凡事重個人，講個性卻又愛弄玄虛的布根地葡萄農，那鐵定是自不量力。在葡萄酒買賣常常奠基於複雜人際網絡上的布根地，幾乎每一家酒商多少都得透過仲介的協助才能買全他所需的各色等級、價位及品質的葡萄酒。

替葡萄農找買主

仲介幫酒商找他們需要的產品，同時也替葡萄農找買主，買賣的可能是葡萄、葡萄汁（白酒）、整桶的葡萄酒（以228公升爲單位），甚至已經裝瓶的成酒。不過，最主要的還是以桶裝的葡萄酒的買賣最爲重要。雖然酒商們也可以自己找葡萄農採買，但是通常還是寧可借重仲介的專業與關係，同時，買賣也較有保障。在布根地，葡萄酒的交易全是口頭承諾，許多酒商宣稱和許多酒莊立有長期契約，事實上多半只是口頭上的約定而已。仲介經年穿梭於產酒村莊以打探消息，因爲即使是自己裝瓶的頂尖獨立酒莊，有時缺現金，也可能賣桶裝的葡萄酒。

因爲各酒商有各自的風格以及對品質的要求，所以每年年底葡萄酒剛釀成之後，仲介會把從酒莊收集的樣本，依各酒商的風味及要求做篩選，然後再帶給酒商試飲。若確定購買，在談好價格與數量後即可成交，但交易並不就此完成，通常得等到隔年春天葡萄酒完成乳酸發酵之後，酒商才會提貨（以減少對剛釀成的葡萄酒的干擾），而付款依慣例以90天爲期分三次付清。

交易方式

至於酒的價格常由仲介居中協調，但是也有可能以隔年春季的平均市場行情爲準而成爲「浮動式」的價格。爲了保證酒的品質，提貨前仲介還得再試飲以確定與樣品無誤。剛釀成的新酒，品質的變化很大，好的仲介得具有品嚐尚未完成乳酸發酵的葡萄酒的能力，以判斷出酒的未來，需要許多經驗的累積才能達成。仲介費用的行情是買賣雙方各付2%的傭金，不過因爲布根地每一筆葡萄酒的買賣都很小，常是些只有一兩桶葡萄酒的交易，比起別區數百桶的交易，似乎辛苦許多。

買到品質優異的葡萄酒是酒商建立名聲的重要基石，所以仲介不能隨意透露顧客們的資料，以免貨源爲其他酒商得知而以高價捷足先登。所以即使在來訪記者如過江之鯽的布根地，卻很少聽到仲介們的聲音，碰到記者能躲則躲，透過許多關係尋找多時，才找到願意接受採訪的仲介。

葡萄酒仲介實例 Jérom Prince

出身伯恩市葡萄酒仲介業世家的Jérom自小就跟著父親在葡萄酒業裡學習，看起來年輕，但卻已有十多年的經驗，是布根地葡萄酒仲介工會會長，著名的酒商Leroy與Louis Latour是他最大的兩個客戶。有50多家酒莊靠他將酒或葡萄賣給區內十多家固定合作的酒商。

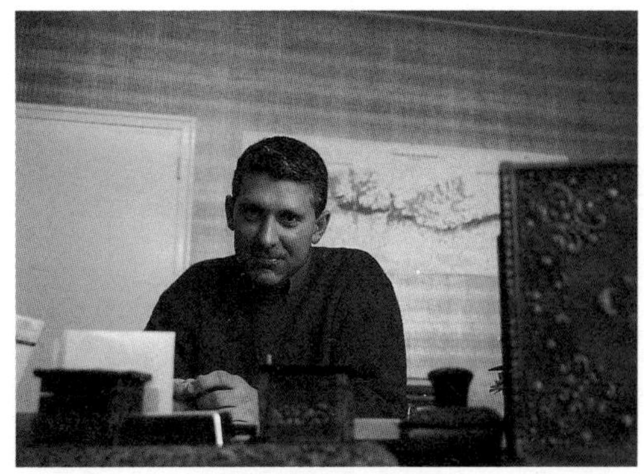

●Jérom Prince，布根地葡萄酒仲介工會會長。

Jérom固定合作的葡萄農集中在金丘及夏隆內丘，主要以高品質的葡萄酒買賣爲主，很少染指以量取勝的市場。在布根地，即使品質不高的葡萄酒都能找到酒商收購，因爲布根地產量小，但國際需求卻相當大，許多產量大的酒商爲了供應市場，常常很難兼顧品質，合作的仲介就只是找到酒買，而不是品質的問題了。

Jérom認爲一個葡萄酒買賣仲介要懂的東西非常多，特別是在布根地，多少得是個有三頭六臂的角色才行。首先得認識每塊葡萄園，葡萄的種植與釀造，專精於葡萄酒的品嘗，熟悉市場與酒商的需要，同時還得和葡萄農維繫良好的關係，有時甚至還得扮演建議者的角色。雖然仲介在其他的葡萄酒產區已經日漸式微，但Jérom相信在布根地仲介的角色是無法被取代的，即使這個地球老早就進入數位的時代，但是「人」還將一直是葡萄酒的中心，在這方面，是不會有其他管道比他們還要專業的。

釀酒合作社 Cave Cooperative

雖然大部份的葡萄農所擁有的土地都不大，但個人主義猖獗的布根地，似乎不太容得下釀酒合作社這樣的生產方式，整個金丘區就只有Cave des Hautes Côtes一家，即使在夏隆內丘也僅有Cave de Buxy較爲人知。唯有在出名較晚的夏布利及馬貢兩地，合作社才可能扮演較重要的角色。

家數少、產量大

法國從20年代開始，逐漸發展起釀酒合作社的制度，50年代是極盛期，當年在布根地就有35家之多。現在越來越多的獨立酒莊自己釀酒及裝瓶，大大地減低合作社的重要性，就僅剩19家了，即使家數少，但產量大，每年有近1/4的布根地葡萄酒是產自合作社。

合作社的好處是可以在釀酒技術與設備上做較大的投資，讓一些自有土地面積小的葡萄農有生存的可能。和合作社簽約的葡萄農，只須負責種植葡萄的工作，採收後交由合作社就大功告成。所有釀製，培養，裝瓶與銷售全都由合作社的人負責，葡萄農只要等著領錢即可。

與獨立酒莊相媲美

大量生產、水準平均、缺乏特色但價格便宜，是一般人對合作社葡萄酒的印象。在布根地，情況似乎有點不同，幾家頂尖的釀酒合作社像La Chablisienne，Cave de Viré及Gropement des Producteurs de Prissé優異的表現，多少改變了酒評界認爲合作社無法生產高水準葡萄酒的刻板形象。在這個越來越注重葡

●La Chablienne釀酒合作社大型的不鏽鋼釀酒槽。
●副社長Herve Tucki

萄種植的時代，注重品質的合作社也開始提供葡萄農種植技術的建議，同時在釀酒法上也在全然現代的設備中納入傳統的技法。新的生產理念讓合作社也有能力讓葡萄酒保留產地的特色，與優秀的獨立酒莊媲美。

釀酒合作社實例 La Chablisienne

1923年成立，夏布利產區內唯一的一家釀酒合作社——La Chablisienne，是全夏布利地區最大的酒廠，匯集300個酒農1200公頃的葡萄園，熟知布根地葡萄酒的人大概難以想像在布根地會有這樣的規模與合作精神。

以表現地方特色為目標

當然La Chablisienne並不單以大出名，擁有無數的頂級葡萄園才令人驚訝，夏布利區內的七個特級葡萄園（grands crus）以及四十個一級葡萄園都有葡萄農將葡萄託付給La Chablisienne。為了鼓勵葡萄農種出高品質的

葡萄，保留產量低的老葡萄樹，或種出品質特優的葡萄時，葡萄農都能得到較高的報酬。精確專業的釀酒技術在以表現夏布利白酒的地方特色為目標下，讓La Chablisienne釀出極端道地的夏布利白酒。

「我們不喜歡果味，我們要能表現夏布利的礦石味！」La Chablisienne的副社長Tucki非常以此自豪，他把所有討喜可口且滿含迷人果味的酒全賣給葡萄酒商，然後自己留下較有個性的酒裝瓶，這和一般合作社的理念似乎有點相悖。豐富的果味常是商業銷售成功的保證。

●合作社的葡萄農Michaut先生週末到合作社介紹訪客品嘗La Chablienne出產的夏布利白酒。

現代V.S.傳統的迷思

如同大部份的夏布利酒廠：現代化、機械化、甚至還帶點工業化，La Chablisienne也同樣具有這些讓傳統葡萄酒愛好者聞之色變的特性。第一次聽Tucki談La Chablisienne的釀造過程，確實有點難以置信，也打破了越自然簡單的傳統方法越能表現土地特色的迷思。高度的機械化使得夏布利地區大部份都是採用機器採收，La Chablisienne自然也不例外，只有不到30%的葡萄是人工採收。採收後的葡萄直接在葡萄農家中榨汁，再由合作社將葡萄汁運回夏布利市中心的酒廠。首先經沉澱去雜質，再經一次皀土凝結沉澱(collage)，再加入人工培養的酵母。Turki強調他自香檳區學到許多有利於釀造夏多內白酒的技術，幾近大逆不道的是，La Chablisienne選用香檳區的酵母，因爲他們相信這類的酵母比較中性，而且發酵的速度慢，反而可以讓酒保有更多來自土地的酒香與口感。

試酒筆記

Chablis Vieilles Vignes 1996

每個年份La Chablisienne推出四十多款的夏布利各級白酒，從“Petit Chablis”到“Château Grenouille”都有相當高的水準，大部份都得等上幾年才會開始變得好喝。

在喝過的數十種La Chablisienne中，“Chablis VV 1996”算得上最能表現La Chablisienne特色的一支酒，清新的檸檬香味混著礦石的雅緻氣息，強勁卻不流俗；驚人的酸味即使襯托著甜美果味但還是讓人難以親近，一昧地緊閉；平衡豐富的餘味暗示著値得多年等待的美好未來。這不是許多人喜愛的清淡可口夏布利，而是堅硬得要等上10年的個性白酒。

擔心果味霸佔夏布利的本性，發酵的溫度經常維繫在20-22℃之間，大部份的發酵是在大型不鏽鋼槽中進行，但也有在橡木桶中發酵的（每年約600桶），不過La Chablisienne並不透過攪桶的技術讓酒變得更圓厚，因爲他們也害怕夏布利會變得像金丘區的夏多內白酒。

第3章 布根地葡萄的種植

Viticulture bourguignonne

釀酒技術不斷地推陳出新、主宰潮流，但卻同時對新一代的葡萄酒莊提供了一個反思的機會：現在，新的趨勢讓所有布根地的頂尖酒莊全都把注意力回歸到葡萄的種植上，釀製技術變得越來越不重要。「葡萄在採收時已經決定90%的葡萄酒品質，酒窖裡的工作只不過佔了10%的影響力。」相信這句話的人在幾年前還寥寥無幾，但現在已是布根地人人掛在嘴邊的口頭禪了；和酒莊主一起去看他如何管理葡萄園，已經變得和參觀酒窖一樣的重要。

在個人主義盛行的布根地，有關葡萄的種植，大家也一樣各有主張，一點都不情願重複別人的道路。反正通往真理之路絕對不會只有一條。

●五月的早晨，Domaine Chandon de Briailles酒莊的葡萄農在僅有0,11公頃的Corton-Charlemagne葡萄園裡拔除多餘的葡萄芽。

改種一片葡萄園
Plantation

葡萄是多年生的爬藤類植物，偶而可見百年的葡萄樹，但是超過60歲的疲弱老樹雖然可以生產品質非常好的葡萄，但微薄的產量常常不敷生產成本，這時就得忍痛拔掉老樹換上新樹。重新種植的成本很高，每一個決定都將影響酒莊未來半世紀的葡萄酒品質，所以葡萄農得戒慎小心地選擇。近年來，法國已經禁止葡萄園的擴充，除非特例，很少有機會開闢新的葡萄園，要重新種就得先拔掉原來的老樹。

布根地的特殊環境讓拔掉老樹的抉擇變得有點複雜。葡萄園的面積小又分屬不同AOC等級，許多酒莊在一些稀有的特等葡萄園常常只有相當可笑的面積，如Faiveley的特級葡萄園蜜思妮(Musigny)僅有0.03公頃，只要一改種至少得再等上四年才能有收穫，要讓年輕葡萄樹長出好葡萄，那又至少得再等上10年，萬一這之間出現了幾個世紀年份，那可是永遠無法平復的損失啊！

葡萄園面積小，讓布根地更新葡萄園的計劃通常很難執行，許多酒莊寧可拼命保存老樹，也決不輕言重種，而改採每年在老死的葡萄樹空缺上補種新株(repiquage)的方法。除了衰老，老樹多少都會感染病毒，其中有許多如Court-noué等都是絕症，唯有拔掉消毒，別無他法，所以補空缺的補種法會讓葡萄園有健康的疑慮。不過新近的一些經驗，讓許多酒莊相信，那些苟延殘喘的得病老樹，因產量低，往往能生產出高品質的葡萄來，讓葡萄農在拔與

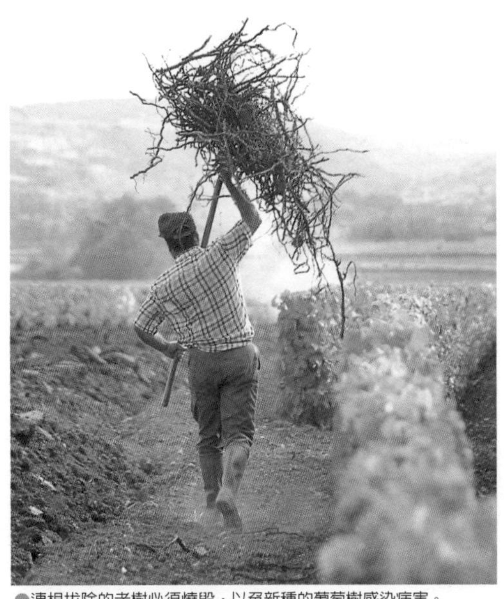
●連根拔除的老樹必須燒毀，以免新種的葡萄樹感染病害。

原株嫁接

拔掉重種曠日費時，最近布根地夏多內白酒的價格爬得比已經漲聲連連的黑皮諾還要快，在紅、白酒皆產的葡萄園，如伯恩(Beaune)、薩維尼(Savigny-lès-Beaune)等地也有酒莊直接在成年的黑皮諾葡萄樹上嫁接夏多內葡萄，如此，不用等上四年就能採收夏多內葡萄了。這樣的方法因新芽的存活率不高，所以還不是相當普遍，但在白酒出缺的時代，還是值得一試。酒商Bouchard P.& F.獨有的伯恩一級葡萄園Clos Landry在嫁接之後，全部改為生產夏多內白酒，不再產黑皮諾葡萄。市場的流行對號稱傳統的布根地還是有難以抗拒的吸引力。

不拔之間經常舉棋不定。

一旦決定，酒莊得先申報，一個月後即可動工。老樹需一棵棵地連根拔起，連鬚根也不能放過，全部就地焚燒成灰燼以免遺留病毒。土地需經過整地、施肥、消毒及一年以上的休養才能再種上葡萄。在表土很淺的地區有時會請來碎石機搗碎地下岩層讓葡萄樹根可以更深入地底。

過去，有些酒莊甚至還會趁機由別的地方運土過來，以改善土質，最著名的例子發在1749年，當年布根地歷史名園侯馬內-康地(Romanée-Conti)的園主Croonembourg由山上運來150牛車的土倒入這片生產珍貴黑皮諾紅酒的葡萄園裡，根據當年的記載，產量因此增加一倍。現在，除非經過申請，這種改變葡萄園自然條件的作法已經全面禁止。

比較富有的莊園也會請來土質分析師作土質的檢定，以確認出土質的改善之道和提供選種所需的資訊。選用那一種新苗，以及搭配那一種砧木是葡萄園改種時最大的課題。

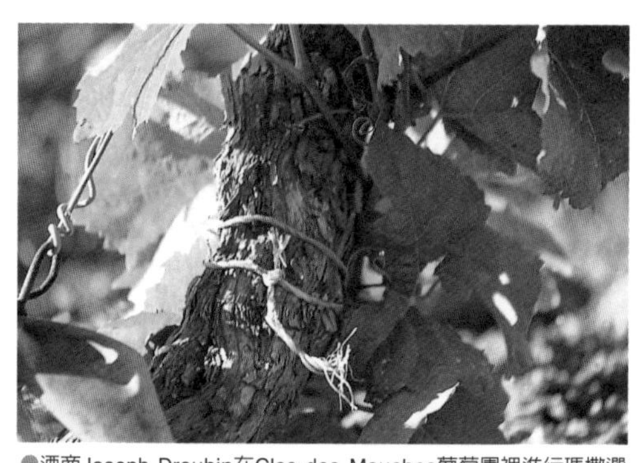

●酒商Joseph Drouhin在Clos des Mouches葡萄園裡進行瑪撒選種，這棵綁了兩根鐵絲的黑皮諾葡萄表示連續兩年有好的表現。

品種的選擇

雖然在布根地紅酒採用黑皮諾，白酒採用夏多內，似乎沒有選擇，但事實上，歷史悠遠的黑皮諾已演化出數以百計的黑皮諾「次品種」；加上近二、三十年發展出的選種，又大大地提高了黑皮諾家族的數量。至於夏多內也同樣不下數百種。

除了黑皮諾或夏多內的共通點，每個「次品種」都有各自的特性，例如成熟期的早晚、產量、抗病能力、糖度的多寡、酸度的高低、果粒的大小……等等各有不同。例如黑皮諾中有果粒小、品質佳的"Pinot fin"；也有產量高、果粒大、品質平庸的"Pinot droit"。

雖有品質的差別，但葡萄的健康因素是首要的問題，要經得起幾十年的各式病菌侵害的考驗才行。夏多內有"Court-noué"病毒，黑皮諾有"enroulement"病毒，都是無救的「絕症」，所以七O年代，當新式的人工選種在布根地開始草創時，一些抗病力強的無性繁殖系選種就被廣泛地接受。但不幸的是，這些強壯抗病的新品種通常茂盛多產，釀成的酒往往平凡無特色，甚至有許多人相信這些新品種讓布根地葡萄酒變得越來越同質化。

這個問題讓許多酒莊走回瑪撒選種法(sélection marsale)的老路。酒莊在自家的葡萄園中選定一片種有老樹的葡萄園，每年在園中觀察選出健康、產量穩定的葡萄樹，然後在靠近根部的地方綁上帶子做記號。每年重複一次，不合格的即解掉帶子，合格的則加綁一條，經過三年之後，就可選出條件較好的葡萄樹做爲基因倉庫，等需要種新的葡萄樹時就可以選這些樹的藤蔓來接枝。

這樣的方法雖然原始，需耗掉葡萄農許多時間，而且可能無法完全避免葡萄不受病毒感染的威脅，但是，卻具有保留傳統基因的偉大功能，在劣質的人工選種開始佔領布根地的時代，這種傳統方法格外顯得彌足珍貴。

在另一方面，許多葡萄育種專家也開始研究培養既抗病又產高品質葡萄的品種。因爲要培養出一個穩定的新種至少得花上十年以上的時間，所以進程相當緩慢，目前品質較好的無性繁殖系黑皮諾已有113、114、115、667及777，夏多內則有76、95、124、131及548，雖然無法達到完美，但已經比過去改善許多，更

無性繁殖系 Clone

所謂無性繁殖系，指的是所有新培育的幼苗全來自同一個母株，由於直接用藤蔓接枝行無性生殖，所以基因穩定，可以不斷地「複製」。這些特性不同的母株都是經過多年的選種而成，通常抗病力強，產量穩定。每一個無性繁殖系都有一個編號做為辨認。由於品種特性比較多變，目前發展出的黑皮諾無性繁殖系很多，夏多內則相對少很多，由此研發不斷地在進行，未來必定將出現更多的無性繁殖系。

何況一切只在起步階段，未來必定會有更好的成果出現。

布根地有許多酒莊爲了能同時保有各無性繁殖系的優點，會在同一葡萄園同時種上多種無性繁殖系，減低錯誤的風險。例如Dujac酒莊近年新種的葡萄園都混和六種不同的無性繁殖系。

砧木的選擇

爲了防止無藥可治的根瘤芽蟲病(Phylloxéra)，所有的新苗都要嫁接在不受芽蟲病侵襲的美洲種葡萄的砧木上。爲了適應不同的土質與環境，布根地目前常用的有10多種砧木，主要是採用美洲野生葡萄Riparia、Berlandi及Rupestris的混血種，少部份混有歐洲種葡萄。

抗病與抗蟲是首要的選擇，但是太健壯的砧木又常會讓葡萄樹太過多產影響品質，眞是一個兩難的抉擇。葡萄園的條件通常是選擇砧木的決定性因素，土中含石灰質的多寡、酸鹼度、濕度與肥沃度等等都得考慮進去。例如位在平地的葡萄園可以採用抗濕及適合黏土的101-14MG或適合深土的3309C，若位於山坡，石灰質高的葡萄園，則適合採用品質好又抗石灰及乾旱的161-49C，不過抗蟲性稍差，或可採用也頗抗石灰的420A和Fercal。但如果

●靠近山頂的葡萄園含有較多的石灰質，新種葡萄時需要選擇耐石灰的砧木。

是位於坡頂的貧瘠土地，也許可以考慮健壯、早熟、抗石灰及乾旱而且又多產的SO4（雖然SO4因多產而惡名昭彰，但在條件險惡的土地上卻能長得很好）或是容易生長又適合淺土的5BB，後者因爲存活率高也常被選爲補種空缺時的砧木。

雖然不同的砧木並不會影響黑皮諾和夏多內葡萄的風味，但是卻會對葡萄的產量及成熟的時間產生很大的影響，例如日照佳的特等葡萄園就無須選用太早熟的砧木，以免成長太快，讓葡萄失去特色；相反的，濕冷的土地就必須依靠早熟砧木達到應有的成熟度。由此可以看出並沒有完美無缺的砧木，而是要看葡萄農如何巧妙地選擇與應用。

種植的密度

現在布根地葡萄園的種植密度大約在每公頃一萬到一萬二千株，在法國已經是高密度種植區，在南部還可見到每公頃只有三、四千株的葡萄園。即使如此，在布根地還沒有施行直線式籬笆，尚未機械化耕作的時代，每公頃甚至還可能高達二萬多株。

高密度的種植可以讓葡萄樹彼此競爭養份，不會太過多產，而且平均一株葡萄樹的產量較低，長出的葡萄串較少，可以提高葡萄的品質。例如一片種植密度只有五千株的葡萄園每年出產五千公升的葡萄酒，每株葡萄平均生產一公升；同樣的產量，在布根地以每公頃一萬

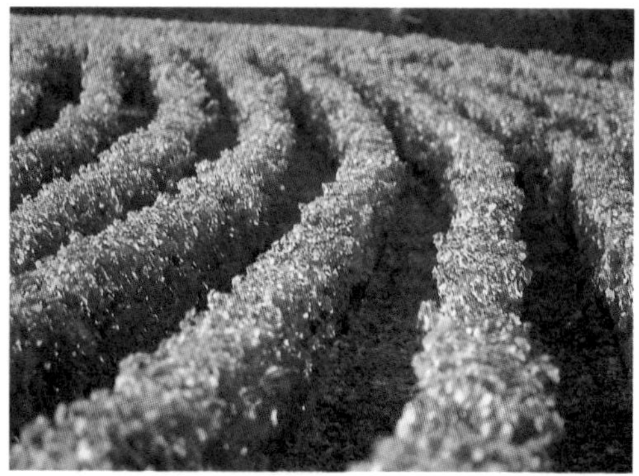

●Louis Latour的Corton葡萄園和大部份金丘區的葡萄園一樣每公頃種植一萬棵葡萄樹，每株間隔一公尺相當擁擠。

株來算，每兩株才生產一公升；若是過去的兩萬五千株，則每五株才產一公升的葡萄酒。布根地的酒莊最喜歡用餵奶的比喻來形容高密度種植的好處，同樣一株葡萄樹長出比較少的葡萄串必能讓每一串葡萄都長得相當好，不會像多產的母狗無法充足地供應小狗所需的奶水。

但是否密度越高就越好呢？目前一萬二千株似乎已是極限，因爲要讓犂土及剪葉的機器通過，至少得有一公尺的間距，有些較新式的機器甚至需要1.2公尺的空間。所以只要密度增加，就必得縮小葡萄樹間的距離才行，但是距離若低於80公分就無法讓每棵葡萄樹有足夠伸展枝葉的空間。最近Domaine de la Romanée-Conti酒莊開始實驗一萬六千株的高密度種植，也許可以在未來提供我們一些答案。

布根地的種植密度其實也因各區的傳統與環境而有所不同，北邊的夏布利區密度低，每公頃約5,500株，金丘區幾乎全在每公頃一萬株以上，至於馬貢區則以每公頃8,000株爲主。

低密度高籬的種植法

種植密度越高，雖然品質可能提高，但種植的成本也相對提高。一些酒價低的產區如上伯恩丘(Hautes Côtes de Beaune)或上夜丘區(Hautes Côtes de Nuit)等地，常可見到種植面積每公頃只有3,000-3,333株的葡萄園。樹籬的間距大，方便機械的進出，樹籬相當高，有時超過2公尺，可以吸收更多的陽光。部份新進的莊園更採用V字型的雙籬式樹籬好讓日照的效果更佳。因為方便有效率又經濟，這種低密度的種植法在美、澳等新興的葡萄酒產區非常流行，雖然效果還不算很差，但在法國，特別是布根地卻很難被接受；自公元2000年起，除了在上述兩地外，將全部禁止在布根地採用。

樹籬的方位

要讓葡萄樹籬沿著南北向或是東西向生長才能吸收到更多的光線呢？在過去很少有葡萄農

葡萄育苗場 pèpiniére

如果是選用無性繁殖系來種植，酒莊只需依選定的砧木及無性繁殖系向葡萄育苗場訂購即可。但如果是瑪撒選種法，則需要先將挑選出的葡萄藤送到育苗場，請他們代為接枝。

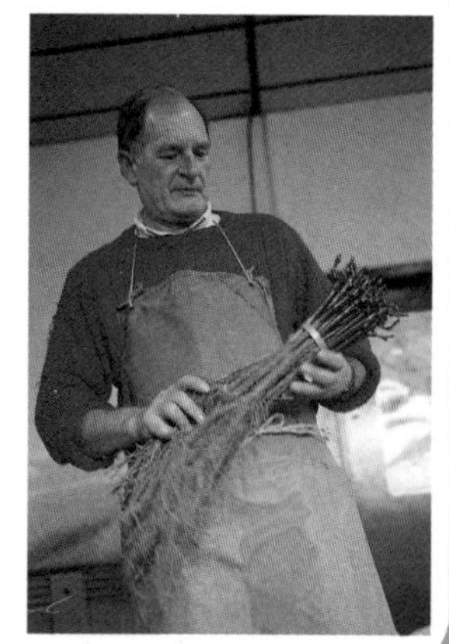

Jobard育苗場位於伯恩市附近的平原區，每年生產兩百萬株的葡萄幼苗，是布根地重要的育苗場之一，提供數十種的砧木和無性繁殖系供選擇，當然，也為一些著名的酒莊做瑪撒選種法的接枝，接枝的方式大致如下：

1. 首先選擇三歲大的砧木，連根拔起，切掉所有枝蔓，只留根部，切口向內凹入。
2. 另一方面，將嫁接的藤蔓裁成小段，每一段需有一個芽眼，切口向外凸出。
3. 將砧木與藤蔓的切口相接，然後用臘封住。
4. 之後放入培養室，鋪上木屑保濕，並加熱消毒即可種植。

Jobard產的幼苗，每株約市價8法朗。

問這個問題，特別是金丘區，葡萄園多位在面東的山坡上，若讓樹籬長成南北向，耕耘機很容易翻覆，所以安全的問題超過受光的考量。但最近一些酒莊有新的看法，他們把坡度比較和緩的葡萄園改種成南北向，讓葡萄一大早就能大量地接收到陽光的照射，提高葡萄的成熟度。幾個著名的特級葡萄園像塔爾莊園(Clos de Tart)，梧玖莊園(Clos de Vougeot)及埃雪索(Echezeaux)，坡度不大，已經出現反傳統的南北向種植。

種植新苗的時機主要在年初到春天，在布根地，每年7月之後種的新苗是很難在冬天到來之前長成足以抗寒的硬木。在剛種的前兩年，葡萄樹很難結葡萄，即使有也很難成熟，到了第三年才勉強可以有收成；布根地的AOC法本來規定要到第四年才能採收，但最近已經改成三年。事實上，比較認真的酒莊會將這些年輕葡萄所生產的葡萄主動降級，但無論如何，3-4歲的葡萄樹是很難有好的表現。

引枝法與剪枝
Mode de Conduite et Taille

在19世紀末根瘤芽蟲病自美洲傳入歐洲之前，布根地的葡萄園和現在葡萄樹成行種植的樣貌相差相當大。當時葡萄樹直接透過押條繁衍，所以葡萄毫無組織地在園裡到處栽種，密度每公頃可達兩萬多株，所以園區內的工程完全要仰賴人力。

芽蟲病的威脅使得押條法被架接美洲種葡萄的新苗所取代，必需全部重建的葡萄園於是有了新的面貌，葡萄樹開始成行地排列，木樁和鐵絲架起的樹籬方便藤蔓的攀爬，更具效率地吸收陽光，採收時也更為方便。為了讓取代人力的機械能夠通過，種植的密度也減半成一公頃一萬株。為了因應這個改變，葡萄農修剪葡萄樹，並將葡萄枝蔓綁敷在鐵絲上，讓葡萄易於長成成排的樹籬，同時也藉此控制產量和防止葡萄樹的快速老化。引枝法因各地的環境與傳統而有所不同，同時和種植密度也有很大的關聯。

布根地引枝法

居由式 Guyot

在幾個法國主要的引枝法中，居由式

●居由式引枝法。

(Guyot)在布根地最為常見，不論是黑皮諾或夏多內都相當適合。發明這種引枝法的居由博士是法國19世紀的農學家，經過他的努力推廣，法國的葡萄園開始採用直籬式的種植法，

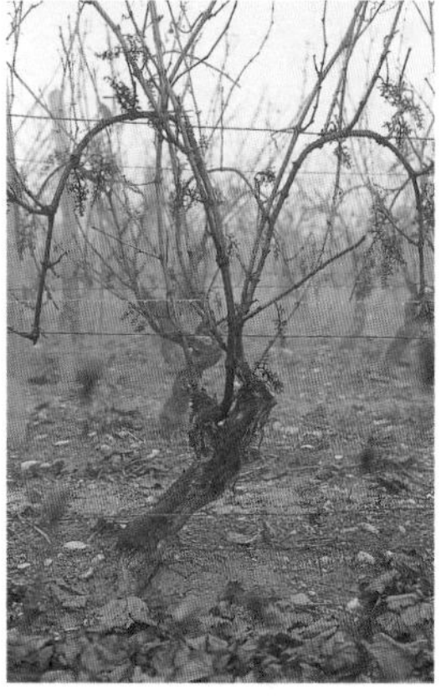

●上：高登式剪枝法
●下：馬貢尾剪枝法

居由式引枝法就是以他的名字命名（布根地設在Dijon的葡萄酒研究中心也是以他命名）。

居由式由一長一短的年輕葡萄藤組成，短枝上有兩個芽眼，長枝上則有5-10個，每個芽眼會長出一條葡萄藤蔓、葉子，然後開花結果。有一種雙重居由式，共留有兩長兩短的藤蔓，在波爾多地區頗爲常見，但在布根地採用的人非常少，只有在馬貢區(Mâcon)比較常見。

高登式 Corton de Royat

通常離樹幹越遠的樹芽越多產，這暴露了居由式的缺點，特別是當採用一些多產的無性繁殖系時很難降低產量。近年來在布根地，高登式引枝法也開始被採用，因爲只留短藤蔓不留長藤蔓，產量較易控制，有越來越普遍的趨勢，尤其以年輕多產的夏多內最常用。

高登式也是19世紀發明，葡萄樹幹被引成和地面平行的直線狀，幾個僅包含有兩個芽眼的短藤蔓自樹幹上直接長出。在布根地，依規定短藤蔓最多不能超出四個，芽眼只可以留8個，以免產量過高。目前，伯恩丘南部的夏山-蒙哈榭(Chassagne-Montrachet)及松特內(Santenay)等地非常普遍。夜丘區也有小規模的應用。高登式也能剪成雙重式，但只用在高籬式低密度種植的葡萄園，每顆葡萄可留16個芽眼。

其他引枝法

夏布利地區的環境和布根地其他地方相差很大，在引枝法上也是獨樹一格。當地的種植密度比較低，每公頃只種5500棵葡萄樹，所以每棵葡萄樹的產量也相對提高，樹間距離也比較長，約1.7公尺。夏布利的引枝法是由三根向同一邊伸展的老枝所構成，老枝的長短不一，頂端在剪枝後共保留含5個芽眼的藤蔓，另外，在樹幹邊再留一個只有一兩個芽眼的短藤蔓以備隔年取代老枝。總計每棵葡萄樹大約會有17個芽眼或可能更多。每年剪枝時，最長的老枝將剪掉，由新生的藤蔓取代以免過長。

馬貢地區的夏多內也有特殊的引枝法稱爲「馬貢尾」(Queue du Mâconnais)，跟居由式類似，一條留有8-12個芽眼的藤蔓向上拉之後往下綁在鐵線上形成一個倒勾狀。至於馬貢地區

焚燒與磨碎葡萄枝蔓

完成剪枝之後，會產生大量的葡萄藤蔓，葡萄農習慣帶著鐵製的焚燒爐，邊剪邊燒，除了可以取暖，燒完的灰燼還能充作肥料。但隨著有機種植的盛行，比較富裕的酒莊也開始添購設備，將剪下的藤蔓磨成細塊(因為整枝的藤蔓很難分解)，灑在葡萄園內。這些碎塊會逐漸分解成養份，溶入土中，然後為葡萄根所吸收。

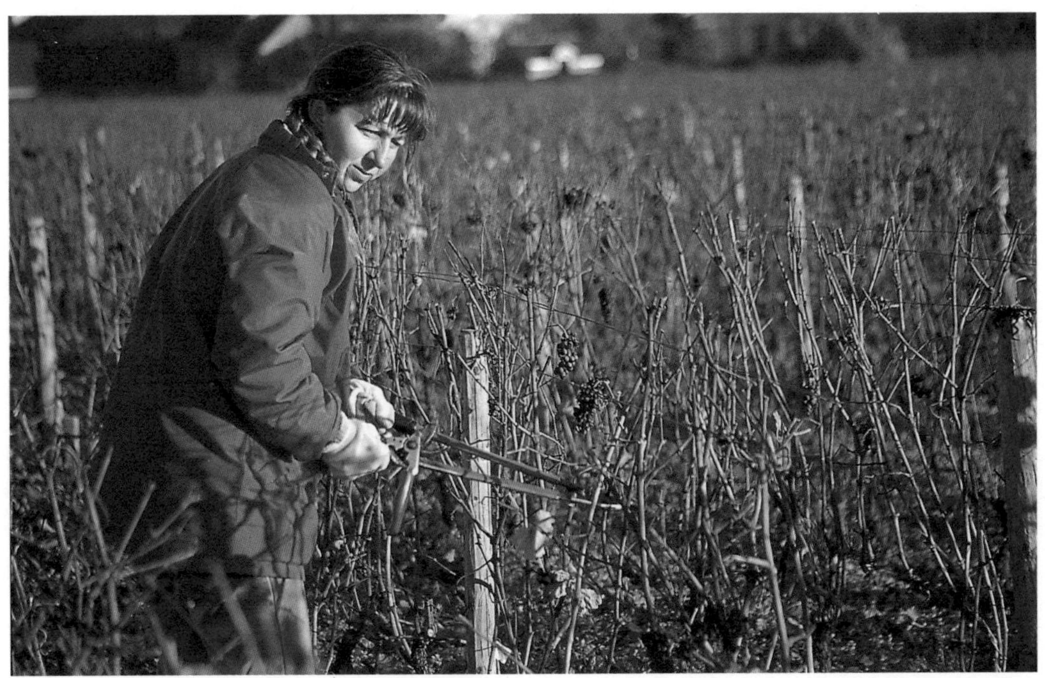

●Louis Latour聘雇的葡萄農正在修剪Romanée-Saint-Vivant葡萄園。

的加美種葡萄則主要採用法國南部相當常見的杯型式(Gobelet)引枝法，沒有樹籬，葡萄像一棵小樹般生長。

剪枝

到了冬天，當葉子開始枯萎掉落時，修剪葡萄枝蔓的工作就可以展開了，但是大部份的葡萄農還是相信春天是修剪葡萄的最好時機。相關的理論很多，一般認爲冬天剪枝後，傷口會暴露4-5個月的時間，容易感染病菌；另一方面，春天剪枝可以延後發芽的時間，防止早生的樹芽遭遇霜害，因爲剪枝後葡萄會流失一部份水份，同時優先分泌一些讓切口癒合的物質，發芽則因此順延。

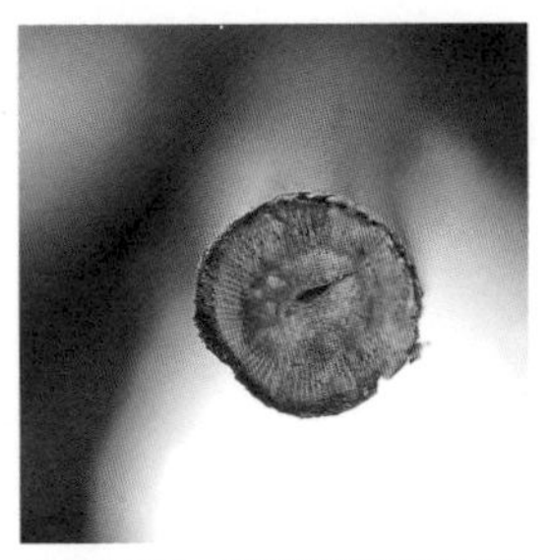

●剪枝之後，葡萄會分泌讓切口癒合的汁液。

由於四月份葡萄就會發芽，剪枝的工作必須在此之前完成，所以三月是最好的時機。修剪的工作通常分兩次進行，葡萄農會先進行一次預剪，先剪掉較大的藤蔓，然後再依據引枝法的基本型態進行修剪。修剪時可依據需要留一定數量的芽眼以控制產量，每個芽眼會長出一兩串（或甚至更多）的葡萄，所以透過留下一定的芽眼，就可以達到控制產量的效果。

不過有些酒莊對此則有不同的看法，他們覺得留的芽眼太少雖然葡萄容易成熟，但果粒卻會變大，不見得品質就能提高；而且葡萄樹因爲受到過度修剪，多餘的養份會盡力地在葡萄樹幹上長出「多餘的藤蔓」，讓葡萄農拔不勝拔；對他們而言，均衡發展爲首要考量。

一個人一天大約可修剪一千株葡萄，所以一公頃地要連續10天才能完成。天氣太冷時剪枝可能會讓葡萄凍死，此時葡萄的枝蔓也容易折斷，所以一出現零下低溫，就得停工，許多大酒莊提早在初冬剪枝，就是擔心無法在發芽前完成工作。

剪枝是一件需要靠經驗累積才能運作自如的工作，雖有定理，但仍須視每株葡萄樹的生長狀態來決定該如何下刀，也因此完全無法用機械取代。

關於布根地土地的農事
Travail du sol

在三、四十年前，化學肥料與除草劑曾爲布根地葡萄農帶來許多的方便，但如今，所謂的進步卻轉成一場惡夢，成爲許多酒莊心中永遠抹不去的痛。弔詭的是，當代科學的進步卻反而讓布根地最先進，最有理念的葡萄農堅決而肯定地走回傳統的老路。

速成與人定勝天的觀念正逐漸在布根地消退，較接近自然的傳統方法得到平反，被剝削數十年的土地也得到重新喘息的機會；布根地人終於瞭解，上天寬厚賜與的土地，是該當永續經營的。

犁土與覆土

在除草劑發明之前，犁土是每年必須進行多次的工作，因爲這曾是去除葡萄園內的雜草最有效的方法。除了除草的功能，犁土其實好處多多，但是許多酒莊還是習慣使用除草劑，使葡萄園因噴藥與剪葉的機器每年壓過數十次，使得表土如硬殼般堅硬無生氣。

當春天完成剪枝之後，將土鬆開，開始接收雨水，儲蓄葡萄樹生長所需的水份，也可防止大雨的沖刷造成土質流失。犁土的同時可除掉雜草，過於茂盛的草不僅與葡萄競爭養份，而且會提高濕氣，讓葡萄芽容易遭受春霜的危害。鬆土的過程會改變土壤的結構，也會順便挖斷往側邊生長的葡萄根，除掉這些根可以讓主根更往地底下生長；土中的有機物質與空氣接觸也可以提高它們轉化成養份的速度，翻動的過程又將表土上的有機物帶入土中腐化。當然，最重要的是減少農藥的使用，讓土壤可以維持「活」的生態，唯有如此才能讓土地永遠生生不息。

一年通常需犁土四次，最後一次是在秋末冬初。布根地位處內陸，冬季氣候嚴寒，-10℃的低溫偶會出現，採用傳統耕作法的酒莊會犁土覆蓋在葡萄樹的根部，增加抗寒力。

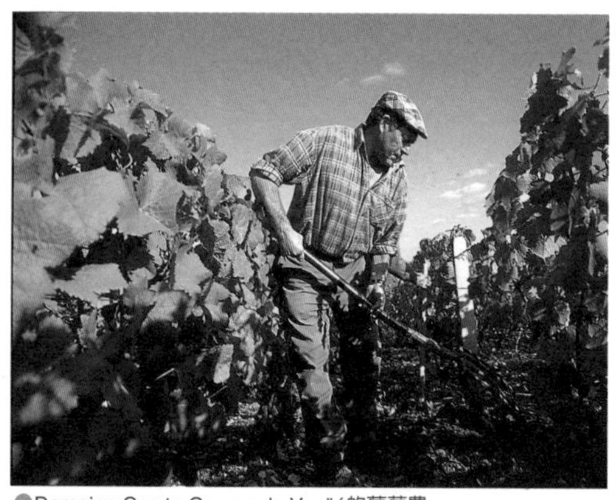
●Domaine Comte George de Vogüé的葡萄農。

犁土並非全然沒有缺點，有時甚至相當危險。例如在石灰岩塊相當多的葡萄園就得儘可能不要犁土，因爲犁敲碎石灰岩塊會釋出過多的石灰質，讓葡萄樹無法吸引土中的鐵，使得葉子無法行光和作用，葉子變黃，產量驟減，這種病狀稱爲缺綠病(Chlorose)；除此之外，有時犁土也是散播傳染病的元兇。

除草與植草

除雜草可防霜害和保留養份給葡萄樹，是葡萄農重要的工作。除草劑讓葡萄農節省許多時間和金錢，現在已經可以依葡萄園內的雜草種類和數量進行非常精確的噴灑，但無論如何都將破壞葡萄園的生態，如今更演化出許多抗藥的雜草，而堅硬的表土讓水和肥料無法滲透。

葡萄農花了許多精神除草，但有些酒莊卻又在葡萄園裡植草。這是最近才開始受到重視的技術，在夜-聖僑治(Nuits-Saint-Georges)的Henri Gourge及Faiveley對此已經有多年的經驗。植草主要應用於平原區潮濕肥沃的葡萄

園，人工培植的草可以透過降低土中過多的養份，減少葡萄的產量及讓葡萄早一點成熟，同時植草也可以消耗掉土中過多的水份；如果是在位處斜坡的葡萄園種草更可以降低土質流失的危險。

植草雖然功能多，但種植時機卻必須相當精確，春天發芽時容易造成霜害，初秋葡萄成熟期容易感染霉菌都應該避免。

搬土

布根地的葡萄園大多位於坡地，經過大雨的沖刷，土質的流失非常嚴重，這雖是自然現象，但卻會改變葡萄園的自然環境，位於坡頂的部份經常只剩石塊，而坡底又堆積大量泥沙。大部份的莊園每隔幾年就得將山腳下沉積的土壤搬到坡上去，以維持土質的同質性。最近有人運用在葡萄園裡植草或鋪上木屑來防止流失，但眞正治本的方法是讓土壤本身能夠吸納水份，雨水不會直接沖到山下去。

施肥

雖然葡萄樹喜歡長在貧瘠的土地上，但是石多土少的葡萄園是很難獨力供應葡萄樹的需要，特別是在布根地種植密度高，很容易讓土地枯竭。透過葡萄園土質的分析，葡萄農可以針對土壤的需要來決定施那一種肥料，使葡萄樹得到的養份更爲均衡，過與不及都將造成反效果。

如同除草劑，化學肥料也曾在布根地風行，鉀肥濫用的例子至今仍是許多布根地酒莊無法抹去的痛。在布根地幾乎每個區都有許多葡萄園有鉀肥過剩的問題，而且在金丘區特別嚴重。鉀肥可以讓葡萄樹加速光合作用，並加快葡萄甜份的增加，但同時也會使酒石酸和蘋果酸中性化，特別是當鉀肥過多時，會讓葡萄酸味不足。最不幸的是，這些積存於土中的鉀肥無法清除，將一直留在土壤中，在比較嚴重的葡萄園，酸味不夠的問題將會再延續數十年。

也許是因爲這個慘痛的教訓，即使價格昂貴許多，但布根地正開始一場有機肥料的流行風潮。目前已經有許多組織專門製作有機堆肥，到了秋冬之際，將堆肥灑到葡萄園裡，經由冬季覆土的過程埋入土中，由土壤吸收、轉化與儲存，之後再依葡萄樹的需要提供養份。這樣的傳統施肥法不像人工肥料施於地表，沒有經過轉化直接由表土內的根所吸收，具有自然調節的功能。同時也活化了土壤成爲有機體，不再僅只是礦物質的倉庫。

土質的分析

在Claude Bourguignon及Yve Herody等人的研究與新進觀念的催化之下，布根地許多頂尖酒莊已經可以精確地掌握所屬葡萄園的詳細土壤分析。藉著這些資訊，酒莊可以針對土壤的需要進行各種農事以維護珍貴的自然條件。在這方面布根地超前其他葡萄酒產區甚多，這些土壤的分析並不僅是學術研究，而是實際地運用在許多酒莊的葡萄種植上。「活的土壤」這個看似理念性的主張也早已成爲衆多葡萄農的指導方針。有關葡萄的種植，布根地又慢慢地走回更合乎自然的傳統技術，但在回歸的同時，這些先進的科技讓他們比先人能更精確地保護土地。

GEST

一個以葡萄園的土壤研究為目的民間組織，成員集結了布根地一百多家頂尖酒莊和酒商，幾乎涵蓋了布根地所有精英莊園。Comtes Lafon酒莊的Dominique Lafon是現任的主席，由土壤專家Yve Herody擔任顧問並主持一些研究計劃，可惜研究的成果並不對外發佈。除了替成員作土壤分析，GEST也製作有機堆肥，目前有三種不同的配方，成員可依葡萄園的需要選擇。

關於布根地葡萄樹的農事
Travail de la vigne

●為了讓葡萄接受更多的陽光維持均衡的生長，布根地的葡萄園修剪得如法式庭園。

從春天葡萄發芽之際，原本冷清的葡萄園又開始熱鬧起來，在布根地無論再努力，園裡的農事似乎永遠做不完，一位Mercurey的酒莊主人說，自三月到九月採收，每棵葡萄樹他都得經過四十多遍。他也許太多慮，但僅只是要完成基本的工作，三十趟是少不了的，特別是種黑皮諾的莊園，得想盡辦法降低葡萄產量；過去我總以爲只要剪枝時不要留太多芽眼即可，但一切全然超出我的想像。

布根地修剪得整齊劃一的葡萄園，有如凡爾賽宮完全以人力宰制自然的法式庭園，但有著工整外表的葡萄樹，其實隱藏著完全和葡萄農的願望背道而馳的生長意志。我有成堆的朋友夢想成爲布根地的葡萄園主，他們都該來看看葡萄園裡工作的辛苦與難以預期，相信他們都會早早地打消念頭。

●Domaine Dujac在接近平原區的葡萄園裝設大型風扇以防霜害。

布根地的宿命——霜害

三月剪完枝之後，緊接著犁土，溫度一高葡萄樹芽開始膨大，馬上就要發芽了；但就如本地諺語所說「春天決不會一次就到」，溫度常常又會降回冬天的水準，剛冒出頭的樹芽非常的脆弱，一遇上春霜肯定必死無疑。雖然芽凍死之後還會有後補的芽，但需晚上半個月才發芽，除非秋天特別溫暖，否則很難成熟。

濕與冷是霜害的主因，所以谷地與平原區最爲危險，而乾爽的坡地比較安全，北邊寒冷的夏布利又比南邊的馬貢區易於遭殃。目前布根地主要有四種防霜害的方法，每一種都相當昂貴，只要同一年出現二、三次以上，防霜害的支出就會讓酒莊血本無歸。

1.燒煤油爐：在葡萄園燒煤油爐是最傳統的方法，到現在，夏布利都還有人採用這種古老但還算有效率的防霜害方法。

2.灑水：在葡萄園灑水也是夏布利常用的防霜害方法，在有霜害預警的前一晚，當氣溫降至冰點時，葡萄農開始在葡萄園內灑水，附著在葉芽上的水結成冰之後就形成保護膜，這層冰約-1℃，可讓耐寒至-4℃的樹芽免於凍死。

3.風扇：風扇法最近剛從美國引進布根地，在可能結霜的晚上打開立在葡萄園裡的大型風扇，帶動氣流，可避免水氣凝結成霜。

4.隔水薄膜：是最新的技術，在葡萄藤套上隔水薄膜，讓霜無法直接結在芽上。

布根地已經接近葡萄種植的極北界限，爲了讓葡萄得以成熟，葡萄品種只能選用容易遭霜害的早發芽型葡萄，上天既如此安排，葡萄農大概也只能把霜害當作是宿命吧！

與葡萄旺盛的生命力作戰——除芽

自然生長的葡萄樹芽眼可達數百個，但爲降低產量，在布根地，剪枝之後每棵葡萄可能只留下不到10個芽。在如此不自然的情況下，當發芽的季節開始，在芽少養份多的情況下，葡萄樹幹上就會冒出許多原本不該冒出的芽來，本地稱爲"vasi"，甚至有時還會從砧木上長出稱爲"gourmand"的芽來，而且在新生的藤蔓也常會橫生出叫作"entre-coeur"的額外新芽。總之，這些芽全都得除掉，而手工卻是唯一的方法。

只要想到每公頃地有一萬株葡萄要除芽，就能馬上澆息我心中想成爲葡萄園主的熱情。更累人的是，除芽之後還會再長，必須分多次進行才能達到應有的效果，所以，每年自發芽到

●Louis Latour的葡萄農正在數葡萄藤上新長的芽，只要是超出十個以上就必須拔除。

開花這段期間，葡萄農得不斷地和這些不受歡迎的新芽抗爭。

●將葡萄藤蔓綁在籬笆上可以讓葡萄按照葡萄農的意願生長。

為葡萄樹籬鋪路——綁枝

樹芽逐漸長成藤蔓之後，通常會四散生長，要讓葡萄樹依著樹籬有秩序地攀爬，葡萄農必須要將藤蔓固定在樹籬的鐵絲上；通常得用細草繩或夾子綁縛，或直接夾入兩條鐵絲之間。隨著藤蔓的延長，這樣的工作需要分三次進行才能完成，讓葡萄樹葉能在最佳日照條件下進行光合作用。

剪成滿山的法式庭園——修葡萄葉

當葡萄沿著樹籬成排生長，接近開花的時期，修葉就可以開始進行。修葉並不純粹只把葡萄園弄得方正整齊如法式庭園，在剪掉剛長出來的藤蔓與葉子之後，通風好的葡萄樹比較不會感染黴菌等病害。修掉新葉，留下老葉在乾旱的年份也可以讓葡萄樹更爲抗旱，也有人相信修葉可以使葡萄樹集中全力讓葡萄成熟。

修剪的時機和次數依實際情況而定，修剪得太早常會在藤蔓上長出討厭的多餘新芽，有些年份葡萄枝葉長得特別茂盛時就得多剪幾次。

葡萄的防衛戰

在葡萄生長的階段，可能遭遇的天災、病害及蟲害實在多得不可勝數。在天然災害方面，除了前面提過的霜害之外，冰雹、雷電、酷暑（使葡萄停止成熟，甚至脫水焦乾）及強風（在開花季節使葡萄無法結果）等也常對葡萄園帶來損害，葡萄農對這些災害似乎也都無能爲力。

迷失性伴侶的公蛾 Confusion sexuelle

不論是否為100%有機種植的酒莊，布根地有相當多的酒莊在對付葡萄園裡的病蟲害時會優先採用自然防制法。也許鉀肥害的教訓讓布根地的農民已經完全不再相信農藥廠商的銷售員，盡量減低化學藥劑的使用；過去，這些技術人員穿梭於酒莊，免費地為農民提供各式的評估與建議，以利農藥的銷售。

在有機種植潮流的牽引下，一些在過去難以想像的合作計劃竟然都一一地在布根地出現。1998年，在全布根地最冷漠頑固的夜丘區，史無前例地，從蜜思妮(Musigny)到達須(La Tâche)之間一百多公頃的特等葡萄園區內，所有的酒莊全加入了一個防治飛蛾的生物防治計劃。

葡萄蛀蛾Eudémis及Cochylis這兩種生命週期相近的蛾是葡萄最主要的害蟲，它們在一年內有兩次到三次由毛蟲變成蛾交尾產卵，母蛾會散發化學物質「費洛蒙」，吸引公蛾前來交配。春末孵化的第一代幼蟲會咬食葡萄花、夏末孵化的毛蟲會直接咬破葡萄鑽入葡萄內，傳染黴菌造成葡萄的腐爛。從1995年，開始有人置放裝有人工「費洛蒙」的小盒在葡萄園內，使空氣中到處散佈著母蛾的氣息，讓迷失母蛾蹤跡的公蛾無法完成受精的使命，因此可以大大地降低繁殖的數量。

葡萄蛀蛾的活動範圍超過15-20公頃，所以如果要有效防治，裝置「費洛蒙」的葡萄園面積必須超過20公頃以上才能產生效用，而在布根地獨自擁有一片20公頃土地的酒莊有如鳳毛麟爪。但這個相當有效的生物科技卻意外地吸引個人主義掛帥的夜丘區酒莊，在這一百多公頃的頂尖葡萄園內，每公頃都將安置500個裝有500微克「費洛蒙」的塑膠盒。這樣的防治法非常迅速地在布根地各地為葡萄農所採用，畢竟，除了無污染，還有省錢、省時的好處。

至於病蟲害的防治，則像是一場與自然無止盡的艱困爭鬥。各式各樣的芽蟲病、病毒、黴菌、細菌及害蟲都會影響葡萄的生長，布根地的葡萄農們各自依自己的理念，運用不同的方法來應戰。五花八門的農藥當然不會少，但是自然防制法也越來越多人採用，神秘的「自然動力種植法」在布根地也不會缺席，而另一方面，培養抗病力強的「無性繁殖系」也同樣地在加速進行。

農藥的使用雖然直接有效，但也帶來許多副作用，除了同時殺死益蟲外，也可能污染土地，而且葡萄樹自身的抵抗力也會變差，對藥物更加依賴。至於投入有機種植的酒莊，則努力地透過葡萄園生態的平衡及各種自然防治法，以及植物的萃取物來維持葡萄的建康，藥量盡可能拉到最低或取消，讓葡萄能自己培養更強的抵抗力；而「自然動力」則更是利用各式可資利用的自然力與一些神奇的方法來強化對葡萄的保護。

●梅克雷村的Domaine Emile Juillot酒莊在七月底摘掉一部份的葡萄，讓其他葡萄可以成熟得更好。

綠色採收與早夭的葡萄

在葡萄快要進入成熟期時，布根地到處都看得到滿地剪掉丟棄的葡萄串，這是葡萄農爲了降低產量，摘除多餘的葡萄串。過去，這樣的場面常被媒體當成酒莊爲求品質所做的偉大犧牲，但近年來卻有越來越多的人懷疑剪葡萄所能帶來的功效。除芽是影響品質的重要工作，如果到了七月底還要剪掉葡萄，顯然是除芽做得不好，只能算是補救的措施。但是否能補救也還是個疑問，因爲變數非常多，若配合不當，還不如不剪。

首先，剪的時機要對，必須趕在葡萄進入成熟期之前，但又不能太早。過早剪，葡萄會把多出的養份全用在樹幹、葉子與藤蔓的生長，甚至冒出新芽，而且隔年會變得更爲多產。但如果剪得太晚，產量雖然降低，但葡萄品質已成定局，並不見得會讓釀成的酒變好。除此之外，更重要的是剪掉的葡萄數量必須超過全株的30%，否則也無法提高品質，因爲若低於此比例，葡萄樹會盡全力把預留的養份全集中到剩餘的葡萄串，使得葡萄粒過於膨大，對品質不僅毫無助益，甚至適得其反。特別是黑皮諾，需要高比例的皮與果肉比以讓酒有更濃的顏色和單寧。

讓葡萄也曬曬太陽

結實的葡萄通常長在樹籬的下層，因爲遮蔽在茂密的葉子之下，很少照射到陽光。最近在布根地，有酒莊在葡萄進入成熟期之後，剪掉位於葡萄四周的葉子，讓葡萄接收更多的陽光，加深葡萄的顏色；較好的通風效果也讓葡萄不容易滋生黴菌，而且採收的時候也比較方便。

不過這個挺費工的方法在布根地還不太普遍，一來除葉後葡萄直接受陽光照射容易曬傷葡萄，另外也因爲正值成熟期的八月，酒莊有更重要的事要忙呢！沒錯，這正是和家人一起度暑假的重要時機。雖然聽起來很逍遙，但一般法國人七、八月要放五週的假，葡萄酒莊最多只能休息兩星期，就得趕回來準備面對日夜無休的採收季。

神祕的自然動力種植法 Biodynamie

有如神秘教派般詭異奇特的自然動力種植法，在布根地越來越受到矚目，但是參與這種釀酒法的酒莊還是不斷地承受許多布根地人的無情訕笑。幾個本地最頂尖的酒莊，像Leroy、Leflaive、Comtes Lafon或甚至Joseph Drouhin等，都在自己的園內局部或全面地採用自然動力種植法耕作，由他們所釀出的高品質葡萄酒，不免讓人對此種植法肅然起敬。

1924年，奧地利人Rudolf Steiner創立了自然動力種植法的主要原則，一方面著重於翻土、耙土等土地的耕作；另一方面，藉由混合著動、植物與礦物質的「配方」在準確的「時辰」施放到葡萄園內，讓葡萄與土地的「價值」得以提昇。Steiner的理論之後經由他的德國門徒Maria Thunn得到更進一步的發展，她從實際的經驗中，累積了有關天體運行對植物可能產生不同影響的理論：每天的不同時刻因日、月與行星的運行會形成各種不同的時機，每個時機都會對葡萄樹造成不同的影響，有時是利於根部發展，有時又利於葡萄成熟。

據此，Maria Thunn制定了一個依月亮運行所製作的年曆，訂出許多具有特別影響力的時機，只要在特定的一個時辰進行某一種適合的農事（如耕田、剪枝、噴藥或施肥等等），就能得到神奇的加強效果。例如在月亮經過土象星座時最適合犁土，有關葉子的農事則要挑選月亮經過水象星座的時機。

雖然在我們這個時代相信星座與星象影響力的大有人在，但是要讓星象在葡萄園裡驅蟲與施肥畢竟在大部份人的想像之外。有人比喻因月球的吸引可以讓海洋造成巨大的潮汐，必然對植物也會產生一定程度的影響。雖然有人嘗試用科學來解釋自然動力耕作法，但就如同Leroy酒莊主Lalou Bize所說，這只是一個相信或不相信的問題，只要相信，你就可以從中得到許多。也許這就是許多人將此當成宗教的原因吧！

由於自然動力種植法強調要藉由生命的力量建立植物的均衡與健康，所以完全捨棄所有化學農藥與肥料的使用。相反地，他們依照配方，調製出許多綜合許多天然材料的製劑，配合不同的時機使用。這些有著不同功能的製劑，使用的原則必須建立於大地、植物體與宇宙三者間的協調上。這些配方主要分爲三類，針對不同部位而製，亦即土壤、葡萄樹地表以下及葡萄樹地表以上三部份。配方的材料主要由蓍草、春日菊、蕁麻、橡木皮、浦公英、纈草、牛糞及矽石等物質構成。

這些不同的配方需經過發酵的過程，通常在動物的器官中進行，經過轉化之後，據說可產生許多神奇的功能。他們相信，使用這些製劑可以讓葡萄樹產生防衛能力，抵抗各種病菌和害蟲。若有不足的地方，再透過一些自然的藥品如波爾多液(銅與二氧化硫)、藥草、煎劑或順勢療法來協助葡萄樹。

無論如何，自然動力種植法還是掩蓋著許多未解的神秘，是來自未解的神奇力量或一切只是無稽，並無定論。在布根地有越來越多的酒莊加入有機種植，但是自然動力種植法還不多見，畢竟這樣的方法耗時又昂貴，而且不見得有效，同時還得長年地依據年曆在半夜或清晨下田工作。但只要想到這方法讓Leflaive、Lafon和Leroy酒莊釀出全布根地無人能比的精彩黑皮諾與夏多內，許多人不自主地要壓低對自然動力種植法的批評聲音。

採收季
Vendange

八月下旬的半個月是葡萄園裡最安靜的時刻，在法國，即使是繁忙的葡萄酒莊，也和所有人一般，在這時出門度假去了。本地人強調他們決非丟下葡萄園不管，而是這時已接近採收季，再多的努力也是徒然。一進入九月，採收的準備馬上展開，葡萄農開始注意葡萄的成熟度，以定出最佳的採收日。

有關葡萄成熟度的問題

進入成熟期的葡萄，糖份會逐漸升高，酸度則日漸下降，葡萄皮變厚、顏色變深。這時，葡萄農開始不時地出沒於葡萄園內檢測葡萄的成熟度。觀察的項目主要還是糖份與酸度，但是近年來葡萄的皮和籽也成爲觀察的主要對象。觀察黑皮諾的皮，主要是要瞭解皮中單寧的成熟度；至於葡萄籽，主要是因爲它是葡萄成熟的重要指標之一，雖然釀酒時不會用到，但葡萄樹產葡萄的目的在於傳播種子，所以當葡萄籽成熟，葡萄也必定成熟。

測量成熟度的方法

成熟度測量的方法非常的多，最簡單，但有時也是最實用的則是直接吃葡萄。經驗老到的人，吸一口葡萄汁感受酸味與甜味的比例、再咬一咬葡萄皮評估單寧熟不熟，顏色容不容易萃取，然後看看葡萄籽是否變褐色而且彼此分開就能評估出大概。雖然新科技的側量儀器已經到處普遍使用，但是在布根地還是有許多酒莊主人比較相信自己的舌頭和眼睛。當然許多偏方也很常見，Domaine Germain的Benoit Germain告訴我，每年他幾乎都是在百合花開後的第90天開始採收葡萄，這方法屢試不爽，另外他還提到黃楊木的花期也能預測明年的採收日。

科學式的檢測在進入成熟期之後，就開始定期地採樣分析每一塊葡萄園的成熟狀況。從同一片葡萄園採來的葡萄經過稱重後榨汁以測出甜度、酸度及甜酸比，爲了讓結果符合實際情況，採樣時必須自同一葡萄園的各個角落採取葡萄，比較講究的酒莊還會把老樹和年輕的葡萄樹分開測量。

以Bouchard酒莊的葡萄園爲例，93公頃的葡萄園共分成200多個單位，每單位都需在採收前分三次採樣檢查，每次各單位需隨機摘採30

●Vogüé酒莊1998年Musigny特級葡萄園的採收。

串葡萄。由此可以推算出該年的產量以及恰當的成熟時機，並為將來的釀酒預做準備。

最佳成熟度

每一個AOC產區都有規定該區葡萄最低成熟度標準，通常和葡萄園的等級有關；例如在金丘區，一般村莊級的紅葡萄酒需達到等於10.5%酒精濃度以上的糖份（每公升含糖量超過178.5克）才合格。如果是一級葡萄園則需達11%以上，而特級葡萄園更高，要達到11.5%。夏多內的成熟較快，所以成熟度的標準較高，每一等級都必須比紅酒多0.5%。

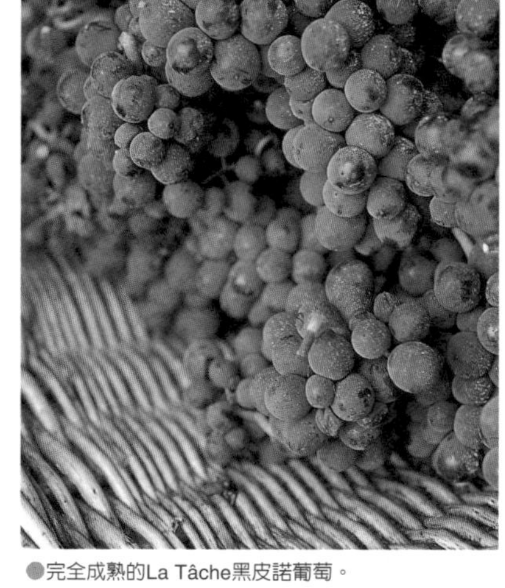

●完全成熟的La Tâche黑皮諾葡萄。

當然，這些標準只是跨過各AOC門檻的最低標，並非最佳成熟度。除了釀製布根地氣泡酒(Crémant de Bourgogne)需要選擇尚未完全成熟的葡萄以保有爽口的酸味外；採用全熟的葡萄是釀製布根地好酒的不二法門。

雖然理論如此，但不同的酒莊對所謂全然成熟的看法可各持己見，有些人講究酸味與甜度的均衡，也有人強調單寧的成熟與紅葡萄的紅色素多寡，但也有人偏好熟透的甜美果味與圓厚口感。

一般而言，夏多內比較沒有過熟的問題，雖然太熟的葡萄會酸味不足，但依舊能保有迷人的甜美果味；相對地，黑皮諾的成熟空間就比較少，過熟的葡萄會失去可口的果味，同時也會失掉黑皮諾最令人稱羨的細緻美味，而且紅色素會變得不穩定，Bouchard的首席釀酒師Philippe Pros說黑皮諾的採收時機只有10-12天。總之，過與不及都不是最佳的抉擇。

晚採葡萄的風險

在實際的操作上，葡萄越晚摘，風險越大，雖然最先進的氣象科技可以預估未來五天的天氣，但還是常有出人意料的大雨降臨。加上在採收季光臨布根地數以萬計的飛鳥群、讓葡萄腐爛的灰黴菌等等，都可能威脅葡萄的收成。每年到了採收季，對許多求好心切的酒莊，何時採摘葡萄都是一場艱難的內心交戰。

1998年9月19日夜丘區開始葡萄的採收，天空也突然放晴，雖然才剛經過長達兩週的雨季，但大部份的葡萄已有差強人意的成熟度，但是許多更有野心的酒莊寧可等待。但好天氣只維持了一週，24日之後接連而來的是一場連綿數週的大雨，酒莊只能失望地冒雨採收。偶而，好運也會降臨，1996年，採收季晴朗但寒冷的天氣讓冒險晚摘的酒莊得到應有的報償，陽光使葡萄持續地提高糖份，但低溫卻讓葡萄保留了很高的酸度，一個驚人的世紀年份於焉誕生。

除了氣候的因素，葡萄的健康情況亦然。如果葡萄有染病之虞，最好還是馬上採收以免葡萄全部腐爛。越近採收季，葡萄的保護越少，無法再使用防病藥劑，使得灰黴菌等經常肆虐，特別是溫熱的天氣加上下雨天，葡萄可能很快就被毀掉。

開採日

雖然每家酒莊所決定的採收日都不相同，但無論如何，都不能早過「開採日」。所謂的「開採日」是由布根地省政府所公定可以開始採收葡萄的日期。這個日期每年不同，依布根地葡萄酒公會(BIVB)所屬實驗葡萄園的成熟情形以及由葡萄農與其他專家及公會人員所組成的委員會訂出開採日期，交由省府公佈。如果葡萄農提早採收，他的葡萄酒將失去成爲AOC等級葡萄酒的資格。

布根地各區的氣候條件不同，所以各地的「開採日」也有先後的差別，通常南部的馬貢地區最早，夏布利則是殿後。以1998年爲例，馬貢地區由9月10日開始，接著是9月15日的夏隆內丘，伯恩丘9月17日，上伯恩丘9月18日，夜丘區9月19日，上夜丘區9月22日，夏布利則在9月26日。

採收大隊

雖然布根地並不禁止使用機器採收葡萄，但在布根地除了夏布利及馬貢區之外，主要還是採用人工採收。這也許和布根地以小農莊爲主有關，但也因爲像黑皮諾這麼脆弱的葡萄，若用機器採收恐怕品質難保，特別是在天氣不佳的年份，機器決不能像人一般可以挑選成熟又沒有腐爛的葡萄。即便如此，金丘區內偶而還是會瞧見用機器採收的特等葡萄園。

人工採收相當耗時，20個人一天只能採完一公頃的葡萄園，支出的費用也比機器昂貴許多，但是以布根地葡萄酒的高價，還是很值得，只是機動性與速度比不上機器。酒商Bouchard在採收季顧用高達200人採收，但還是得花上一個星期才能採完葡萄，如果碰上下雨需要搶收就很難調度，若還要依循成熟度採收那更是難上加難；另一家酒商Louis Latour碰上緊急採收時，所有辦公室裡的各級主管也要全員出動。目前在全布根地，只有Faiveley能夠找到高達400人的採收隊伍，隨心所欲地及時採收，代價是每天百萬台幣的工資。

分段多次採收法

布根地的葡萄園狹小，很少能像波爾多地區的城堡酒莊能一片葡萄園分成多次採收，利用不同成熟度的葡萄釀造出諧調豐富的完滿特色。從1996年開始，Bouchard開始對所屬3公頃的高登(Corton)進行分段採收，九月中先採收位於下坡處的年輕葡萄樹所產的葡萄，以保

● Domaine Thenard酒莊採收Corton Clos du Roi特級葡萄園。

●因為氣候溫和，馬貢區的葡萄比較早熟，通常是最早開始採收。

有清新的酸味和迷人的新鮮果香；一周之後，再採收位於坡頂的老樹區，有相當緊澀與強勁的單寧；最後，約於十月初，採摘位於中段區的葡萄，完全成熟的黑皮諾有甜美豐潤的口感和高濃度的酒精。這三區的葡萄全部分開釀製與培養，最後再依比例混合，綜合各區的優點。這樣的綜合式採收概念在布根地還屬少見，有點背離了布根地講究原創特性的傳統。

葡萄採收工人難找是許多酒莊面臨的難題，每小時需付41.5法朗（搬運葡萄者為42.5法朗）的工資，同時還要為他們解決食宿與交通的問題，即使是一些只有幾公頃的莊園也會有距離相差四、五十公里的葡萄園。因為需要的人手很多，採葡萄的工人大部份都是生手，有許多打工的學生，也有許多來自東歐或南歐的臨時工人，即使連Domaine de la Romanée-Conti這樣的酒莊都無法顧用熟手採葡萄。唯有一些面積小、親友多的酒莊像George Roumier才可以招集到經驗老到的人手。

●DRC酒莊在採收時會仔細剪掉品質不佳的葡萄。

挑選葡萄

有些酒莊為了避免採到品質不佳的葡萄，會像Vogüé酒莊一般事先派遣熟手在採收前先剪掉不熟及染病的葡萄。但這畢竟是有錢酒莊的作法，現在最常用的方式是將採收後的葡萄放上輸送帶，經手工篩選後才能進酒槽釀酒。這些輸送帶邊是許多酒廠老板最喜歡作秀的地方，Leroy、Louis Jadot、Bouchard等等，都有許多照片「證實」老板們親自到此汰選不合格的葡萄。

一般而言，黑皮諾比夏多內更需要汰選，不僅因為夏多內不像黑皮諾般脆弱，而且略為染上黴菌的夏多內，只要情況不太嚴重，其實可以像貴腐葡萄一般為葡萄酒增添特殊的香氣，不但無害反而有利。

採收季是布根地最令人興奮的時刻，許多自法國各地湧入的採收工人，讓平時寧靜的葡萄園變得熱鬧起來，酒窖裡剛開始發酵的葡萄已經傳出陣陣酒香，一大群人在酒莊裡圍著大桌子熱鬧吵雜地大口吃飯大口喝酒，不一會兒就有人開始扯著喉嚨唱起布根地飲酒歌……這樣的情景幾世紀來，每年都要這般地重新上演一回。只是，對外人越來越勢利與封閉的布根地，還能讓這樣的情境維持多久？

第4章 布根地式的釀造
Vinification à la Bourguignonne

雖然在布根地有越來越多人把目光轉向葡萄的種植，但葡萄酒的釀製卻是營造酒莊風格的真正核心。布根地不論是紅白酒都採用單一品種，但在釀造法上卻是千奇百怪，各有各的理念和方法；不過，所有的酒莊卻都不約而同地強調自己所用的是傳統的釀製法。沒錯，布根地是一個特別講究傳統的地方，但是，這裡也可能是有最多種傳統釀造法的產區——有二十年前的傳統、有二次大戰前的傳統、上個世紀初的傳統——甚至是創新的傳統。總之，一切全由酒莊自己來定義了。

其實，在布根地並不存在一個完美、標準式的布根地釀造法，面對像黑皮諾這樣嬌弱而且讓人難以捉摸的品種，每家酒莊都有各自的獨門妙方，布根地葡萄酒讓那麼多人醉心迷戀的地方就在這裡，藏在酒背後的企圖與努力不論成功或失敗，都讓百家爭鳴的布根地世界更加豐富多彩。

● Louis Latour的 1998年Chambertin已經要開始發酵，Sylvie抽出一部份的葡萄汁，添加進一點糖提高酒精濃度。

必要的惡——加糖與加酸
Chaptalisation et acidification

加糖

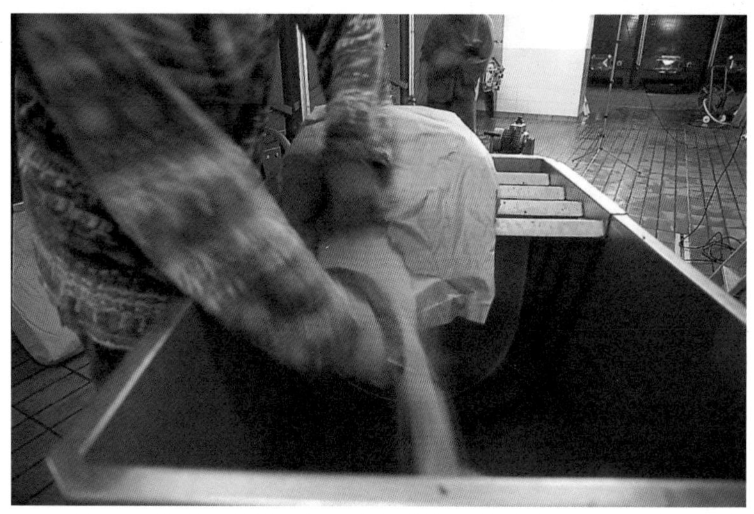
●在布根地，黑皮諾葡萄很少達到能釀出13%酒精的成熟度，必須靠加糖，但提高的酒精濃度不能超過2%。

因為位置偏北，葡萄的成熟度不比南部，加糖提高酒精濃度於是成了布根地必要的惡。雖然每個AOC產區都定有最低自然酒精濃度，但是現在，即使是在天氣不好的年份，大家仍想釀出酒精濃度13%的葡萄酒，因為很多人把此當做佳釀的條件之一，很少有酒迷可以接受買到的grand cru酒精濃度只有12%。

事實上，黑皮諾只有在極好的年份，而且是種在位置極好的葡萄園才能不加糖就達到13%的成熟度；至於夏多內，只要不太多產，比較容易達到這個水準，但也不見得是年年可行。

在法國，南部產區的葡萄酒有相當嚴格的規定，完全不能加糖，布根地因位置偏北，所以享有特權，可以用加糖（一般的蔗糖或甜菜糖以及液態的葡萄糖皆可）的方式來提高酒精濃度。由於酒精度高，酒會變得更圓潤可口，所以在布根地加糖已經成為一種習慣，即使在好年份也照加不誤。對於品質堪虞的酒商，提高酒精可以替葡萄酒來個美容塑身，讓酒在年輕時顯得好喝，掩蓋味道不足的缺點。此外，加糖也可略為提高產量，雖然每公頃只能多出一、兩百公升，但若是grand cru等級，對小酒莊也算得上一小筆財富了。

另一方面，對於那些認眞釀酒的酒莊而言，加糖是延長紅酒發酵與浸皮時間的絕佳工具，在發酵的末期，分多次將糖加入酒槽中，可以讓發酵的時間延長。當紅酒發酵結束之後，發酵產生的二氧化碳消失，原本因氣泡推力浮在酒面上的葡萄皮會逐漸下沉，失去保護葡萄酒的功能，浸皮的過程必須馬上停止，以防酒氧化。現在的酒評家特別喜好顏色深、單寧重的紅酒，所以許多酒莊盡所有可能延長泡皮，於是糖除了做為材料，也成了提高品質的工具。除了有最低自然酒精濃度的規定外，布根地的法令也規定加糖所提高的酒精濃度不能超過2%，而且每公頃不得加超過250公斤的糖以防止酒莊濫加。

要提高酒精度，加糖並非唯一的辦法，去掉葡萄汁的水份，讓糖份更濃縮也有同樣的效果。濃縮法是最近幾年才在布根地引起話題，不過根據史料，十九世紀時布根地就已經有濃縮葡萄酒的做法。當年，酒商在嚴冬的夜晚將葡萄酒裝入鋁桶內，放置室外，等水份結凍後拿掉浮在桶中的冰塊就可以達成濃縮的效果。酒商Champy十九世紀末的酒單裡就常出現這種冰凍過的葡萄酒如麗須布爾(Richebourg)或玻瑪(Pommard)等等，價格較一般沒有凍過的酒來得昂貴，例如1889年的麗須布爾一瓶可賣6法朗，冰凍濃縮可賣到7法朗。

新近的濃縮法主要以蒸餾法及薄膜滲透法（Osmose inverse）爲主，後者在布根地非常少見，需要相當大成本的投資，在波爾多比較常用。前者在2000年之前還屬於試驗階段，AOC法嚴格禁止使用，最近才正式開放，但在五、六年前就已經有酒莊申請使用了（這也許算是布根地的法令邏輯吧）!

"Durafroid"及"Entropie"是兩個布根地最常用來蒸餾濃縮葡萄酒的系統，原理是利用在眞空狀態下，沸點大幅降低，只要加熱到約40°C就可以蒸發掉一部份的水份，提高葡萄汁中的糖份。值得注意的是，濃縮法不僅使糖份提高，也讓酸度、單寧及顏色等變得更濃，比加糖更會改變葡萄酒的原本面貌。由於蒸發的過程會讓酒變少，而且還要耗費巨資購買機器，在以小酒莊爲主的布根地大概很難普及。Domaine Gros Frère et Soeur和Michel Gros自1995年即開始採用"Durafroid"來讓酒變得更濃，最近幾年他們所釀的麗須布爾讓人大開眼界，也許稱得上布根地史上最濃的黑皮諾。

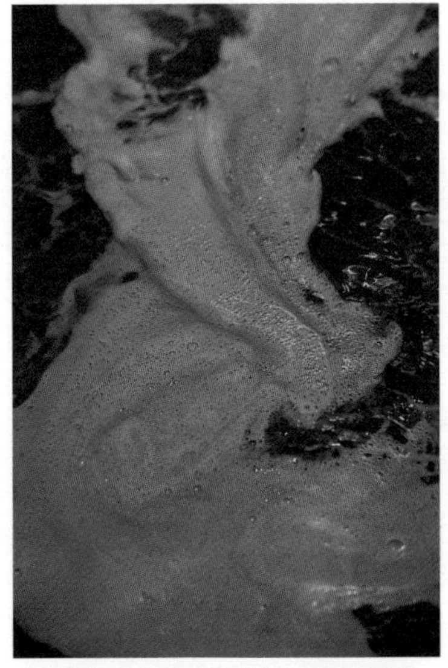
●才發酵兩天的高登紅酒就已出現深紅的顏色。

加酸

加酸是布根地另一個不可避免的惡，但對此，本地酒莊的反應不及加糖來得理直氣壯，反而帶點無奈。前述提到鉀肥害讓布根地許多的酒莊的酒有酸味不足的問題，近十幾二十年來，布根地確實普遍有葡萄酸度偏低的現象。最近幾年有機種植的提倡，可望解決這個難題。以1997這個普遍酸味不足的年份爲例，採用有機種植或自然動力耕作的酒莊都還能保有平衡的酸味。

由於酸味具有保存葡萄酒的功能，也是構成均衡口味的要素，所以布根地AOC法同意在酒或葡萄汁中加酸。但規定只限於加酒石酸，若是加在酒中，每公升可加2.5克，若是加在葡萄汁中，則不能超過1.5克。

不過加酸是越早越好，以防止酸味不夠的葡萄遭受細菌的侵害，特別是避免酒精發酵未完成就開始乳酸發酵的窘困情況。這些在發酵前就加入的酒石酸大部份在釀製完成之前就會凝結沉澱，並不會影響口味，但若是在釀成之後再加入就會留在酒中，由於外加的酸很難和葡萄酒和諧地合在一起，產生咬口粗糙的酸味，甚至出現金屬味，嚴重影響葡萄酒的品質。

依照歐盟葡萄酒法令規定，不能在同一「產品」上加酸又加糖，所以理論上布根地部份酒莊加酸又加糖的作爲應該是違法，包括Chanson、Bouchard甚至伯恩濟貧醫院都曾因此登上醜聞榜。即便如此，「違法」這個字眼在布根地並不那麼絕對，法規一到了布根地往往變得晦暗不明。如果酒和葡萄汁屬不同的「產品」，那麼在葡萄汁裡加糖，等釀成酒之後再加酸是不是就不算違法了？光明正大地鑽法律漏洞在布根地已經是大家習以爲常的事了，本地人抱怨外國媒體對此常常反應過度。

布根地人普遍肯定加糖的益處，但對加酸，多少帶負面看法。加酸雖可提高酸味，但很少能和葡萄酒協調地混合在一起，即使經過多年的瓶中培養也很難改善，所以加酸只能算是補救措施，決非提高品質的妙法。

夏多內的釀造
Vinification du Chardonnay

布根地的夏多內白酒釀造方式很簡單，葡萄榨汁放入橡木中發酵即成，不及黑皮諾複雜。雖然如此，許多頂尖酒莊在釀製的細節上錙銖必較，所以也演化出各種新舊雜陳的多元方法，其中榨汁、橡木桶的選用及溫度控制是最爲關鍵的要素。

破皮

在開始榨汁之前，依照一般的習慣，夏多內葡萄會先破皮擠出果粒，但是和釀造紅酒時不同，是絕對不能去梗以保持良好的排水性（理論上雖是如此，但是一些機器採收的葡萄通常並不含梗，讓榨汁進行得較爲緩慢）。破皮就直接在榨汁機上進行，好讓汁、果粒、梗、皮等直接進入機器內，然後馬上進行榨汁。這樣的方法因爲有60%至70%的汁會先流出來，所以可以提高一次榨汁的容量。

有少部份的酒莊開始採用香檳區的方法，放入整串葡萄，不先破皮就直接榨汁，例如Bouchard被香檳酒廠Henriot買下之後，就改用此法，他們相信這樣可以讓葡萄免於氧化，保有更多的果味。Joseph Drouhin則有不同的看法，他們認爲破皮法可以讓口感較堅實，不破皮者口味比較柔和，若依比例混合，可以調出最好的味道來。

榨汁

破皮之後，葡萄還剩下30%到40%的汁，爲防氧化，需要馬上榨出，但必需以輕柔的方式進行，因爲葡萄皮、籽及梗中含有單寧、油脂和草味，要極力避免釋出。最近幾年，布根地幾乎每家酒莊都已經添購昂貴的氣墊式榨汁機，可以精確地依照釀酒者的需要設定電腦程式榨汁。高糖份的葡萄汁十分濃稠，不易流出，所以榨汁得分多階段進行，需要將擠成一塊的葡萄弄散開來再繼續進行。至於老式的垂直榨汁機雖然效果還不壞，但在布根地卻老早已經變成酒窖的裝飾品；在伯恩市的Camille

短暫的浸皮

白酒和紅酒在釀造上最大的不同在於，前者盡速地直接榨汁，減少皮與汁的接觸，以防止皮內的單寧釋入酒中造成澀味。但這個天經地義的原則已經有點轉變。去梗且輕微破皮的葡萄，在16°C的環境下，經過4到8小時的浸皮，可以讓釀成的酒表現出更濃郁的果味，且不會有澀味。這個方法特別能表現葡萄品種本身的香味特色，比較適合釀製早熟、一般等級的白酒如"Bourgogne Blanc"、"Mâcon"或"Aligoté"等。

上述的方法雖然讓酒變得很討喜（或者說太商業化），但太過於反傳統，所以很少有酒莊敢承認。最近有人開始嘗試較為「溫和」的浸皮法，如在松特內村(Santenay)的Lequin-Colin，他們讓清晨採收（溫度較低）並破皮後的葡萄在榨汁機中泡上半個鐘頭以釋出皮內的果味，然後再榨汁。最近幾個年份Lequin的白酒在年輕時就有相當迷人的細緻果味，不知是否拜此法之賜。

Giroud是少數還使用這種手工操作機器的酒莊，也許與時代脫節太大，反而顯得有點標新立異，但是這種需要數小時耗費體力的操作方式，卻可以讓釀酒者在情感上與葡萄酒連結起來。

澄清

榨汁所得的葡萄汁渾濁不清，含有許多雜質與葡萄殘渣，可能造成葡萄汁的變質，而且會讓酒中產生怪異的草味，必須趕緊去除。最常用的是自然沉澱法，只要半天到兩天的時間就可以完成。天氣較熱或葡萄品質不佳的年份需要透過降溫或添加二氧化硫來抑止氧化與發酵，只要發酵一展開，產生的二氧化碳氣泡就會干擾沉澱。另外，某些年份葡萄汁過於濃稠，沉澱費時，比較先進的酒莊會加入特殊的酉每將汁中的果膠水解成可溶於水的物質，降低濃稠度。

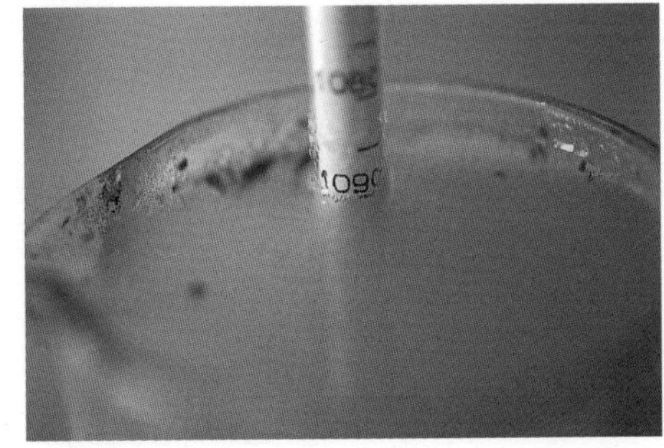

●剛榨完汁的Corton-Charlemagne。

有些地區澄清的方式更爲複雜。在夏布利地區因爲機器採收較多，爲了澄清的汁，經常得經過凝結與機械過濾。這在別的產區雖是稀鬆平常的事，但是看在伯恩丘區那些小心翼翼，擔心「驚嚇」到葡萄酒的酒莊眼裡簡直是匪夷所思的野蠻做法。其實，發酵前的澄清並不需要做到絕對純淨的地步，這樣反而會讓酒變得平淡無味。

雖然大部份的酒莊都在發酵前去渣，但也有少數的特例：夏山-蒙哈榭村的博物館級老牌酒莊Ramonet以及伯恩城的四大天王酒商Louis Latour完全出人意表地直接入桶發酵，完全不經沉澱。這種顯得「大膽激進」的方法靠著入桶後減少或取消攪桶與換桶的工作而稍微降低酒變味的風險，但還是會讓旁觀者捏一把冷汗；不過，他們所釀成的圓美白酒卻是勇於冒險的最佳回報。

酒精發酵與之前的準備

澄清過的葡萄汁已經可以開始進行酒精發酵，但釀酒師還得先做許多選擇，首先需決定要不要加糖以提高酒精度，另外也得確定要採用人工培養的酵母或原生酵母，若要添加人工酵母，得添加二氧化硫以除掉原生酵母，然後選用適合的人工酵母。若是後者就得除掉汁中抑制發酵的二氧化硫，讓酵母開始運作。加糖及酵母的過程通常都在密閉的酒槽內進行。

完成之後，釀酒師面臨另一個重要的選擇，要直接在酒槽內發酵？或者在容量較小的橡木桶內進行？還是等發酵開始後再入桶？這個在布根地造成分岐的問題，各家酒莊自有不同的論點與看法，即使互爲矛盾，但也各有道理。

在橡木桶內發酵

夏多內是所有品種中和橡木搭配得最好的白葡萄，這使得橡木桶的運用在布根地白酒的釀造技藝中扮演舉足輕重的角色，也讓許多酒莊刻意透過橡木桶的選擇與用法來展現自家風格。橡木桶對紅酒來說只有在培養的階段派得上用場，但對白酒就有所不同，不僅培養時可用，發酵時也用得上（下一章將有專文介紹）。全然在橡木桶中發酵是布根地傳統的做法，每桶只有228公升，控溫容易，還可以讓酒變得比較圓潤，甚至更耐久藏，只是費工又費錢，目前在伯恩丘區的酒莊在釀製高級白酒時全都採行此法。

原生酵母與人工培養酵母 Levure indigen ou levure selectioné

葡萄皮上自然就附著酵母菌，只要有適宜的溫度，就可以將葡萄汁釀成酒。酵母菌的種類非常多，各有不同的特性：有的耐高溫、有的可以散發濃重果香，通常同一葡萄串就附著多種酵母菌。有許多酒莊將酵母視為自然條件的一部份，在每一片葡萄園滋生的酵母都有所不同，所以堅持直接讓這些「原生的」酵母發酵，不另外添加，以保留葡萄酒的原味。

自七○年代人工培養酵母出現後，有不少酒莊或酒商卻寧可捨棄這些原生的酵母而採用乾燥的人工培選酵母菌。穩定的發酵成效，操控容易，可以保證葡萄酒一定的品質，是人工酵母被採用的主因，特別是一些大型的酒商在釀製大量的葡萄酒時，這是最安全的作法。以產白酒出名的Chartron & Trébuchet酒商完全採用人工酵母發酵，表現了夏多內白酒純粹乾淨的一面，簡潔明快的香味很有現代感。當然，比照其他傳統釀法少了些許意外的美感與變化。

不過人工培養酵母的使用還是得相當小心，有些酵母會主宰葡萄酒的風味，造成葡萄酒的同質化與單一化，白白糟蹋了布根地難得的地方特色。布根地的酒業公會也針對本地的原生酵母，研發數種人工培植的布根地原生乾酵母菌以保留葡萄酒的地方特色。

即便如此，還是有酒莊喜歡選用外地的酵母，位於夏布利地區的La Chablisienne釀酒合作社，有點離經叛道地使用來自香檳區的酵母，因為他們相信香檳區的酵母較為「中性」，比本地的酵母更能夠忠實地表現葡萄園的特色。該廠有多達數十款的夏布利各級白酒，幾乎都相當真實地呈現每片土地特有的風味。這樣的論點雖然難以檢驗，但這些酒也許是最好的例證。

在酒槽中發酵

在大型酒槽中發酵，操作方便，可以省下許多人工，還能爲葡萄酒保留更多的新鮮果味。這是夏布利及馬貢地區普遍採行的方法，由於現在市場上直接將夏多內和橡木桶的味道連結起來，所以即使是酒槽發酵也會在之後放入橡木桶中培養，好「泡」出一點橡木桶味。

發酵的溫度

紅酒和白酒的發酵最大的不同在於最佳的發酵溫度，紅酒一般在30℃，但白酒卻低很多，必須要控制在15-20℃，若是17-18℃之間更好。溫度過高會加快發酵的速度，無法保留清新細緻的果味，導致酒質粗糙而過於濃重；相反的，溫度過低則發酵慢，同時會產生熟透的熱帶水果香氣，雖然可口，但單一化的味道常常掩蓋了葡萄本身難得的特有風味。大約當低溫沉澱的葡萄汁溫度升到13℃時，酵母就會開始運作，將糖發酵成酒精和水，同時也會發熱，使溫度升高。在發酵的高鋒期，溫度會升高得相當快，大型的酒槽必備冷卻系統以免溫度過高。橡木桶的溫控較爲自然簡單，因爲容量小，升溫慢，只要放在陰冷的地窖中，自然就能維持在15-20℃的溫度。反而需要擔心的是溫度過低而使得發酵中止的窘境。

發酵的時間有時會拖得很長，一個月或更久，特別是在發酵末期酒精度高、糖份少酵母已經奄奄一息，若再碰上冬季的低溫，很可能讓發酵會中止，剩餘的數十克糖得等到隔年春，天氣回暖時才會完成酒精發酵。

黑皮諾的釀造
Vinification du Pinot Noir

沒有其他葡萄品種像黑皮諾這般的細緻優雅，卻又難以掌握。自中世紀的修士開始，歷代的布根地酒莊用盡了各式千奇百怪的方法來釀造黑皮諾，爲的就是要捕捉它無法模仿的獨特神韻。也許正因如此，在布根地幾乎很難碰見兩家酒莊用一模一樣的方式來釀黑皮諾。每個釀酒師都像是煉製仙丹的巫師，自有一套堅信的獨家祕方。不過，和他們在世界各地的同行比起來，布根地的酒莊在口頭上卻顯得謙虛許多，他們經常自稱是土地的僕人，只是將自然的賜予直接呈現，沒有個人的表達。

黑皮諾的釀造重點在浸皮。因爲紅酒中的單寧、色素及許多香味都來自葡萄皮。一般浸皮都是和發酵一起進行，但也可能提早或延後。溫度的控制、踩皮、淋汁、加糖等等也都是提高浸皮效果的工具。

●上：Château de la Tour在釀造Clos de Vougeot時採用局部去梗，保留一部分的整串葡萄，連梗一起釀造。
●下：Louis Jadot的Musigny葡萄完全去梗釀造。

去梗與破皮

採收後經過汰選的葡萄在放入酒槽前，有些酒莊會先去梗然後破皮擠出果肉，不過也有些酒莊選擇保留完整的葡萄串。整串葡萄的優點在於大部份的葡萄汁沒有釋出，葡萄得等上幾天發酵才會緩慢地開始，有點像是「自然的發酵前浸皮法」。若一直沒有動靜，得爬到葡萄堆上踩一踩，讓流出的葡萄汁和酵母接觸。發酵開始後，葡萄慢慢地逐漸破裂，釋出葡萄汁，發酵以極緩的速度進行，浸皮的時間也跟著延長。

雖然整串葡萄有其優點，但是被迫要連葡萄梗一起釀造，卻會帶來一些反作用，例如梗會吸收紅色素，讓顏色變淡，梗中含有許多鉀，會降低葡萄酒的酸味，更重要的是，未完全成熟木化的梗會爲葡萄酒帶來粗糙的單寧和刺鼻的草味。過去有不少葡萄農習慣加梗釀酒，希望能萃取梗中的單寧以提高酒的澀味，但無論再成熟的梗，其單寧都不如葡萄皮內的單寧細緻，而且很難隨時間熟成。

新的去梗機器滿足了一些酒莊想要保留葡萄粒，但不要梗的夢想，已經有不少富有的酒莊添購了這樣的設備。雖然這種機器無法百分之百保留完整的葡萄粒，但去梗時流出的汁液相對地少了很多，可以延緩發酵。無論如何，全部去梗是最近的趨勢，但還是有不少酒莊保留葡萄梗，各式的組合大約可分成以下六種，各自有不同的支持者和論點，比較奇怪的是，大部份的人都認爲他的方法才是眞正布根地的傳統：

1.整串葡萄（Dujac、Leroy、DRC、Lucien

●不鏽鋼酒槽雖然方便好用，但在心理上，布根地的酒莊還是偏好木造釀酒槽。

Muzard…）

2.去梗但不破皮，保留葡萄粒（Jacque Prieur、Louis Jadot、Joseph Drouhin……）

3.完全去梗、破皮（Bouchard P. & F.、Faiveley、Louis Latour、Alain Michelot、Marquis d'Agerville……），這也是在波爾多甚至全法國紅酒產區最常見的方式。

4.部份去梗破皮，部份整串葡萄（Bruno Clair、Jean-Marc Pavelot、Rapet P.& F.、Ch. de la Tour、Armand Rousseau……）

5.部份去梗但不破皮，部份整串葡萄（Mugnier…）

6.部份破皮但不去梗，部分整串葡萄（Aleth Le Royer-Girardin…）

酒槽

釀造紅酒的酒槽種類很多也各有利弊，最傳統的是木造的開口大桶，目前包括DRC、Leroy、Louis Latour、Champy及Camille Giroud 等酒莊都以此釀製紅酒。這種經常用厚栗木製成的大桶有不錯的保溫效果，只是較難清理，容易感染細菌，而且價格高昂。此外，現在也還存有許多水泥製的酒槽，如Gros F. & S.及Alain Gras等等，厚重的水泥牆內有一層防水的塗料，保溫的效果非常好，許多酒莊即使資金充裕也寧可保留這種不太起眼的酒槽。

不鏽鋼槽是目前最常見的酒槽，有最簡單的開口槽，也有許多更複雜的樣式，直式、橫式或甚至可90度轉動。新式的設備也包括自動控溫、淋汁、踩皮或倒出葡萄皮。在最先進的酒廠，釀酒師的工作變成只是按鈕作業，少掉了與葡萄酒的身體接觸；所幸，在布根地這樣的景況只出現在一些大型酒商，一般的獨立酒莊還是寧可維持傳統的方式。

完全密封，可以進行「還原釀造」的酒槽近年來也在布根地出現，吉弗里村(Givry)的Joblot酒莊用密封的酒槽釀出了全村最令人印象深刻的紅酒，也許會形成布根地的下一波熱潮，目前Bouchard也有數十個類似的酒槽。其實，在波爾多地區，大部份的葡萄酒都是在密閉的酒槽裡釀造，和布根地的開放式全然不同。

●Joseph Drouhin的老式木造釀酒槽專門用來釀造特級紅酒。

發酵前浸皮法

為了擔心脆弱的黑皮諾葡萄氧化變質，發酵必須馬上展開。自十多年前起，這樣的觀念開始轉變，布根地酒莊發現在還沒有發酵產生酒精時的浸

皮，可以讓黑皮諾散發出濃郁的果味，並且出現泛著美麗藍光的驚人深紅酒色，而且還可能產生甜潤可口的甘油。

其實，在還沒有人工培養酵母和控溫設備的時代，若採收季氣溫低迷，發酵常會延遲數天才開始。現在，布根地頂尖的酒莊若碰到這種情況，大都不急著加熱葡萄，他們相信多等幾天絕對有好處。更積極的酒莊甚至會用降溫或加入大量的二氧化硫等方法來延後發酵，有時發酵前的浸皮會超過一星期。只要時間夠長，酒窖裡會飄散著濃郁的黑醋栗果香，未發酵即有這種果香，在過去可是相當少見，是Guy Accad首先將此引進布根地。

添加酵母

如果不進行發酵前浸皮，在將葡萄放入酒槽時就要馬上添加酵母，因爲當原生酵母開始繁衍運作，再添入人工培養的酵母就會太晚，幾個本地培養的酵母菌如RA17, RC212, Up30Y5和OM13等最爲常用。雖然布根地還有許多酒莊一直採用原生酵母，但是當碰到特殊的情況，例如多雨的採收季或葡萄有腐爛的情形，都會讓原生酵母變得不足，這時還是得選用人工酵母。

不過葡萄農仍可先自行培養原生酵母解決這個問題。在採收季之前，葡萄農可以先採收一點葡萄先行發酵，繁衍酵母菌，稱爲"pied de cuve"，等需要時再加入酒槽中。同一酒槽內不只有一種酵母，有時它們是採接力方式進行，最早是在低溫即可運作的酵母先開始，最後以能適應高酒精濃度的酵母來結束發酵。

Guy Accad

「你應該和他談一談！」Château de la Tour的莊主François Labet遞給我一張寫著阿卡(Guy Accad)電話的字條。在這之前，我一直以為他早已遠離布根地，學生時代的教授Michele Feuillat對他的嚴厲批判，讓我好奇地想拜訪這位曾經在布根地酒界引起許多爭議的傳奇人物。

經過在L'E.N.S.A.M.農業學校五年的學習，原籍黎巴嫩的阿卡於1976年來到布根地設立實驗室，曾擔任包括Jean Grivot、Comte Senard、Confuron-Cotetidot等數十家著名酒莊的種植與釀造顧問。雖然當時阿卡帶來的新觀念包括土壤分析、高密度種植、晚摘葡萄提高成熟度、只淋汁不踩皮等當時還算前衛的作法，但真正引起爭論的卻是他被貼上反傳統標籤的發酵前浸皮法。

在阿卡的指引下，Confuron-Cotetidot釀出顏色濃黑，果味奔放的黑皮諾紅酒，但卻遭致馮內-侯馬內村(Vosne Romanée) AOC評審的降級。這個事件之後，「違背傳統」、「破壞自然風味」、「只求年輕好喝」、「不耐久存」等嚴厲的批評接踵而來。

在保守封閉的布根地受到排擠自然是在意料之中，但弔詭的是，當阿卡消失之後，他的方法卻在布根地被普遍地使用，釀酒者越來越注重發酵前的浸皮，新鮮的果味也得到提倡，顯然阿卡的錯誤僅在於忘了將他的新方法包上傳統的外衣，在布根地傳統和真理有時是可以劃上等號的。

病後再度回到布根地的阿卡還是十多家酒莊的顧問，包括Lalarme、Gavignet及Batacchi等，都還是他的老信徒，另外他也為當紅的Dominique Laurent釀製菲尚村(Fixin)的紅酒。對於釀酒法，他還是和以前一樣固執，只是現在聽起來卻又顯得有點過時。就這樣，阿卡也走入了布根地的傳統之中。

發酵與浸皮

當酒精發酵開始，酒槽內的溫度逐漸升高，這時發酵的速度開始加快，通常溫度維持在30℃左右最好，太高發酵太快，會縮短浸皮的時間，而且會喪失許多香味，太低可能會讓發酵中止。不過這並不是那麼絕對，最極端的例子中我們可以見到Louis Jadot高達40℃，而Faiveley則堅守26℃以下，而他們卻各自都釀出相當精彩的紅酒。

溫度的控制是一種複雜的技術。溫度的變化很少是直線狀，而是不時地波動，釀酒師常常在發酵的末期讓酒溫突然上升到35℃以萃取更多的紅色素，並殺死無法耐高溫的酵母，讓發酵減緩。當所有糖都發酵完後，酵母菌將失去活力而逐漸死亡，溫度也跟著降回常溫。透過溫度不僅可以控制發酵速度，而且還能控制酒色和口感，當溫度越高，紅色素就越容易萃取出來，而且也會讓酒變得比較肥美，但卻有喪失新鮮果味的危險。

要加深顏色還有其他方法，添加特殊的酉每或是加入許多二氧化硫都能達到加深顏色的效果。不過這時萃取出的紅色素並不穩定，得和發酵後半段萃取出的單寧（因爲單寧較容易溶入含酒精的液體）相連結才能穩定地留在酒中不會沉澱。

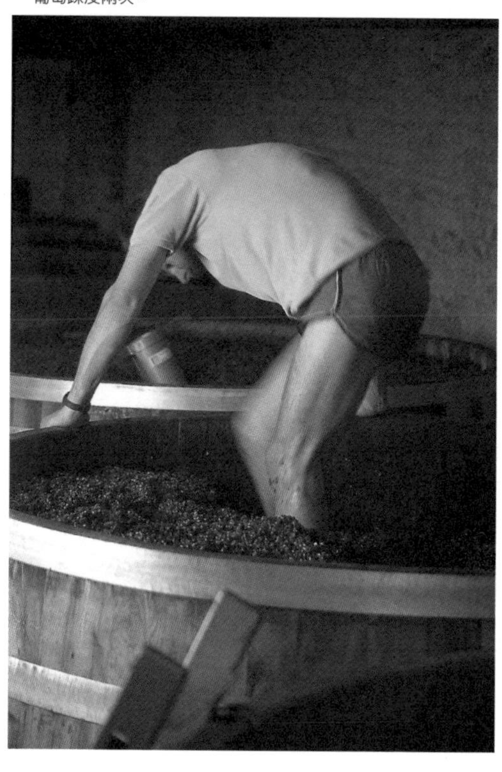

●上：酒精發酵時，溫度最好不要超過30℃。
●下：Viencent Dureuil-Janthial莊主每天要為所有發酵中的Rully葡萄踩皮兩次。

踩皮與淋汁

酒精發酵產生的二氧化碳會將下沉的葡萄皮向上推，浮到酒槽頂端形成一塊厚重的硬皮，只剩一小部份還浸在發酵中的葡萄汁裡。由於紅酒需要的紅色素、單寧及香味分子都在皮內，釀酒師必須採用不同的方法讓皮與汁能夠接觸，提高浸泡的效果，踩皮(Pigéage)與淋汁(Remontage)是最普遍也最有效的兩個方法。

踩皮

踩皮的動作是將浮出結塊的葡萄皮踩散，泡入未完成發酵的葡萄酒中，雖然老早就有許多種機械踩皮的設備，但是在布根地，許多葡萄農還是堅持親自用腳來踩。許多人相信雙腳能有效卻又輕柔地踩皮，是機械所無法取代的。踩皮至少早晚各一次，因爲間隔時間太久，葡萄皮無法保持濕潤，將變得乾硬，需要費很大的力氣才能踩散，而且也有發霉的疑慮。有些酒莊踩皮相當密集，如Louis Latour，三十多個酒槽一天都要踩足五次，有一組人由早到晚地進行。

●Guy Accad是布根地少數認為淋汁比踩皮好的釀酒師。

1998年在布根地幾次親身的踩皮經驗，讓我感受到這是一個頗耗費體力的工作，需要靠全身的力量才能讓葡萄皮再度沉入酒中，身體與溫熱酒液的接觸也拉近了葡萄農與葡萄酒之間的親密關係。除了對傳統的悍衛，布根地人普遍地用腳踩皮，其實還內含著許多情感因素。

人工踩皮除了用腳，有些酒莊採用一種末端裝有一個半球型塑膠碗的踩皮棍(Pigeou)來踩皮，在一些人無法進入酒槽內的情況使用。發酵時所產生的二氧化碳經常積在厚重的葡萄皮層之下，在踩皮時突然大量釋出，讓踩皮的人因二氧化碳中毒昏迷而沉溺於酒汁之中，這樣淒美的意外幾乎每年都會發生。畢竟人命關天，已有一些酒莊改用裝置於酒窖頂的油壓式或水壓式機械踩皮機，就如François Faiveley所說「用腳踩皮雖美，但卻不值賠上生命」。

除了安全，省力也很重要，在釀酒季裡，葡萄農每天最多只能睡上3-4小時，在體力大量透支下，很難有力氣踩下厚皮。先進的釀酒機械其實早已有更方便的發明，例如內附自動轉輪攪拌的酒槽、自動旋轉攪拌的橫式酒槽、可瞬間打入氮氣弄碎葡萄皮的酒槽不一而足，不少酒商、釀酒合作社，甚至伯恩濟貧院的新建酒窖都有這些設備。但無論如何，大部份的布根地人寧可相信，還是人工踩皮這種簡單自然的古法最適合嬌弱的黑皮諾葡萄。

淋汁

淋汁剛好跟踩皮相反，從酒槽底部抽出葡萄酒，然後淋到葡萄皮上，讓汁液滲過葡萄皮再流回槽中。在布根地，一般認爲淋汁的浸泡效果不如踩皮好，而且有讓嬌貴的黑皮諾氧化的風險，再加上還得用到幫浦「折騰」葡萄酒，所以有越來越多的酒莊都儘可能不要淋汁。不過也有人持相反看法，酵母菌若要存活，需要氧氣讓細胞膜合成膽固醇，所以淋汁具有這樣的功能，尤其在發酵的初期最爲需要，而且適當的氧化也能讓酒的口感較爲圓潤。

淋汁的頻率最好每天一次即可，特別是酸度不夠的年份，葡萄比較脆弱，不能太常淋汁。在波爾多，大部的酒莊都採用淋汁的方式釀

玫瑰紅酒 rosé

布根地的玫瑰紅酒並不常見，最出名的要屬馬沙內(Marsannay)以黑皮諾釀成的可口玫瑰紅，是本地唯一能出產玫瑰紅的村莊級AOC。因為較難表現布根地特色，一般見到的都是屬"Bourgogne"的布根地地方性等級。

除了用紅葡萄直接榨汁的淡玫瑰紅外，有些知名的酒莊偶而也會產一點顏色較深的玫瑰紅。在產量較大，或者葡萄汁多皮薄的年份，部份釀酒者會從釀製中的紅酒酒槽排出一部份的汁來，以提高酒槽中皮與汁的比例，好釀出較濃郁的紅酒，這樣的作法稱為「放血」(saignée)，排出的汁則依白酒的釀法製成玫瑰紅。近年來，許多人對放血是否可提高紅酒品質提出懷疑，使得用「放血」製成的玫瑰紅也相對減少。

酒，和布根地的作法剛好完全相反。

發酵時間的長短

發酵時間的長短也是釀造紅酒的關鍵，有些酒莊一個星期就能完成，但也有像Louis Jadot長達一個月。由於酒精發酵結束後不再有二氧化碳產生，這將使原本浮在表面的葡萄皮逐漸沉入酒中，讓酒直接和空氣接觸；為防氧化，發酵結束後浸皮也馬上跟著停止，迅速進行榨汁。所以發酵時間的長短將直接影響浸皮時間，要泡久一點就不能發酵太快；一般而言，浸皮越長，酒的味道越重，但是不是品質越好就很難說，不過在布根地還是有許多酒莊拼命要把葡萄皮中的所有物質全部泡出來。

低溫和整串葡萄可延緩發酵，在發酵快結束時每天加一點糖也能讓發酵延長幾天，但必須注意的是這時酒精濃度高，比較容易萃取出單寧。喜歡重單寧的酒莊如Louis Jadot會特別延長這個階段，甚至當發酵停止後還會蓋上真空蓋再泡上幾天。這樣的方法較難應用在連葡萄梗一起發酵的酒莊，可能會釋出太多梗中的單寧讓酒變得太粗澀。由於時下不少著名品酒師偏好顏色深，圓厚又多果味，同時在年輕時就很好喝的紅酒，所以越來越多酒莊也在釀造的時間上做了調整，新的趨勢特意加長發酵前浸皮的部份，而酒精發酵與浸皮的時間則相對縮短。

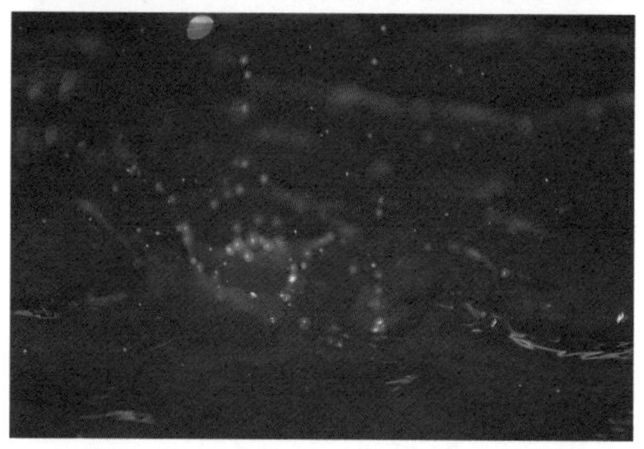

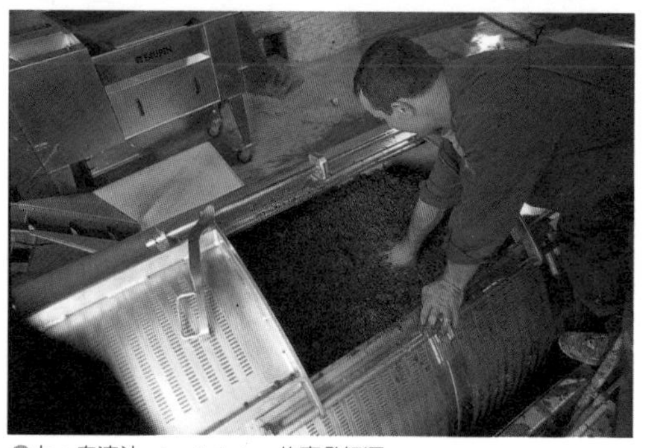

●上：自流汁，Louis Latour的高登紅酒。
●中：壓榨汁。Viencent Dureuil-Janthial的Rully紅酒。
●下：氣墊式榨汁機。

榨汁

發酵完成後，先排出葡萄酒，這部份稱為「自流汁」(jus de goutte)；剩下的葡萄皮還含有液體，需要經過榨汁取得，稱為「壓榨汁」(jus de press)。兩者的特色相差很多，前者較為細緻，酸味高，後者含有較多的單寧與色素，風格也較為粗獷。因為這樣的差別，有些酒莊會把兩者分開儲存，待日後再將全部或局部的壓榨汁加入自流汁之中。調配的比例依年份而有所不同，以保留細膩風味為前提，讓酒的顏色和單寧得以增強。

不過，為了讓兩者在裝瓶前有較長的時間能和諧地融合在一起，或者僅單純地為了方便，也有許多酒莊在榨汁後馬上將兩者悉數混合在一起。另外在葡萄嚴重感染病害的年份，為免品質受影響，酒莊必須全部放棄壓榨汁，或至少經過濾後才能加入自流汁。至此，黑皮諾釀製的過程已完成一半，接下來是屬於窖藏培養的階段。

第5章 葡萄酒的培養 *Elevage*

在法文中，葡萄酒的培養和「飼養動物」(élevage)用的是同一個字，這並非巧合，因為所有優秀的釀酒師都得先學會相信，葡萄酒是有生命的。如果發酵是誕生，釀酒師得在酒窖裡訓練豢養這些未成年的葡萄酒，為裝瓶後的新生命做準備。過去布根地的酒商很少自己釀酒，向酒農買來葡萄酒培養之後再裝瓶賣出，所以他們以葡萄酒的豢養者(éleveur)自居。

雖然酒的好壞到培養前就已經大致確定了，但是有些酒商卻依舊可以將買來的葡萄酒培養出自家廠牌的風格，顯然培養階段的重要性比一般人想像的還來得重要。當紅的酒商Dominique Laurent就是最好的一個例子，經過他那雙肥手「豢養」過的黑皮諾，馬上可以變得巨大肥碩，讓人不免驚訝於他超大尺碼的「增重神功」。

布根地是最早採用橡木桶來培養葡萄酒的地區之一，至今，橡木桶在布根地葡萄酒的培養階段依然扮演著舉足輕重的角色。除了以產葡萄酒聞名，布根地也是全球重要的橡木桶產地，除了供應本地酒莊之需，也是世界各國採購頂級橡木桶的聖地。

●在酒商Camille Giroud的晦暗地窖裡，老闆François Giroud正在為已經存了兩年半的葡萄酒添桶。

葡萄酒的培養
Elevage

黑皮諾發酵完之後，經過榨汁，開始進入培養的階段，時間可長可短，完全視酒的品質而定，通常越高等級的酒需要較長的培養。不過每家酒莊也都有各自的策略，從幾個月到數年都有，黑皮諾葡萄酒的培養過程通常都是在橡木桶中進行，在布根地只有比較清淡的紅酒才會在酒槽內培養。

在白酒的製造過程中，釀造和培養之間的界限並不像紅酒那般清楚，因爲有許多夏多內白酒發酵與培養都是在同一個橡木桶中進行。(橡木桶和布根地葡萄酒有深厚的關係，在下一章有深入的介紹。)

乳酸發酵

冬天到來，低溫讓葡萄酒可以安靜地在地窖中待上一個冬天。待春天回暖，常讓酒農頭痛不已的乳酸發酵開始蠢蠢欲動。在大部份的葡萄酒產區，乳酸發酵都在11月就結束，很少拖過隔年，但在布根地，因爲乳酸發酵是在橡木桶中進行，加熱困難，控制不易，經常拖到隔年春天才結束。

葡萄酒的乳酸發酵是乳酸菌將葡萄酒中的蘋果酸轉化成乳酸和二氧化碳。雖然不太算是眞正的發酵，也不會產生酒精，但卻會改變葡萄酒的風味。在葡萄中所含的各種酸類中，以蘋果酸的酸味最爲強烈粗獷，而乳酸卻是另一極端，柔和圓潤，可想而知，透過乳酸發酵，葡萄酒的酸味會明顯地降低。另一方面，乳酸發酵也會改變葡萄酒的香味，會從清新的水果香氣轉變爲成熟的果香，也可能讓香味變得更豐富，餘味綿長，夏多內白酒中常出現的甜熟奶油香氣也可能是源自於乳酸發酵。

在布根地，不論紅酒或白酒，大部份的葡萄酒都會進行乳酸發酵，除了口味的改變，也能讓酒的品質更穩定，對久藏型的葡萄酒相當重要。乳酸發酵控制不易，通常會自然發生，但不像酒精發酵那麼確定，由於不是絕對必要的程序，酒莊也可以選擇不要進行，通常都是些清淡早熟的白酒，用低溫或二氧化硫抑止發生。這種作法在成熟度高，但酸味不足的年份最常被採用，以保留酸味和避免過於濃膩的香味。一般相信，這樣的夏多內白酒很難久存，不過酒商Louis Jadot二十多年來許多抑止乳酸發酵的白酒都很耐久的事實，也多少改變了一小部份本地酒莊的看法。

攪桶（Bâtonnage）

這是一個幾乎專屬於白酒的培養法。酒精發酵結束之後，已無糖分供酵母存活，逐漸死去的酵母菌會逐漸沉積到橡木桶底，雖已無生命，但他們對葡萄酒的貢獻卻不因此而結束。死酵母菌中的細胞質將水解出一些香氣物質，讓葡萄酒出現榛果、草莓、杏仁及奶油等等的香味。因爲酵母菌還有相當的「剩餘價値」，所以在白酒的培養階段得對此多加利用。水解的過程除了香味，也會爲葡萄酒帶來更圓潤的口感。

爲了讓水解更有效地進行，傳統的「攪桶」技術又再度被布根地的酒莊發揚光大。過去，在發酵控制較不發達的時代，酒農常在發酵末期用一根棒子攪拌橡木桶內的葡萄酒，好讓殘餘的糖分全部發酵成酒精。現在，酒莊在白酒的培養階段進行攪桶，目的在於讓沉澱的死酵母和葡萄酒充分混合，加快水解的效率。通常一週攪桶一、兩次，但也有酒莊，在最頻繁的時候甚至一天高達四次之多。

攪桶的方法又分兩種，一種只是溫和地攪動沉澱物，另一種則是由上往下攪，順便將空氣打入酒中，連帶地減少還原怪味的出現；後者只能偶而爲之，以免破壞葡萄酒。但也有酒莊擔心這種方法會過度驚擾葡萄酒，例如Faiveley酒莊就改用滾動橡木桶的方式來達到酵母水解的成效。

●上：酒商Joseph Drouhin的葡萄酒還是依傳統進行換桶澄清。
●下：Alain Gras酒莊的實習生正為發酵中的Saint-Romain白酒攪桶。

攪桶常常延續整個培養的階段，但後期次數減少，約一個月一次，也有許多酒莊僅在前幾個月進行攪桶。至於那些在發酵之前沒有進行沉澱去酒渣的酒莊，在培養的階段爲免產生怪異的氣味，通常很少進行攪桶。不在橡木桶中培養的白酒也同樣可以充分利用死酵母，新式的不鏽鋼酒槽常備有扇葉，可以定時旋轉，讓沉澱的酵母再與酒充分混合。

看到攪桶對白酒帶來如此多的好處，布根地最近也有專產紅酒的酒莊開始替黑皮諾攪桶，希望能靠酵母水解讓酒變得豐盈一點。Sylvie Esmonin和Camille Giroud雖然彼此的風格南轅北轍，但都是少數首開紅酒攪桶風氣的酒莊。

換桶（Soutirage）

水可載舟亦可覆舟，死酵母和其他沉澱物很容易讓葡萄酒產生還原的怪味，所以大部份白酒酒莊們習慣在酒精發酵完成後馬上進行換桶，去掉較大的沉澱，保留乾淨的酵母菌，順便也讓酒和空氣接觸，而紅酒在乳酸發酵後也會換桶一次。依習慣，在培養的過程中還會有多次換桶的時機，除了去掉沉澱物之外，也爲了適度地讓酒與氧氣接觸，以免發生還原氣味，紅酒甚至可以藉此柔化單寧，加快成熟的速度。

不過堅持不換桶的酒莊也很多，即使懷著葡萄酒可能壞掉的擔憂，釀造白酒時，打從發酵前將葡萄汁注入橡木桶之後，一直到裝瓶之前，他們讓葡萄酒留在同一個橡木桶中，和原來的酵母與酒渣泡在一起。釀紅酒時也是從發酵後入橡木桶到裝瓶都不換桶。越來越多人相信在培養階段最好不要太過「打擾」葡萄酒，做越多事對葡萄酒越有害。

多次的品嘗比較，讓我相信此法確實能讓葡萄酒保有飽滿濃厚的味道，不過我仍然憂心在不好的年份，存在桶中的酒可能因此變壞。一家位於伯恩丘的酒莊透露有些酶可以保持潔淨不染病的死酵母，並不一定非換桶不可，換桶時需使用馬達抽出酒來，對酒的傷害不小，除非採用耗工的虹吸管原理，否則換桶越少越好。因爲不少得到酒評家青睞的酒莊都宣稱不曾換桶，這個方法近年來已開始在本地流行。

黏合過濾法（Collage）

在培養的過程中，葡萄酒中常會有膠質物懸浮在酒中，是葡萄酒混濁的原因之一，嚴重時還會讓酒變成褐色。這些膠質都是帶有陰離子的大分子，只要和帶有陽離子的大分子絮凝之後，成為不溶性的膠體分子團(micelle)，就會逐漸沉澱於桶底讓酒變乾淨，這就是所謂的凝結過濾法的原理。酒莊經常將蛋白、明膠、酪蛋白等含蛋白質的凝結劑(colle)添加到酒中好讓葡萄酒更為澄清，使酒質更穩定。

雖然在酒中添加蛋白聽起來有點令人反胃，但效果相當好，也不會影響酒的風味，只有紅酒在黏合的過程中會讓酒中的單寧因和凝結劑產生絮凝現象，含量會略為降低一點點。用做凝結劑的，在過去還包括了更嚇人的牛血和魚粉等等物質。完成這道手續，會產生許多沉澱物，必須換桶去酒渣，所以通常是在培養階段的晚期進行。

●為葡萄酒進行黏合過濾時，每個橡木桶約需放入4-6個蛋白。

混合（Assemblage）

將產自不同酒莊或不同葡萄園的酒混合，調配出特有風格是布根地酒商的專長。本地葡萄園面積狹小且AOC繁多，同一個AOC產區，酒商得同時跟不同的酒莊採買，在生產像Beaune 1er cru這種AOC的酒，可能還得混合來自幾個風味不同的1er crus葡萄園。這些來源不同的酒有時在培養階段一開始就混合一起，也有最後再依據培養之後的表現來混合，做比例上的調配，有些風味獨特也可能獨立裝瓶。例如之前提過Champy的Côte de Beaune Villages經常是由Marange和Chorey-lès-Beaune在裝瓶前幾個月混合而成，前者粗獷，後者柔和，剛好互通有無，調配出協調均衡的味道。

有些酒莊也會把老樹產的葡萄和其他分開釀，最後再做混合，然後留一小部分品質最好的老樹獨立裝瓶。有關混合的把戲還很多，例如混合新舊桶培養的酒、紅酒混合自流汁(jus de goutte)和壓榨汁(jus de press)等等。透過這些技巧，酒商可以調配自家廠牌的特色，而酒莊也能藉此讓酒更完美協調。

澄清與過濾（Filtration）

好喝的葡萄酒不一定需要澄清明亮的外表，特別是在一些著名的品酒專家公開讚許未經過濾，略帶點沉澱物的葡萄酒之後，有些愛好葡萄酒的人反而要求要買未經過濾的葡萄酒。乾淨無雜質目前在布根地已經不再算是優點了。但無論如何，對一些酒莊及大部份的酒商而言，為求酒質的穩定，基本的過濾與酒的澄清都是必須，重點是要如何不對酒造成傷害。

特別在意葡萄酒品質的酒商在進行過濾時會特別地小心，盡可能地採用最輕微的方法，以避免過份過濾，把葡萄酒中原有的豐富味道全過濾掉了，特別是像黑皮諾這般細膩的酒，很容易就因為過濾不當而被白白蹧蹋。

為了減少使用幫浦將酒抽來抽去，過濾通常都在裝瓶之前，完成後馬上裝瓶，不再存回酒槽，算是培養的最後階段。在布根地，有酒莊為免驚動在橡木桶中安睡的葡萄酒，按傳統方式用手工裝瓶。Claud Dugat和Faiveley的特等葡萄酒，都享有此殊榮，不用經過幫浦，也無需嘗到過濾的煎熬，直接由橡木桶流入瓶中。

橡木與橡木桶
Chêne et Fût

橡木桶在兩千多年前就和葡萄酒結下了不解之緣，高盧人首先用它來運輸葡萄酒和其他液態的貨物。在玻璃瓶被大量使用之前，有上千年的時光，葡萄酒一直都是裝在橡木桶中販售，是葡萄酒的主要容器。到了17世紀，人們開始發現橡木桶能夠爲葡萄酒增添特殊的風味。

雖然現今有無數的材質可取代橡木桶的容器功能，也不再有人買整橡木桶的葡萄酒回家以應一年之需，但橡木桶還是和葡萄酒脫不了關係，甚至扮演的角色還越來越重要。

橡木桶因爲能讓儲存在內的葡萄酒變得更好，有許多紅酒或白酒發酵之後都會在橡木桶中培養一段時間再裝瓶，有些白酒，例如布根地的白酒，甚至直接在橡木桶中進行酒精發酵和培養，從榨汁後一直到裝瓶前一直沒和橡木桶分開。橡木桶由容器變成釀酒工具，同時因爲橡木中會有物質滲入酒中，更成爲了葡萄酒的材料。

橡木的產地

法國橡木是製作橡木桶的首選材料，全國有四萬多公頃的橡木林，都屬於品質較爲細緻的品種。法國橡木主要產自中央山地，其中量最大的是稍偏西南的Limousin地區；偏東邊一點有Allier地區的Tronçais森林、Nevers地區的Bertrange，都是優良橡木的最佳產地。中央山地之外，布根地的平原區及北面阿爾薩斯的弗日山區(Vosges)也都產品質不錯的橡木。

不同的森林因爲有不同的自然環境，長成的橡木也有不同的特性。Limousin地區因爲土地肥沃，橡木生長快速，年輪間距較寬，木質鬆散，木材內的單寧較易釋入酒中，氧化的速度也比較快，有時還會帶來苦味，雖然有香氣較明顯的特性，但不適合用來培養白酒或像黑皮諾這般細膩的紅酒，所以在布根地相當少見（較常用來儲存波爾多或干邑白蘭地）。相反的，Tronçais森林較爲貧瘠，橡木生長慢，木材的質地緊密，年輪間距小，紋路細緻，是優質橡木的代表，木香優雅豐富。弗日山區的橡木近年來也越來越受到布根地酒莊的喜愛，寒冷的氣候讓木頭的質地更加緊密，密封效果好，香味濃，但細緻。

現在布根地的酒莊比以前更注重橡木的來

François Frère木桶廠選用筆直粗大的老橡木製造橡木桶。

源，參觀酒窖的時候常常可以試喝到分別存在不同橡木的同款葡萄酒。他們之間常常會出現令人印象深刻的巨大差距。但因爲變數太多，不同的酒莊在不同的年份常得出互相矛盾的結果，除了非法國或Limousin的橡木桶外，實在很難明確地歸納出每種橡木對葡萄酒風味所帶來的影響。

不過酒農們並不在意絕對的知識探求，多半靠著直覺與經驗來應付。有許多酒莊覺得刻意挑選橡木產地顯得有點造作，強調橡木品質才是根本，雖然現在流行Trançais和Vosges，但他們只要求品質好的木桶，其餘的，就讓木桶廠去操心吧，管他是Allier或是Nevers都好！這個態度比較接近傳統的方式，也較爲實際，在同一座森林裡的橡木就有好壞之分，甚至同一顆樹的各個部份也有差別，加上各廠製作技術的差異，來自那一個森林比較好似乎不是那麼重要。能和製桶廠老闆有好交情，優先取得上材才是根本要務。

橡木桶的製造

橡木桶的製造在法國依舊是相當傳統的手工藝式工業。複雜的製造過程很難爲機器所取代，即使是像位於布根地的François Frères或位在干邑區的Ségeam Moreau這兩家全球最大的橡木桶廠，也全都是純手工製造。這也是法國橡木桶的價格一直居高不下的主因，228公升裝的新桶最便宜也要三千法朗以上。

布根地還存在一些小型的橡木桶廠，老闆加一個學徒就能獨立包辦製造的每一個過程，一天只能產一兩個木桶。這樣的結構也讓每一家木桶廠的產品多少帶有獨自的特色與風格。不少酒莊都有他們各自的偏愛，例如不少專產白酒的酒莊特別喜好Damy。不過，爲了能折衷各家的優缺點，大部份的酒莊通常會同時採用幾家不同廠牌的橡木桶，然後再將酒混合，以免有孤注一擲的風險。

橡木桶對葡萄酒的影響

木桶與酒之間的交流是多面向的。橡木桶提供葡萄酒一個半密閉的空間，透過橡木桶的桶壁所滲透進來的微量空氣，葡萄酒可以進行讓口感圓熟，且香味更成熟的緩慢氧化。特別是紅酒中的單寧，經過氧化後會減低澀味，變得較爲可口。由於能夠進入桶中的氧氣很少，葡萄酒不會有氧化壞掉之虞。這是一般酒槽無法提供的培養環境。雖然新的技術可在不鏽鋼密閉酒槽中定時打入微量的氧氣，但還是比不上橡木桶的效果。由於氧化的關係，儲存在橡木桶內的白酒顏色會加深，而且變得較爲金黃，紅酒則會稍微變得較偏橘紅。

由於不是完全密封的容器，在長達數個月或甚至一兩年的橡木桶培養過程中，會有一小部份的葡萄酒因蒸發而消失，雖然量不多，卻會產生空隙，必須每隔一段時間把酒添滿，稱爲添桶(Ouillage)。

橡木的主要成份包括了纖維素、半纖維素、木質素及單寧，而其中後三者都可能進入葡萄酒中，雖然量非常小，但還是會讓酒出現可觀的變化。橡木中的可溶性單寧進入酒中之後會讓酒變澀，而且澀味較葡萄皮中的單寧來得粗澀，不過因爲量很少，對原本就澀味很重的紅酒並不會產生太大的變化，但對清淡型紅酒及白酒就可能產生口感上的改變，特別是使用新桶釀造及培養的白酒在年輕時偶而會帶些微的澀味，得等過一兩年後才會慢慢消失。

半纖維素本身並不會直接進入酒中，但是橡木在製作過程的燻烤階段，會讓半纖維素產生一些香味分子。而本身屬水溶性的木質素在分解時會也產生多種帶香味的乙醛。它們會在培養的過程中溶入葡萄酒中，增添香草、咖啡、松木、煙草、奶油、巧克力及煙燻的香味。

橡木桶的選擇

除了前述提到的橡木的原產森林、木桶廠及

木桶燻烤的程度等是酒莊選擇橡木桶時需要考量的項目之外，木桶的容量、新桶比例及儲存時間的長短也都是酒莊在使用橡木桶時，必須慎重考慮、選擇的要點。

布根地傳統的橡木桶容量爲228公升，這樣的容量似乎是天經地義的事。若遇見出產的葡萄酒無法裝滿一桶時，酒莊偶而也會使用114公升的半桶裝橡木桶。當桶子越小，每公升葡萄酒接觸桶壁的面積會增大，受到橡木的影響也相對會提高。最近幾年，有一小部份的酒莊開始思考228公升是否是最佳容量，一些400、500公升等容量的橡木桶也開始出現在布根地的酒窖裡。

DRC以及Hubert & Olivier Lamy等知名酒莊都是這個領域的先鋒，前者在1996年份局部實驗500公升的木桶，後者更在1998年將所有儲存白酒的橡木桶改成400-500公升裝的新橡木桶，Lamy從過去數年的經驗中得出結論，認爲大容量的木桶，可以讓白酒的風味不會爲橡木桶的味道所掩蓋，保留更多葡萄本身的果味與細膩變化。

除了木桶大小，要採用多少新橡木桶來培養葡萄酒，每家酒莊也都有各自的原則。通常新舊桶的比例依葡萄酒的特性與等級而有所調整，一般村莊級的酒會採用較少的新桶，以免木頭的味道蓋過葡萄酒。等級越高，或者味道更濃重的葡萄酒則可以承受較多的新桶。也許由於流行所趨，採用新桶的比例不斷地增高，最極端的例子是酒商Dominique Laurent採用200%的新桶來培養葡萄酒。他將已在新桶中存上數月的葡萄酒再放入另一個全新的新桶中，以加強新橡木桶的影響。也有少數的酒莊像Leroy、Domaine de la Romanée-Conti及Hospices de Beaune等，不論那一款葡萄酒，全部採用新桶培養，不重複使用舊桶。

在新橡木桶的潮流中也有另一批的反潮流，有些酒商如Camille Giroud堅持只用舊桶。而

●Bouchard Pere & Fils為新年份採購的全新橡木桶。

Joseph Drouhin的所有grand cru全部使用一年的舊桶，以期表現葡萄酒的細膩風格。至於在夏布利地區還有許多酒莊跟Louis Michel酒莊一樣，完全不使用橡木桶，更不要說新桶了。昂貴的橡木桶在使用過一年之後，市價只剩下原來的一半，過了五年之後將完全失去價值，所以無論如何，採用新桶是相當大的投資，所以在富有的金丘區用得最普遍。

在橡木桶中要存放多久才裝瓶也是考量的重點，白酒因爲較脆弱，很少多過12個月，紅酒較耐放，2年已經是極限，黑皮諾紅酒最多是18個月左右。不過一切都因酒莊、酒的特性與年份而有所差距。越清淡簡單的酒儲存時間越短，越濃則越久，但並非存越久橡木的味道就越重。事實上，只存三個月的酒常會帶有濃重的橡木味，存上一年的葡萄酒因爲和橡木混合較久，反而能彼此協調地結合，較不會出現突兀的橡木氣味。

橡木桶的製造

1.整棵橡木鋸成數段。

2.用斧頭劈成細長的木塊，劈比鋸更能保持木纖維的完整性，有更好的不透水效果，木材中的單寧也較不易滲入酒中。

3.修整成平整的木片。

4.風乾。這是最緩慢也是最重要的程序。木片必需在室外放置一年半到三年的時間，經過風吹日曬和雨淋，除了變得更爲乾燥，橡木中的纖維、單寧及木質素等將產生變化，較不會讓酒變得粗澀。高溫的烤爐亦可烘乾橡木，但這樣的木桶會讓酒變粗糙，無法與自然風乾相比。

5.風乾後，將木片修切成合適的大小，兩端往內削，同時略呈弧形，以組合成圓桶。

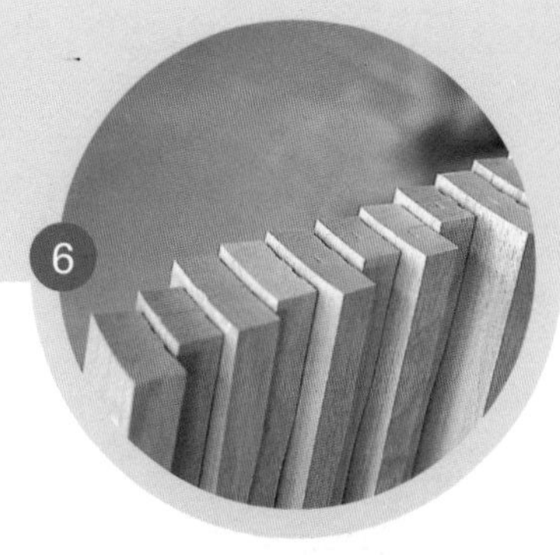

6.挑選出約二十多支大小不一的木片。

7.組合成木桶的芻形，以鐵圈圈住固定。

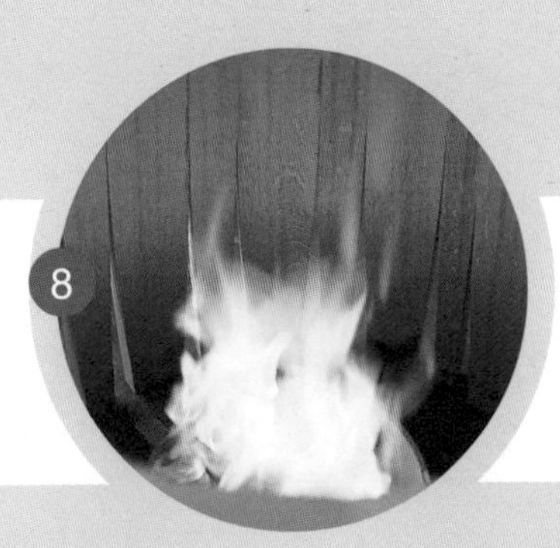

8.燻烤。這個程序有三個目的：首先透過燻烤加熱提高橡木片的柔軟度方便成型，同時透過加熱還可以柔化單寧，較不會影響酒的味道。除此之外，燻烤的過程會讓橡木產生香味，爲葡萄酒添加特殊的香氣。不同的燻烤程序會讓橡木產生不同的香味，輕度燻烤常有奶油和香草味，若再加重則有咖啡、可可或甚至煙燻味出現。酒莊在訂購橡木桶時都會指明燻烤的等級以符合需要。

9.趁著木片還熱，緊縮木片，用鐵圈摳住，固定成型。

10.桶底都是另外製作，也是由橡木製成，木片之間夾蘆葦以防滲水，通常並不經過燻烤就直接嵌入橡木桶兩端預留的凹槽內。至此橡木桶已大至成型。

11.爲防漏水，橡木桶換上新的鐵圈之後，會加入熱水進行測試。然後進行磨光美化。

12.最後蓋上保證品質的烙印。

●製桶示範：François Frère橡木桶廠

第6章 布根地葡萄酒的分級

Système de A.O.C. et classement

布根地最讓人頭痛的是那一大堆密密麻麻的葡萄園，每個都有名目與歷史根源。不過，無論如何，這些全都劃歸進布根地的分級系統之中，因為只分成四個等級，所以淺顯易懂。不過分級歸分級，任何想簡化布根地葡萄酒的企圖都只會弄得更複雜，布根地的葡萄園分級僅能當作是重要的參考指標，而不是唯一的選酒根據。

雖然大部份的人都這樣認為，但在布根地，分級並不見得完全依照葡萄園的土質與自然條件，許多歷史與人為的因素也常常是主因；並非每片特級葡萄園都一定比一級葡萄園好，有時酒莊與年份的影響更大。但即使如此，葡萄園的分級與AOC法定產區的制度都多少保留了布根地葡萄酒的傳統風味，讓我們可以相信在未來還能繼續保有這樣難得的美味。

●伯恩丘區的三瓶白酒，分別來自三個不同等級的葡萄園，特級葡萄園Corton-Charlemagne (中)，Puligny-Montrachet的一級葡萄園Les Referts，以及Chassagne-Montrachet的村莊級葡萄園。

絕大部份的布根地葡萄酒都屬於法國最高的AOC等級，在全法國四百個AOC法定產區內，布根地就獨佔了99個，而實際上布根地每年的葡萄酒產量卻僅佔法國AOC葡萄酒的6%而已。等級較低一點的VDQS產區在布根地只有一個，是夏布利附近的"Sauvignon de Saint-Bris"產區，產白蘇維濃白酒，算不上是布根地的主流。至於「地區餐酒」(Vin de Pay)等級在布根地則相當少見，產量非常零星。

布根地兩萬五千公頃的葡萄園分別隸屬於99個AOC產區，他們彼此之間也有等級上的差別，有產區範圍廣闊的地方性AOC產區，也有以村莊命名的村莊級AOC，其中有些村莊還有列爲一級的葡萄園(Premier cru)，最高等級的則是由單一葡萄園命名的特級葡萄園(Grand cru)法定產區。

總而言之，所有布根地的葡萄園，全都依其所處的位置、氣候與地質條件、葡萄酒的品質甚至歷史因素等條件分成四個等級。因爲是以葡萄園爲分級的單位，所以不因酒莊的表現而有等級上的差別。

一、地方性AOC法定產區

這是布根地等級最低的AOC產區，涵蓋的範圍最廣，每年出產七千多萬公升的葡萄酒，是全布根地產量的55%；其中白酒約佔55%。在大部份法國的葡萄酒產區，地方性AOC只有一個，例如「隆河丘」(Côtes du Rhône)或「普羅旺斯丘」(Côtes de Provence)等等，但在布根地卻有高達22種的地方性AOC。其中最常見的當然是「布根地」(Bourgogne)，在整個布根地有將近400個村子可以出產這種以"Bourgogne"命名的葡萄酒，種類則包含紅酒、白酒或玫瑰紅等。因爲屬於最普通的等級，無法要求太高的自然條件，在生產規定上也是四個等級中最低的。紅酒每公頃可產5,500公升，白酒可達6,000公升，最低自然酒精濃度的要求也比較低，紅酒10%，白酒10.5%。

這22種地方性AOC除了「馬貢」(Mâcon)以外，AOC的名稱全都有"Bourgogne" 這個字，相當容易辨識，他們的命名可以歸納成七種類型，常讓人看得眼花撩亂。

二、村莊級(village)AOC法定產區

一些地理位置好，產酒條件佳的村莊，因長年來就生產品質出衆的葡萄酒，被列爲村莊級AOC產區。布根地目前有44個村莊級AOC，馬貢區和夏隆內丘區各有5個、夏布利有1個，其餘全都在金丘區。這些村子因條件

布根地地方性AOC的命名方式

命名方式	實例
以葡萄品種為名	「布根地-阿里哥蝶」(Bourgogne Aligoté)
依釀造法命名	「布根地氣泡酒」(Crémant de Bourgogne)
依酒的顏色命名	「布根地玫瑰紅」(Bourgogne Rosé)
依產區位置而得名	「上伯恩丘」(Bourgogne Hautes-Côtes de Beaune)
	「夏隆內丘」(Bourgogne Côte Chalonnaise)
	「馬貢」(Mâcon)
以酒出產的村莊命名	「布根地-野皮諾伊」(Bourgogne Epineuil)
	「布根地-旭堤」(Bourgogne Chitry)
以混合不同品種命名	"Bourgogne Passe-Tout-Grains"（加美加至少1/3的黑皮諾）
以品質平庸命名	"Bourgogne Grand Ordinaire"和"Bourgogne Ordinaire"

不同，有些只能產白酒如「普依-富塞」(Pouilly-Fuissé)，也有只能產紅酒如「玻瑪村」(Pommard)，而紅白酒都產的像「伯恩」(Beaune)也不少。

村莊級AOC的葡萄園範圍並不以村莊為限，有時也會將週圍的幾個村子包含進來，主要還是以葡萄園的自然條件為準，所以村內條件較差的地帶也只能評為地方性AOC，或甚至連AOC等級都列不上，只能種穀類的作物。這個等級的葡萄酒全都用村名來命名，在酒標上還可以加註葡萄園的名字。

這個等級的AOC每年出產四千五百多萬公升的葡萄酒，佔全年產量的34%。其中有66%是白酒，這得歸功於夏布利，這個有三千多公頃葡萄園的村莊級AOC，產量比整個夜丘區還大。村莊級的葡萄酒每公頃產量紅酒不得超過4,000公升，白酒不得超過4,500公升，不過這是金丘區的標準，在夏布利、夏隆內丘區及馬貢區，產量還可以更高。聖維宏(Saint Véran)可達5,500公升，已經接近地方性AOC的水準。一般成熟度的規定都比地方AOC多0.5%到1%的酒精濃度。

三、一級葡萄園(premier cru)

在村莊級AOC產區內，有一部份的葡萄園，因為條件特別好被列級為「一級葡萄園」。在標示上，產自這些葡萄園的葡萄酒會在村莊之後加上葡萄園的名字，例如："Meursault Charmes"(梅索村的一級葡萄園Charme)或"Sait-Aubain 1er cru Les Murgers des Dents de Chien"(聖歐班村的一級葡萄園Les Murgers des Dents de Chien)。但如果是混合產自村內不同的一級葡萄園的葡萄酒，就不能標出葡萄園的名字，僅能在村名後標上一級葡萄園" Premier cru"或"1er cru"。

目前列入一級的葡萄園有將近570個之多，而且數目還在增長中。數目雖多，但面積並不大，所以每年的產量只有一千四百多萬公升，僅佔所有等級的11%左右。44個村莊級AOC並非每個村子都有一級葡萄園，例如馬貢區的五個村莊級AOC都沒有一級葡萄園，這並不完全因為自然條件比較差，而是和當地葡萄酒業公會不願分出等級的政策有關。但這種情形若是出現在金丘區，則主因在自然條件，像聖侯曼(Saint-Romain)、修黑-伯恩(Chorey-lès-Beaune)和馬沙內(Marsannay)等村內都沒有一級葡萄園。一級葡萄園有關產量的規定和村莊級一樣，但最低自然酒精濃度必須多0.5%。

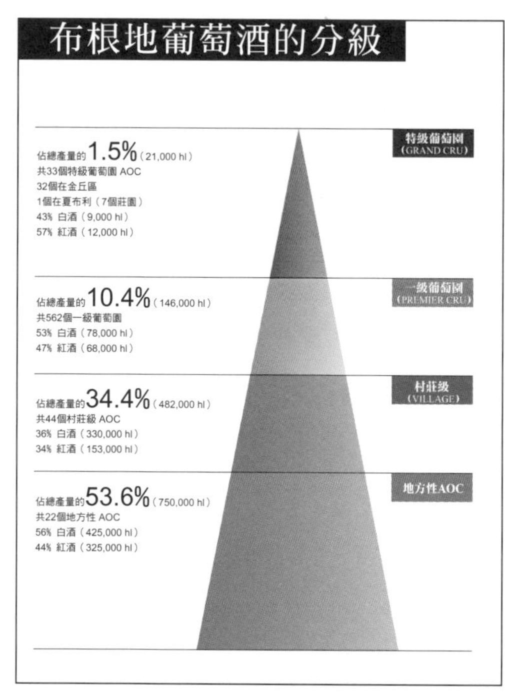

金丘區有不少一級葡萄園有相當高的評價，例如夜-聖僑治鎮(Nuit-Saint-Georges)的"Les Saint-Georges"、香波-蜜思妮村(Chambolle-Musigny)的"Les Amoureuses"以及哲維瑞-香貝丹村(Geverey-Chambertin)的"Clos Saint-Jacque"等，酒價甚至還常超過較不出名的特級葡萄園。由於一級葡萄園在標籤上還能保有村莊的名字，不像特級葡萄園只能單獨標出葡萄園，對於像夜聖僑治或玻瑪村這些知名度非常高的村莊，許多葡萄農在當時即使確定條件

優異可達特等的標準，但還是寧可繼續當一級葡萄園。

四、特級葡萄園(grand cru)

布根地的33個特級葡萄園每年出產一百二十多萬公升的紅酒和九十多萬公升的白酒，紅白酒合起來二百一十萬公升，佔全布根地不到2%的產量。產白酒的特級葡萄園不到兩百公頃，以伯恩丘區內六個只產白酒的特級葡萄園爲主。夏布利也有一個，但又分爲七個獨立的葡萄園。除此之外，還有兩個產紅酒爲主的特級葡萄園——高登(Corton)和蜜思妮(Musigny)也出產一點白酒。

紅酒的特級葡萄園全都位在金丘區內，有四百多公頃，分屬26個特級葡萄園，其中只有高登位於伯恩丘，其餘全在夜丘區。這些葡萄園的面積差異相當大，最小的是0.85公頃的侯馬內(La Romanée)，但面積最大的高登卻有160公頃。特級葡萄園是最高等級的法定產區，僅保留給品級最高的頂尖葡萄園。這些聲名遠播的葡萄酒，只用葡萄園的名稱來作爲法定產區的命名，而不是如一般以村莊爲名。

除了自然條件好，特等葡萄園的產量規定也是各級中最嚴格，紅酒每公頃不得超過3,500公升，白酒不得超過4,000公升，夏布利的要求較低，不得超過4,500公升；對於葡萄成熟度的要求也相當高，紅酒必須達到11.5%的自然酒精濃度，白酒爲12%（夏布利只要11%，Bâtard-Montrachet、Bienvenues-Bâtard -Montrachet及Criots-Bâtard-Montrachet則需達11.5%）。也因此，每年特級葡萄園規定的開採日都比較晚，例如1999年，9月15日一般葡萄園都已經可以開採，但特級葡萄園卻要等到9月20日。

（註：雖然布根地各級葡萄酒都有最低產量的規定，但是在布根地葡萄酒法中還有一項提高產量的可能："Plafond Limite de Classement"，這種常常簡稱為PLC的規定，允許葡萄農可將產量提高10%到20%，只要事先向AOC國家管制單位I.N.A.O.提出申請並獲通過即可。）

葡萄園的升級

一般村莊級的葡萄園想要升為一級葡萄園，第一步先要得到該村內的酒業公會的同意，光這點就十分困難，葡萄園的好壞不談，要全村同業齊心一致在布根地其困難度可比登天，不過這樣的例子還真的有。如果公會真的通過了，那麼必須準備一份詳盡的資料，證明此葡萄園的條件與近年來的表現值得升為一級葡萄園，向該地I.N.A.O地方單位提出申請。經過實地的查驗之後將報告送交由本地酒業代表所組成的布根地I.N.A.O.委員會評審。

所謂的實地查看並不包括土質分析，和大部份的人一樣，我一直以為I.N.A.O.會為了葡萄園的分級進行土質與地下岩層的分析，但事實並非如此，大部份是依據經驗、過去的記錄、學術研究以及葡萄酒實際的特色來評估。

布根地委員會同意後要再經過全國委員會審核，之間還要經過委員會聘請專家查驗，若通過，再送交農業部裁定發布。如果是由一級升為特級，則更為複雜，因為這等於是成立一個新的AOC產區。

升級的過程複雜艱辛，有時政治的力量不免勝過葡萄園品質的重要性。這讓人不免想到夏布利、吉弗里村(Givry)和蒙塔尼村(Montagny)等地一些有爭議的一級葡萄園。不過，無論如何，即使不是完美，但在法國各地或甚至全世界的葡萄酒產區中，布根地葡萄園的分級稱得上是最精確，也最完備的分級制度。無可避免的，有時會出現名實不符的疑慮，但其中有不少是葡萄農需負的責任，不見得全然是分級的錯誤。

對於葡萄酒產區、葡萄園或城堡酒莊的分級，法國人習慣以面對「歷史文化古蹟」的方式來看待，因為唯有如此才能逃過是否與事實相符合的質疑，也可免除面對利益爭奪的難題。在葡萄酒的領域裡，冠上歷史與文化的巨帽，就是最好的護身符。

PART Ⅲ

村莊、葡萄園與酒莊

Villages、Climats et Domaines

布根地像是一面有關美味的大拼圖，有近百個AOC法定產區，33個特級葡萄園、562個一級葡萄園，以及四千多家葡萄酒莊。從放下第一片拼圖開始，一場漫長的旅行跟著展開，從北到南，從夏布利穿過金丘與夏隆內丘的村莊到馬貢，一村翻過一村，葡萄酒的面貌也跟著翻轉。在眾多風格殊異的葡萄農手上，夏多內與黑皮諾各自在不同村子裡展露了截然不同的風味。布根地的秘密就藏在這裡，人與土地最親蜜相連的地方。

布根地是一個充滿荊棘與陷阱，卻又隨時隨處有著迷人佳釀的葡萄酒國度。有關布根地村莊、葡萄園與酒莊的書寫是場無止盡的探險與無止盡的發現，所以，任何想要窺看布根地全貌的企圖也都終將失敗。但是，無論如何，身為布根地的無悔酒迷，我已拼出一張屬於自己的布根地葡萄酒地圖。

第1章 歐歇瓦地區 *Auxerrois*

布根地東北邊的歐歇瓦地區內，除了夏布利(Chablis)有大片的葡萄園，其他產區的葡萄園都穿插在麥田與樹林之間，零星地四散分佈。很難想像在19世紀，整個歐歇瓦有廣達四萬多公頃的葡萄園，生產大量的葡萄酒，供應一百公里外饑渴的巴黎市民。

夏布利原是歐歇瓦區內唯一的村莊級AOC（1999年才又添了Irancy），獨佔了70%的葡萄園面積。除了夏布利，一些幾近消失百年的葡萄園，又開始一點一滴地逐漸重建起來；雖然過去的光芒與規模都已經不再了，但也正因如此，讓歐歇瓦裡的產區多少帶一點懷古的氣息。

●滿滿覆蓋著Kimméridgien石塊的夏布利特級葡萄園，剛剛完成採收，釀成的葡萄酒裡將留下土地的記憶，散發出優雅的礦石香氣。Vaudésir與Les Preuses交界的La Moutonne葡萄園。

歐歇瓦地區

往巴黎
往TROYES
往TROYES
LA CÔTE ST JACQUES產區
LE SEREIN
LIGNY LE CHATEL
TGV
ARMANCON
DANNEMOINE
MOLOSMES
EPINEUIL
L'YONNE
VILLY
MALIGNY
TONNERRE
A6
LIGNORELLES
往巴黎
FONTENAY PRES CHABLIS
LA CHAPELLE VAUPELTEIGNE
TONNERROIS產區
BLEIGNY LE CARREAU
RAMEAU
往DIJON
BEINE
POINCHY
FYÉ
MILLY
AUXERRE
VENOY
CHABLIS
FLEYS
VIVIERS
BERU
CHICHÉE
COURGIS
QUENNE
CHEMILLY SUR SEREIN
POILLY SUR SEREIN
CHITRY
PREHY
ST-BRIS LE VINEUX
CHAMPS SUR YONNE
ST-CYR LES COLONS
夏布利 CHABLIS
BAILLY
ESCOLIVES
JUSSY
IRANCY
COULANGES LA VINEUSE
VINCELOTTES
NOYERS
歐歇瓦 AUXERROIS
MIGE
NITRY
VERMENTON
CHARENTENAY
N
O
E
S
往里昂
往LYON ET VEZELAY
VEZELAY產區

- 夏布利特級葡萄園 CHABLIS GRAND CRU
- 夏布利一級葡萄園 CHABLIS 1er CRU
- 夏布利 CHABLIS
- 小夏布利 PETIT CHABLIS
- IRANCY
- BOURGOGNE
BOURGOGNE ALIGOTÉ
- SAUVIGNON DE St BRIS（V.D.Q.S）

夏布利
Chablis

夏布利只產夏多內葡萄釀製成的白酒，雖然曾被知名的酒評家批評過於清淡，但是夏布利的優點與珍貴性就在這裡，特別是酒中獨特的礦石氣息。夏布利位置偏北，自然不會有南方夏多內產區豐盈肥美的討喜口味，反而是涼爽的氣候讓夏布利保留了細膩的匀稱風姿與令人振奮的迷人酸味，而且高酸度還讓夏布利躋身成爲布根地最耐久放的白酒之一；雖然大多數人至今仍對此抱持著懷疑的看法，但是在夏布利的一些老牌酒莊裡，多得是保存得相當好的陳年夏布利。所謂的陳年，可不僅是十年二十年——我說的是三、四十年。

當然，要享有寒冷氣候區夏多內白酒的好處，絕對是需要付出代價的，而且這代價通常相當慘烈。夏多內葡萄發芽特別早，即使是在南邊的伯恩丘就已經常會碰上霜害，更何況是在極端偏北的夏布利，幾乎沒有那一年沒有霜害的威脅。在春季寒冷的清晨，滿山的葡萄園裡燒著數以千具的煤氣爐（每公頃必須放400具），以免初生的嫩芽凍死。

●特級葡萄園Vaudésir。

看過這樣的壯觀景象，不免要對布根地葡萄農感到敬佩，也許得帶點自虐的精神才經得起這些折磨。只要一年超過三次這樣的清晨，就得賠上一年收穫所得（不過要是霜害發生，連收穫也不會有）。以自然條件來說，也許原本就不該在此種植夏多內葡萄，但爲了夏布利白酒那迷人的礦石氣味，這一切都是值得的（夏布利的氣候與土質請見Part I第1章）。

在芽蟲病害之後，夏布利葡萄園的重建比金丘區來得晚而遲緩，除了條件最好的葡萄園，絕大部份都是在70年代後才又種上葡萄（1970年時，夏布利才只有756公頃的葡萄園，到1990年時成爲3,500公頃）；由於土地分割不像金丘那樣瑣碎，葡萄酒莊的面積比較大；這幾個原因讓夏布利比金丘區來得「機械化」，有70%的葡萄都是機器採收。

爲了方便大型機械通過，夏布利的種植密度只及金丘區的一半，每公頃5,500株，這在高種植密度的北部產區顯得有點異類。比起金丘區白酒手工藝式的釀造，夏布利顯得有點「工業化」，酒窖裡也較常見不鏽鋼控溫酒槽等新式的設備，人工酵母、發酵前過濾等方式在夏布利更是理所當然的過程。

如果一直要拿金丘區和夏布利比較，顯然這裡沒有伯恩丘白酒業那種思古幽情，但夏布利靠的是它強烈的地方風格。是否該像金丘區的酒莊採用橡木桶來釀造夏多內？在夏布利已經是一個吵了幾十年的老問題，確定再過一百年也不會有定論；但是大部份的夏布利酒莊老早都已有他們自己的堅持或平衡點，寧死也不讓酒進木桶的依然故我，用橡木桶的也少有人像金丘那般，至少好的酒莊不會。夏布利採用只有132公升裝的木桶，稱爲"Feuillette"，比金丘區的228公升的"Pièce"小很多。

夏布利葡萄園的面積超過3,500公頃（劃入AOC等級的土地有6,800公頃，但還有三千多公頃尚未種植），夏布利鎮雖是本地的葡萄酒業中心，但卻只是2,300個居民的小村，在15世紀的極盛期，村裡曾有4,000居民。除了村子本身，葡萄園還分布於周圍的二十多個村內，是布根地最大的村莊級AOC。夏布利產區內共有四個等級的AOC，品質最好的是

「夏布利特級葡萄園」(Chablis Grand Cru,93公頃)，之後分別是「夏布利一級葡萄園」(Chablis Premier Cru,720公頃)、「夏布利」(Chablis,2320公頃)和「小夏布利」(Petit Chablis,360公頃)。

夏布利特級葡萄園

位於西連溪(Serein)右岸，一整片朝西南，滿佈著Kimméridgien泥灰岩的多石坡地，就位在夏布利鎮東北面，鄰近Fyé和Poinchy兩村的交界處。這片最頂尖的葡萄園還分爲七塊，由東往西分別是：

1.布隆修(Blanchots)：

位在最東邊，因位峽谷邊緣，所以相當陡峭，面朝東南方。酒質以細緻優雅見長，常有白花與礦石香氣。(葡萄園面積：12.2公頃)

2.克羅(Les Clos)：

接下來山勢轉而面向西南邊，這是許多人印象中夏布利特級葡萄園的典範；酒質豐厚圓熟、強勁均衡，同時結合甜美與堅實的耐久口感，除了礦石味外，是比較接近普里尼-蒙哈榭(Puligny-Montrachet)風格的夏布利特等葡萄園。(葡萄園面積：24.75公頃)

3.瓦密爾(Valmur)：

位置比較高，石多土少，酒的風味和"Les Clos"比起來顯得比較清瘦細緻。(葡萄園面積：11.9公頃)

4.格內爾(Grenouilles)：

位在下坡處，坡度較和緩，也多一點泥灰土，屬於較豐潤，香味濃郁的類型，但仍帶點"Les Clos"的硬骨。(葡萄園面積：9.1公頃)

5.渥玳日爾(Vaudésir)：

地勢比較奇異，一個東西向的小山谷橫切過渥玳日爾，造成北面成爲完全向南的山坡，南面則朝西，甚至西北。向南山坡的西邊與"Les Preuses"交接處，又稱爲"La Moutonne"，在大革命前一直爲"Pontigny"修院所有。很難描述渥玳日爾的特色，有時強勁、有時細緻，或兩者皆有。(葡萄園面積：14.45公頃)

●特級葡萄園Les Clos。

6.普爾日(Les Preuses)：

山坡到此時又轉而面向西南，坡度也變得和緩，雖然位處上坡，普爾日卻以圓潤濃郁爲特色，非常迷人，年輕時就相當可口。(葡萄園面積：11.05公頃)

7.布爾果(Bougros)：

位處最西邊，坡度也最和緩，位在普爾日的下坡處。成熟快、粗獷卻平易近人；沒有太多細節變化，但是直接、果味濃郁。(葡萄園面積：14.35公頃)

好年份的特級夏布利可以經得起非常長的儲

石牆圍繞的葡萄園"Les Clos"

"Clos"這個字在布根地相當常見，特別是一些歷史古園，常常伴著Clos的名稱，例如Clos de Vougeot、Clos de la Roche等等。"Clos"這個字是由動詞「封閉」(Claudo)的過去分詞"Clausus"演變而來的，意思是由石牆所封閉圍繞的葡萄園。夏布利最著名的特級葡萄園就叫"Les Clos"，園中有一片叫"Clos des Hospices"是夏布利地區最古老的葡萄園之一。石牆雖然已經不在，但"Les Clos"這名字還是留了下來。

存，一般的年份可存上10年，上好的年份還能存上數十年。經過多年的熟成之後，年輕時酸緊的口感將變得更為柔和、甜美，在豐郁圓熟的口感之後還會留下綿長的餘味。

夏布利一級葡萄園

一共有四十個，分別位於西連溪左右岸較好的坡段，不過在其中有不少幾乎很少出現在酒標上，因為夏布利AOC法規定一些較不知名的一級葡萄園可以標上鄰近知名葡萄園的名字，例如Vaupulent、Côte de Fontenay、l'Homme Mort及Vaulorent等都可以掛上夏布利最出名的Fourchaume葡萄園的名號。而另一個夏布利條件最好的一級葡萄園Montée de Tonnerre則可能是來自Chapelot、Pied d'Aloue、Côte de Bréchain。這樣的制度似乎只會讓出名的更出名，憑添愛酒者的煩惱。這些所謂較出名的葡萄園共有17個。

西連溪右岸的山坡因為有較多Kimméridgien的泥灰岩分布（其他則是Portlandien），最能表現夏布利口感強勁，帶有礦石味的特色，所以品質最好的一級葡萄園全位在右岸。Fourchaume、Mont de Milieu及Montée de Tonnerre等三個是一般公認最有個性的一級葡萄園，水準接近特級，有時甚至超越。Fourchaume的風格較為細膩均衡，而Mont de Milieu的特長是圓熟豐富的口感。Montée de Tonerre在所有一級葡萄園中，風格最類似Les Clos，也最有久藏實力。

Chablis，白酒的代名詞？

美國、加拿大和澳洲每年也出產合計約四億五千萬公升（夏布利實際產量的30倍），稱為"Chablis"的白酒。這類廉價的清淡干白酒通常採數公升裝，或甚至以鋁箔包裝銷售。當然，這些酒絕對不是真的來自夏布利，通常也不會是夏多內，只是工業化製造的清淡白酒。夏布利的名字好記又好唸，是被冒用的主因，但這個名稱被沿用久了之後，卻成為廉價劣酒的代名詞，讓夏布利的酒莊十分尷尬，這該算是盛名之累吧！

夏布利(Chablis)

是全布根地產區範圍最寬廣的村莊級AOC，葡萄園遍及夏布利周圍的20個村莊。好的夏布利常有清新的檸檬與青蘋果香氣，帶一點礦石味，酸味爽口，有細緻的口感變化。

小夏布利(Petit Chablis)

這個等級的AOC在布根地算是獨創，早期是指非夏多內葡萄釀成的夏布利白酒，後來因夏布利百分之百採用夏多內，改成保留給自然條件較差的葡萄園，屬清淡，早熟，多果味的簡單白酒。

夏布利的酒業目前是呈三分天下的景況，唯一的一家釀酒合作社La Chablisienne掌控1200公頃葡萄園，也是法國少見，品質優於一般酒莊水準的釀酒合作社（La Chablisienne的介紹請見Part II 第2章）。5家本地的酒商以Laroche和Moreau et Fils最為著名，但他們也都有大片的自有莊園，夏布利的酒商沒有金丘區酒商的規模，有許多夏布利都是透過外地酒商賣出，伯恩市酒商投資本地葡萄園也不少，如Joseph Drouhin、Bichot的Domaine Long-Depaquit和Bouchard的William Fèvre等等。

夏布利有近250家獨立酒莊銷售自產的葡萄酒，本地酒莊規模比別區高，平均葡萄園面積達10公頃，是金丘區的兩倍，面積最大的Jean Durup有115公頃之多。在眾酒莊中以Domaine Raveneau和Domaine R. et V. Dauvissat最為著名，都屬堅持傳統的小酒莊，葡萄酒經橡木桶培養。不鏽鋼桶派以Louis Michel最為著名，但更多的是像Domaie Billaud-Simon混合少量的橡木桶以求得更完美豐富的表現。

夏布利酒莊特寫
Louis Michel et Fils

在巴黎喝過一回Louis Michel 1995年的"Les Clos"，當時真後悔花的錢，這是我喝過最封閉冷漠的"Les Clos"。後來賣酒的老闆告訴我Louis Michel的酒得等上10到30年，他建議我到酒莊試一些60年代的老酒就可以知道夏布利成熟是什麼樣子。

Louis Michel酒莊在1850年開業，現在的莊主是第六代傳人Jean-Loup Michel。現有22公頃葡萄園，其中2.2公頃的特級葡萄園，包括Les Clos、Grenouilles及Vaudésir，此外還有Fourchaume及Montée de Tonnerre等14公頃的一級葡萄園。我對夏布利剪枝法的認識大部份是Jean-Loup教我的（請參考Part II 第3章），他覺得夏布利每公頃5,000株似乎太低，每顆葡萄樹平均要長17串以上的葡萄，負擔太大；目前他的葡萄園是6,000株，將來還要改成8,000株，他已經進行了五年的試種。

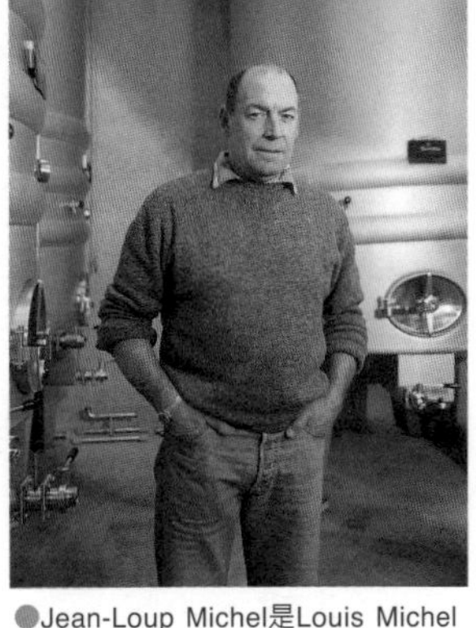
●Jean-Loup Michel是Louis Michel酒莊的第六代傳人。

如同夏布利的「傳統」，Jean-Loup全部採用機械採收，添加人工選種酵母，而且全在新式的控溫不鏽鋼酒槽中發酵與培養。夏布利認真的酒莊比較不時興低溫發酵，他們擔心果味太重會蓋過夏布利的特色，所以溫度控制在20-22℃，後段甚至還會更高。發酵完之後，在鋼桶內繼續存12個月後裝瓶。Jean-Loup在酒槽中裝了渦輪扇葉，可以將沉澱的酒渣和死酵母重新與葡萄酒混合，讓酒的口感更圓厚。

至於為何不採用越來越流行的橡木桶，Jean-Loup倒不像其他「死硬派」的酒莊痛斥橡木桶的不是，他認為這只是個人的選擇，他想保有夏布利與夏多內的純淨風格，而且他也不喜歡太濃的酒（五年前我因為在參觀一家夏布利酒莊時提到橡木桶對夏多內香味的影響，被莊主當眾訓斥，還替我取了「木頭先生」的綽號。所以在夏布利每回談橡木桶的問題總懷著戒慎恐懼之心）。

Louis Michel的酒在剛裝瓶後，通常有幾個月到一年的時間適合品嘗，但之後很快就會封閉起來。我有幸在96年份——近十幾年來最佳年份，初露風姿時就品嚐到Louis Michel一系列的夏布利，其中，Vaudésir顯現了這片特級葡萄園在年輕時可以有的最佳表現，有如電擊般在口中閃過的酸味帶進圓熟甜美的果味，已預見明析的細節變化。細緻的礦石味和飄忽的青檸檬與洋槐香在杯中盤旋，並留在優雅的餘味中令人難以忘懷。錯過剛釀成的開放果味，也許得再等上十年這款好酒才會開始變得可口。

試酒筆記
1960, Chablis 1er Cru Montmain

混合著汽油與火藥、蜂蜜與蕈菇、糖漬橘子與肉桂的香氣如噴泉般自杯中源源不絕地湧出；酸味已經和圓融果味化成一片；乾果與蜂臘的味道更是毫無節制地傾巢而出，一直到我開車回伯恩的路上都還未消散。

夏布利酒莊特寫
J. Billaud-Simon

這家有一百多年歷史的酒莊在最近幾年變得聲名大躁，幾年前年輕的少莊主Samuel Billaud接手釀製的工作之後，Billaud-Simon就如脫胎換骨般釀製出清淨純美風格的新式夏布利白酒，但也非常表現土地的特色。

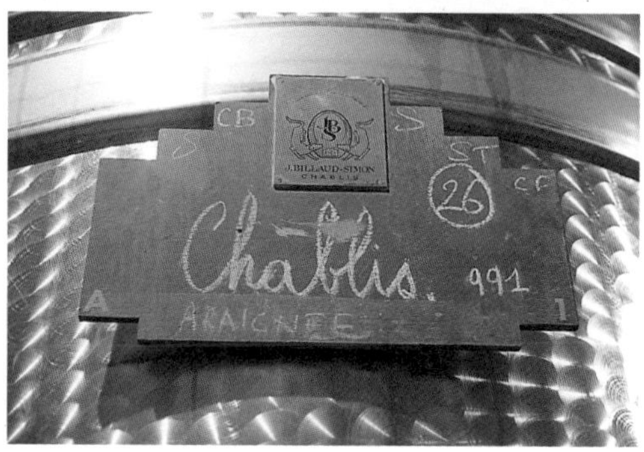

●上：Bernard Billaud和姪兒Samuel Billaud共同經營酒莊。

●下：Billaud-Simon酒莊出產的夏布利白酒大部份都是在不鏽鋼槽內釀製。

20公頃的葡萄園，包括Les Clos、Vaudésirs、Les Preuses、Blanchots、Mont de Milieu，Fourchaume及 Montée de Tonerre等13公頃特級與一級葡萄園。

PRODUCT OF FRANCE
Domaine
Billaud-Simon
Propriétaire Récoltant à Chablis
Depuis 1815
Chablis Grand Cru
LES BLANCHOTS VIEILLE VIGNE
750 ML
Appellation CHABLIS GRAND CRU Contrôlée
ALC 13 % BY VOL
J. Billaud Simon
1996
MISE AU DOMAINE
PRODUCT OF FRANCE - ESTATE BOTTLED BOURGOGNE TABLE WINE - 750 ML - ALC. 13 % BY VOL.

新建完成的酒窖，具備27個中央控溫不鏽鋼槽，可以讓Samuel小量細心釀製。超長的低溫沉澱（將近一週，通常只有一天），卻跟著出現較高溫的發酵（約25℃）。轉動渦輪扇葉，重新混合沉澱的酒渣和死酵母也是基本做法。但卻是在夏布利還挺少見的不經過濾。除了採自老樹的Blanchots和Mont de Milieux之外，全在鋼桶中培養熟成。

幾乎在Billaud-Simon的每一款酒中（一般的Chablis、Mont de Milieu、Les Preuses、Les Clos等等），都有包括礦石、海潮、柑橘以及白色水果（水蜜桃、青蘋果等）等年輕夏布利最純粹典型的香味。強勁的酸味配上迷人可口的果味，口味均衡協調；可以早喝，也適合久藏。在非常標準的夏布利風格基調下，有著簡潔、現代的表現。

試酒筆記

1996 Blanchots Vieilles Vignes

這是一瓶顛覆Blanchot細緻風格，也同時異於Billaud-Simon一貫乾淨作風的稀奇夏布利，不是典範，但卻是值得注意的異類。精選老樹與14個月的橡木桶培養，壯碩、巨大，喝起來有讓人無法喘息的壓迫感，一副凌駕頂級Corton Charlemagne的囂張架勢。稱不上細緻，但有夏布利史無前例的重量感。

歐歇瓦
Auxerrois

●上：rancy村以黑皮諾紅酒聞名。
●下：Saint-Bris村的白蘇維濃葡萄園。

歐歇瓦產區內的葡萄園較爲分散，主要位在歐歇爾市(Auxerre)南郊及西南郊附近，這些位於低緩山坡上的葡萄園約有1,300公頃。本地出產的酒類相當多元，不論是紅酒、白酒、玫瑰紅或甚至布根地氣泡酒(Crémant de Bourgogne)都有生產，但幾乎都只是地方性AOC等級的酒。"Bourgogne Côtes d'Auxerre"最爲常見，類似的AOC還有"Bourgogne Coulanges"和"Bourgogne Chitry"。

本地除了傳統的布根地葡萄品種外還有一些較特別的品種，如希撒(César)紅葡萄，白葡萄有白蘇維濃，灰皮諾以及幾近絕跡的沙西(Sacy)和遠傳到羅亞爾河下游的「布根地香瓜」(Melon de Bourgogne)。

Irancy

是本區內最有個性的紅酒，經常採用黑皮諾添加一點澀味重的希撒葡萄釀製而成。口感細瘦，酸味高，單寧粗獷，卻有迷人的紅果香，不是特別討人喜歡，卻很特別。

本地還有幾個既古老又年輕的產區，因爲氣候寒冷，出產的酒偏清瘦：

Côte Saint-Jacques

只有10公頃的葡萄園，種的是黑皮諾和灰皮諾Pinot Gris葡萄。聖傑克丘位於樣能縣北部，葡萄園主要位於向南的坡地上。區內產的紅酒和淡粉紅酒 "gris"風味特殊，還算細緻，有專屬的AOC："Bourgogne Côte Saint-Jacques"。

Vézelay

位於樣能縣南部，以保存完整的羅馬式教堂聞名，但僅有20公頃的葡萄園出產紅、白酒。

Tonnerrois

位於Armançon河谷，鄰近Tonnerre市。雖然歷史悠遠，但是本地的葡萄園卻是自1997年才又重新建立起來。目前有60公頃的葡萄園，分別由10家酒莊經營。專門出產"Bourgogne Epineuil"AOC的紅酒和玫瑰紅酒。

Sauvignon de Saint Bris

是布根地唯一的V.D.Q.S.產區，出產可口、清淡、酸味高的白蘇維濃白酒。沒有成爲AOC是因爲白蘇維濃並非本地的傳統品種，但身爲V.D.Q.S.等級有較多的自由，而且產量的限制比較不嚴，葡萄農自己也不太想升級。

●酒莊的葡萄酒正在12世紀的古老酒窖裡安靜地成熟。

歐歇瓦酒莊特寫
Domaine Ghislaine et Jean-Hugues Goisot

1997
CORPS DE GARDE GOURMAND
SAUVIGNON
DE SAINT-BRIS
APPELLATION D'ORIGINE
VIN DÉLIMITÉ DE QUALITÉ SUPÉRIEURE
FIÉ GRIS
750 ml
Alc. 12,5%vol.
Propriétaires-Viticulteurs
Mis en bouteille par
GHISLAINE & JEAN-HUGUES GOISOT

擁有23公頃葡萄園的Goisot酒莊近幾年來開始受到酒界的注意，原因其實很簡單，在本地清淡，酸味高的普通白酒襯托下，產量低，葡萄特別成熟的Goisot酒莊簡直可以用美味至極來形容。更何況現在在布根地，這種品質佳、價格低廉的酒莊幾乎都已經絕跡了。

酒莊位在產白蘇維濃的村子Saint-Bris，但只有五公頃，其餘種的全是夏多內、黑皮諾和阿里哥蝶。Goisot家的白蘇維濃有點怪，我在1998年初喝到他們家一種1997年份叫做"Corps de Garde Gourmand"的白酒，當時簡直難以相信可以釀出這樣的酒，厚實強勁的口感卻又非常圓潤可口，極端純粹的白蘇維濃果味偏又有驚人的甜熟水果香——我從未喝過同時出現這些特質的白蘇維濃。九個月後Goisot現任的莊主Jean-Hugues爲我解開了這個謎團。

●莊主Jean-Hugues Goisot。

由於葡萄是種在朝北的Kimméridgien山坡，成熟慢，葡萄保有酸味和緩慢成熟的結實口感，常有霧氣，易長黴菌，部分葡萄可以長成貴腐葡萄，而採用的是已經幾近絕種的玫瑰蘇維濃(Sauvignon rose)，產量小，但可以達到驚人的成熟度。Jean-Hugues果然是一個智慧型的莊主，對於釀酒有很強的企圖心（這款酒Goisot一瓶只賣33法朗，未上市就已被搶購一空）。

Goisot的Côte d'Auxerre Corp de Garde白酒也有本地少見的高水準，採用36-73年的老樹所產的葡萄經五個月的橡木桶熟成，有頗堅固強硬的口感，即便1989年份現在喝來香味變化豐富，也還相當年輕。

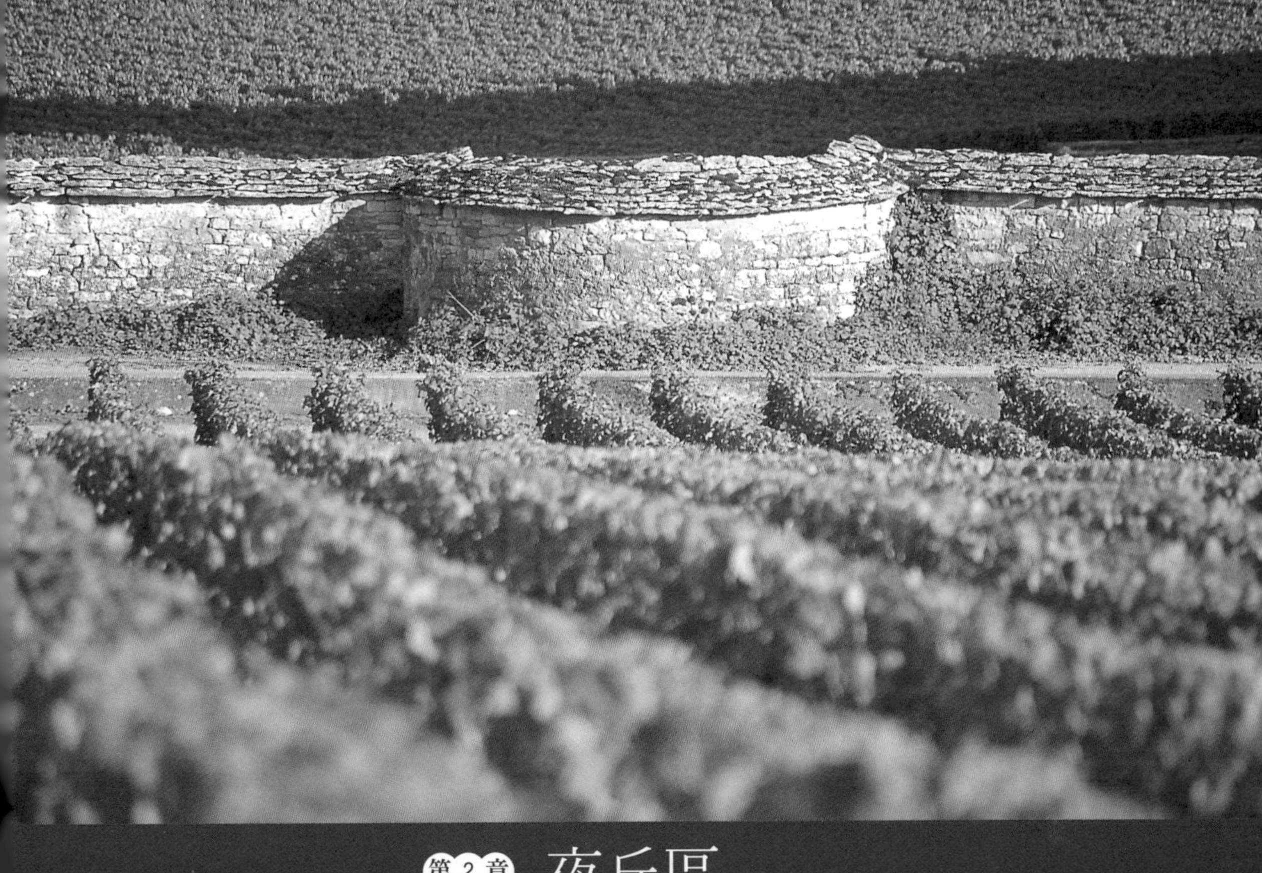

第2章 夜丘區
Côte de Nuits

全布根地最精華的區段叫「金丘」(Côte d' Or)，一整片南北綿延60公里，界於布根地台地與蘇因河平原的面東山坡。細狹長條的山丘上，是全布根地最引以為傲的葡萄園。這片山坡並不如字面上遍地「黃金」(or)，而是滿佈著貧瘠的侏羅紀石灰岩與紅色黏土——黑皮諾與夏多內葡萄的最愛。至於「黃金」(or)，只是「東面」(orient)一字的縮寫罷了，因為金丘最好的葡萄園全都朝東。在拉都瓦村，金丘被分成北邊的夜丘(Côte de Nuits)與南邊的伯恩丘(Côte de Beaune)，布根地最閃閃發亮的兩面招牌。

身為黑皮諾葡萄酒迷，夜丘區是最讓我流連忘返的葡萄酒鄉，因為地球上沒有其他角落比這裡更適合黑皮諾這刁鑽古怪的葡萄品種。從第戎市南郊的馬沙內(Marsannay)到與伯恩丘相接的Corgoloin只有20公里，葡萄園像一條細長的絲帶由北往南，鋪展在埋藏著侏羅紀岩層的山坡上，最窄的地方只有一、兩百公尺。就僅僅2,500公頃的葡萄園，幾乎全世界最讓人想望的黑皮諾葡萄園全圈在這裡頭了。

南北相接的十幾個村落，幾乎每一個村子都各自成為黑皮諾紅酒的典範，不論是雄渾磅礡的哲維瑞-香貝丹(Geverey-Chambertin)或是溫柔婉約的香波-蜜思妮(Chambolle-Musigny)；豐美圓厚的馮內-侯馬內(Vosne-Romanée)以及結實堅硬的夜-聖僑治(Nuits-Saint-Georges)等等；全在夜丘區裡比鄰而居。除了伯恩丘的高登，所有布根地產紅酒的特級葡萄園一個都不少地羅列在夜丘這片神奇的山坡上，就這樣，夜丘的葡萄農獨享了上天所特別賜予的美味與榮耀。

●一條鄉間小路與八百多年的歷史石牆，隔開了 Clos de Vougeot和Musigny這兩片夜丘區的歷史名園。

夜丘區

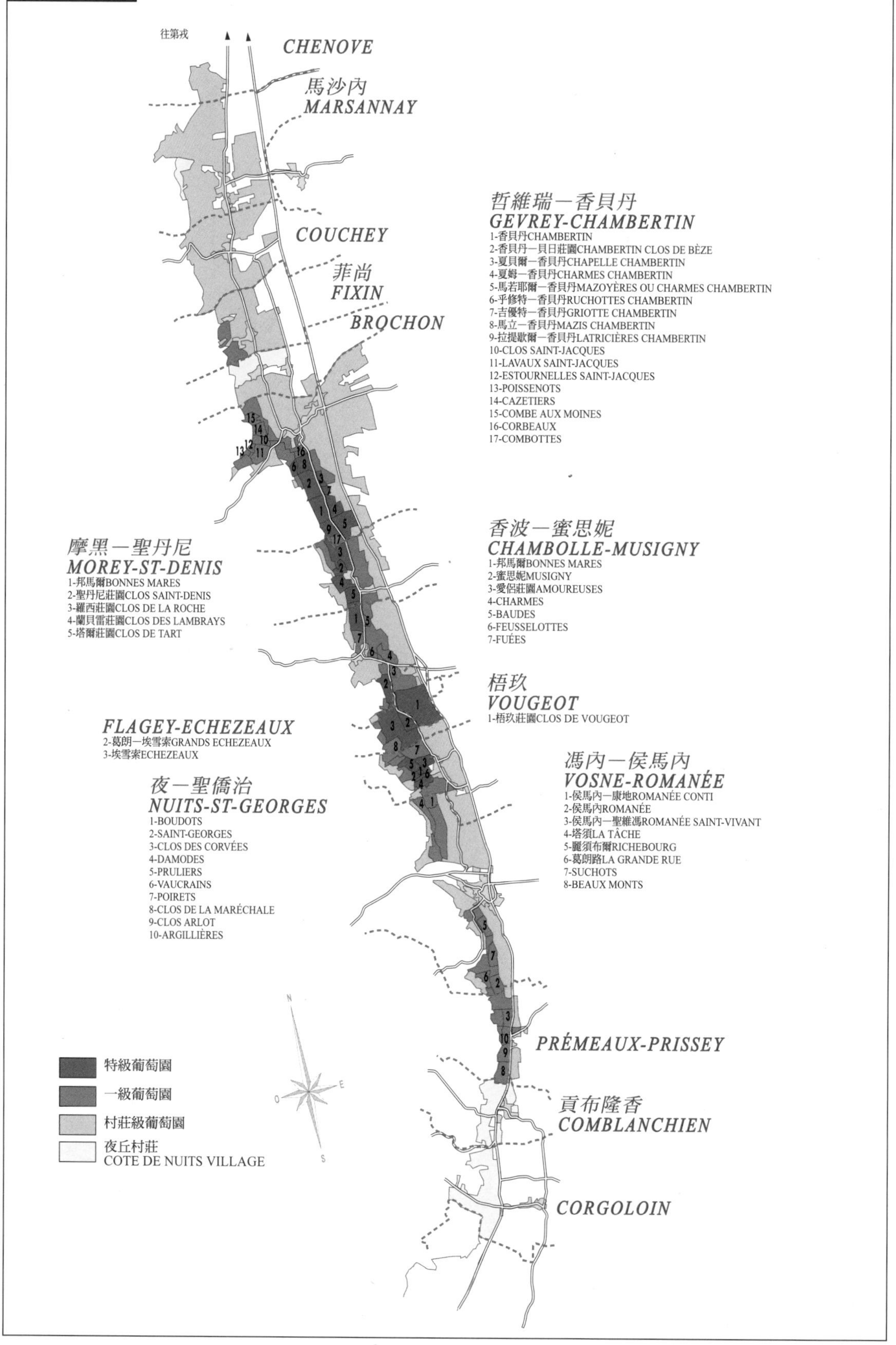
往第戎
CHENOVE
馬沙內
MARSANNAY
COUCHEY
菲尚
FIXIN
BROCHON
哲維瑞－香貝丹
GEVREY-CHAMBERTIN
1-香貝丹CHAMBERTIN
2-香貝丹－貝日莊園CHAMBERTIN CLOS DE BÈZE
3-夏貝爾－香貝丹CHAPELLE CHAMBERTIN
4-夏姆－香貝丹CHARMES CHAMBERTIN
5-馬若耶爾－香貝丹MAZOYÈRES OU CHARMES CHAMBERTIN
6-乎修特－香貝丹RUCHOTTES CHAMBERTIN
7-吉優特－香貝丹GRIOTTE CHAMBERTIN
8-馬立－香貝丹MAZIS CHAMBERTIN
9-拉提歐爾－香貝丹LATRICIÈRES CHAMBERTIN
10-CLOS SAINT-JACQUES
11-LAVAUX SAINT-JACQUES
12-ESTOURNELLES SAINT-JACQUES
13-POISSENOTS
14-CAZETIERS
15-COMBE AUX MOINES
16-CORBEAUX
17-COMBOTTES
摩黑－聖丹尼
MOREY-ST-DENIS
1-邦馬爾BONNES MARES
2-聖丹尼莊園CLOS SAINT-DENIS
3-羅西莊園CLOS DE LA ROCHE
4-蘭貝雷莊園CLOS DES LAMBRAYS
5-塔爾莊園CLOS DE TART
香波－蜜思妮
CHAMBOLLE-MUSIGNY
1-邦馬爾BONNES MARES
2-蜜思妮MUSIGNY
3-愛侶莊園AMOUREUSES
4-CHARMES
5-BAUDES
6-FEUSSELOTTES
7-FUÉES
梧玖
VOUGEOT
1-梧玖莊園CLOS DE VOUGEOT
FLAGEY-ECHEZEAUX
2-葛朗－埃雪索GRANDS ECHEZEAUX
3-埃雪索ECHEZEAUX
夜－聖僑治
NUITS-ST-GEORGES
1-BOUDOTS
2-SAINT-GEORGES
3-CLOS DES CORVÉES
4-DAMODES
5-PRULIERS
6-VAUCRAINS
7-POIRETS
8-CLOS DE LA MARÉCHALE
9-CLOS ARLOT
10-ARGILLIÈRES
馮內－侯馬內
VOSNE-ROMANÉE
1-侯馬內－康地ROMANÉE CONTI
2-侯馬內ROMANÉE
3-侯馬內－聖維馮ROMANÉE SAINT-VIVANT
4-塔須LA TÂCHE
5-麗須布爾RICHEBOURG
6-葛朗路LA GRANDE RUE
7-SUCHOTS
8-BEAUX MONTS
PRÉMEAUX-PRISSEY
貢布隆香
COMBLANCHIEN
CORGOLOIN
N
E
S
O
特級葡萄園
一級葡萄園
村莊級葡萄園
夜丘村莊
COTE DE NUITS VILLAGE

馬沙內與菲尚
Marsannay & Fixin

根據歷史記載，中世紀時，第戎市(Dijon)附近的山坡曾經是布根地重要的葡萄酒產區，但是如今大部份都已經銷聲匿跡，唯一經重建存留下來的只有馬沙內(Marsannay)，成爲夜丘區最北邊的產酒村莊，但是由於太接近第戎市，郊區的發展也已逐漸地包圍葡萄園。

在中世紀時第戎區以產白酒出名，現在的馬沙內卻是全布根地唯一紅、白酒與玫瑰紅都出產的村莊級AOC，特別是玫瑰紅，是布根地唯一允許生產的村莊級AOC。在布根地地區性AOC中，玫瑰紅經常採用加美葡萄釀製，在馬沙內則採用100%的黑皮諾，具有如煙燻鮭魚般美麗的橘紅色，常有相當可愛的野草莓與櫻桃香味。除了直接用黑皮諾葡萄榨汁外，也常從釀製紅酒的酒槽中取出一些葡萄汁來釀製玫瑰紅，通常比直接榨汁的味道重，顏色也比較深，稱爲 "Saigné"。

馬沙內的紅酒主要產自區內條件比較好的葡萄園，多位於山坡中段。一般而言，風格有點像南邊菲尚村(Fixin)的紅酒，口感比較粗獷緊澀，但常比不上菲尚來得細緻和深厚。

馬沙內產區成立的時間相當晚，原本想加入「夜丘區村莊」(Côte de Nuits Villages)這個AOC，被拒後才於1987年自己獨立。目前已有大約190公頃的葡萄園，雖然以種植黑皮諾爲主，但是因爲白酒的價格看漲，夏多內的種植面積不斷地增加，白酒已經佔有八分之一的產量（AOC範圍高達500公頃，但實際種植並不高。）。

馬沙內產區橫跨Couchey、Marsannay-la-Côte和Chenôve三個村莊，共有四十幾家酒莊，最出名的一家是伯恩市酒商Patriarche Père et Fils所有的馬沙內城堡(Chateâu de Marsannay)；不過品質最受肯定的還是非Bruno Clair莫屬，和村內的Domaine Bart和Domaine Fougeray一樣，多少是因爲在其他村的特等葡萄園而出名。較專精於馬沙內的有Bouvier家族的Régis和René以及Domaine Huguenot Père & Fils等酒莊。

●Fixin村的一級葡萄園Clos de la Perrière在12世紀改為修院之前，是布根地公爵的狩獵別墅。

不同於馬沙內的可愛，南邊菲尚村所產的紅酒卻是完全粗獷強勁的風格。菲尚的葡萄園面積很小，有五個一級葡萄園，共22公頃。村內出產的紅酒在19世紀時曾經有很高的評價，幾乎都被列爲高品質的 "1er Cuvée"。現在菲尚已沒有過去的名氣，但是，一提起單寧又重又澀的黑皮諾紅酒，還是會讓人想到菲尚。酒中少見水果的豐盈，但是特多的單寧卻讓酒相當耐久存。曾爲修院所經營，有石牆環繞的歷史名園 "Clos de la Perrière"和 "Clos de la Chapitre"是菲尚村內最著名的兩個葡萄園。

菲尚村只有107公頃的葡萄園，如同夜丘區其他村莊以產紅酒爲主，白酒相當少，只有2公頃。村內的獨立酒莊不多，只有14家，聲名遠播的名酒莊更是少見，以獨自擁有Clos Napoléon的Domaine Pierre Gelin和Domaine Berthaut最爲著名。

馬沙內酒莊特寫
Domaine Huguenot Père & Fils

第一次碰見Jean-Louis Huguenot，讓我直接聯想到西元456年在第戎建立王國的北歐斯堪地那維亞蠻族 "Les Bourgonde"。看到他，你會相信，即使過了一千多年，布根地人還流著維京人的血液。

Huguenot家族自兩百多年前就在馬沙內村種植葡萄，但成立酒莊自己裝瓶還是30年前的事。共24公頃的葡萄園，7公頃在馬沙內，其餘在菲尙和哲維瑞-香貝丹，有一小片的特級葡萄園：Charmes-Chambertin。

Jean-Louis所釀製的玫瑰紅主要來自直接榨汁，即使有時採用"Saigné" 也會盡早取出以免顏色太深，所以Huguenot所出產的都屬顏色很淺的淡玫瑰紅，雖然有黑皮諾的果香，但口感上卻是比較像白酒。

●莊主Jean-Louis Huguenot。

Jean-Louis比較專精的是紅酒，他是晚收派的信徒，黑皮諾要達到很高的成熟度才採收（和村內大部份的酒莊一樣，有一部份是機器採收）。葡萄全部去梗，經3-7天的發酵前低溫浸皮，然後再經1到2週的發酵。橡木桶的培養期達12-15個月。10年前Jean-Louis完全放棄夏多內，但還是抵不過市場的誘惑種了兩公頃。

試酒筆記

1996, Marsannay Clos du Roy（**紅酒**）

酒色殷紅，甚至帶點黑皮諾少見的藍光，香味非常濃郁，熟透的黑櫻桃、桑椹與黑醋栗果味搭配柔和圓潤的甜美口感，非常討喜可愛，雖沒有扎實的單寧，但有爽口的酸味，維持均衡，已經相當可口，無需再等。

菲尙酒莊特寫
Domaine Berthaut

這家由Denis和Vincent兩兄弟共同經營的酒莊，在菲尙村有十公頃的葡萄園，其中有一公頃的Arvelets一級葡萄園，另外在哲維瑞-香貝丹村還跟Ponsot酒莊租了3公頃的葡萄園。

Berthaut兄弟屬於比較老式的釀酒法，抵死不願採用越來越流行的發酵前低溫浸皮；採收後的葡萄全部去梗之後，不降溫直接進行發酵，但也盡可能不加溫，除非葡萄的溫度低於15°C。發酵泡皮的時間只有15天，每天一次人工踩皮與一次淋汁。橡木桶的選擇也相當保守，完全沒有新桶，每年Denis從他太太，馮內-侯馬內村Gerbet酒莊的Marie-Andrée處借來已經用了6個月的橡木桶，然後再搭配1-10年的舊桶來培養葡萄酒，時間通常長達18個月。

●Denis Berthaut。

在這種老式的釀法下，Berthaut兄弟所出產的菲尙紅酒並沒有印象中那般濃澀，反而有相當多的甜美果味，變化細緻，特別是Arvelet經常有圓熟的果味與香料香氣，單寧強勁但並不粗獷，反而更像經發酵前低溫浸皮法釀製的黑皮諾紅酒。

哲維瑞-香貝丹
Geverey-Chambertin

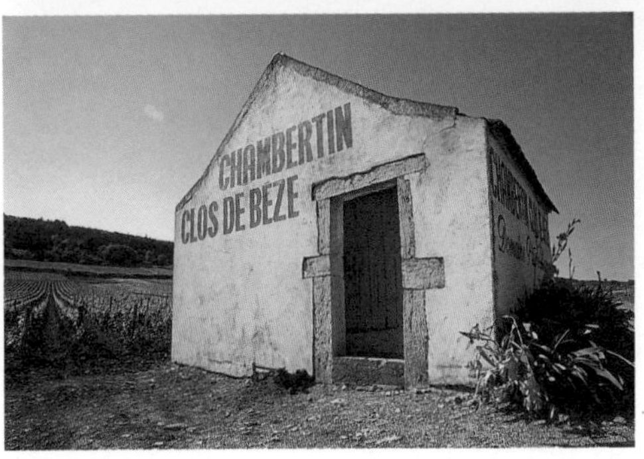

●上：哲維瑞-香貝丹城堡是13世紀Cluny修院所建，城堡裡還保存著當年的釀酒窖。
●下：特級葡萄園Chambertin Clos de Bèze因為曾是貝日修院所有而得名。

哲維瑞-香貝丹村是夜丘區面積最大的產酒村莊，將近有400公頃之多，但除了葡萄園多之外，村子裡的特級葡萄園也特別多，全夜丘區的24個特級葡萄園就有9個在哲維瑞村內，是全布根地之冠；其中香貝丹(Chambertin)和香貝丹-貝日莊園(Chambertin Clos de Bèze)兩個特級葡萄園更是名列布根地的頂尖名園，爲哲維瑞-香貝丹村的紅酒奠定不朽的聲名與地位。

早在西元640年，貝日修道院就已經在哲維瑞-香貝丹村開墾葡萄園（是貝日莊園的由來）；之後在13世紀，屬西都教會的Cluny修院在此擁有大片葡萄園並建立城堡。現在的哲維瑞村有兩千五百個居民，因爲是法國非常出名的產酒村莊，所以還相當繁榮，有不少餐廳和酒吧。

在法國，即使有很多人沒有喝過香貝丹，但是多少也聽過有關於拿破崙和他最喜愛的葡萄酒香貝丹的軼事。也許藉此，產自哲維瑞-香貝丹的紅酒百年來都能賣得好價錢，但是無論如何，村內的黑皮諾紅酒確實有全布根地難出其右的雄渾氣勢。在Lavalle 1855年的書中就提到產自哲維瑞-香貝丹的黑皮諾以緊密的口感及嚴謹的結構爲特色，是當年最受酒商們喜愛的葡萄酒，因爲可以用來加強其他地區葡萄酒的味道。

哲維瑞-香貝丹村內有非常多的獨立莊園，自己裝瓶銷售的酒莊近六十家之多。就如同大部份名氣太大的產酒村子，有不少靠祖產過日的莊園表現平庸。特別是哲唯瑞村有不少位於平原區的葡萄園被列爲村莊級AOC，所以水準高低相差頗多。但是幾家老牌的莊園像Armand Rousseau、Joseph Roty、Louis Trape、Geantet Pansiot…及成名較晚的Sylvie Esmonin、Dugat-Py、Claud Dugat、Denis Mortet、Philippe Charlopin、Pierre Damoy及Henri Perrot-Minot等細數不盡的酒莊，讓哲唯瑞村在許多酒迷的心中存有許多景仰與期盼的心情。獨有如此多的頂尖葡萄園，在越來越多對葡萄酒充滿熱情的新一代莊主的努力下，哲維瑞-香貝丹成爲全布根地最讓人期盼的紅酒村莊。

特級葡萄園(Grands Crus)

香貝丹(Chambertin)和香貝丹-貝日莊園(Chambertin Clos de Bèze)

葡萄園面積：12.9公頃／15.4公頃

香貝丹是布根地知名度最高的葡萄園之一。也許名氣太大，常常讓人無法眞正認清它的眞正面目。拋開所有歷史的因素，香貝丹及香貝丹-貝日莊園在布根地頂級紅酒中有難以取代的地位；在這兩片葡萄園中，黑皮諾葡萄表現了它最雄偉壯闊的氣度。比野性粗獷的高登(Corton)多了許多細緻、比優雅的蜜思妮(Musigny)更強勁堅實、較豐厚飽滿的麗須布爾(Richbourg)更壯碩…其實只要比較一下環繞在周邊的其他七個哲維瑞-香貝丹村的特級葡萄園，就不難看出香貝丹之所以成爲布根地紅酒之王的原因。

香貝丹及香貝丹-貝日莊園在酒的風格上並沒有太大的差別，但是歷史的差距讓他們無法合而爲一。貝日莊園是七世紀就有的歷史名園，而且還曾經有石牆圍繞，劃出精確的範圍，但香貝丹則要等到十三世紀才出現，所以香貝丹-貝日莊園可以香貝丹命名，但香貝丹就只能叫香貝丹，只要是有關歷史，布根地人總是錙銖必較。

貝丹的田地 Chambertin

素有拿破崙最喜愛的紅酒之稱的香貝丹其實是一個相當平凡的名字。"Chambertin" 源自「貝丹家所有的田地」(Champs de Bertin)，貝丹是一個自17世紀就出現在哲維瑞-香貝丹村的姓氏，這個姓來自布根地語 "Berht"，意謂著聰慧著名，"Bertin" 則有「一個聰慧著名的人的兒子」的意思。所以，可以確定，香貝丹這片葡萄園曾為一個叫做貝丹的人所有，才出現了這樣的名字。1847年，"Chambertin" 被加到「哲維瑞」(Geverey)之後，成為現在的村名"Geverey-Chambertin"。

馬立-香貝丹(Mazi-Chambertin)和拉提歇爾-香貝丹(Latricières-Chambertin)

葡萄園面積：9.1公頃／7.3公頃

分別在北邊和南邊與香貝丹及香貝丹-貝日莊園相連的兩片葡萄園——馬立-香貝丹及拉提歇爾-香貝丹，雖然與這兩個頂尖名園有著非常相似的自然條件，但卻是各有自己的風格。馬立-香貝丹是所有哲維瑞-香貝丹村的葡萄園中和貝日莊園在口感架構上最爲接近的一塊葡萄園，年輕時顯得嚴密艱澀，雖然口感深厚，但細膩的程度卻無法和香貝丹相比，顯得粗獷雄壯。緊接在香貝丹南邊的拉提歇爾-香貝丹有和馬立-香貝丹完全相反的風格，結構較爲鬆散，口感清淡，成熟快，少了一份頂級特級葡萄園的架勢。

乎修特-香貝丹(Ruchottes-Chambertin)

葡萄園面積：3.3公頃

緊鄰馬立-香貝丹，位於高坡處的乎修特-香貝丹有和馬立-香貝丹類似的狂野風格，因爲接近坡頂，土少石多，而且有較多的白色泥灰質土，口感甚至比馬立-香貝丹還來得緊澀，但沒有那麼豐碩飽滿，是需要更多時間等待的佳釀。

夏貝爾-香貝丹(Chapelle-Chambertin)和吉優特-香貝丹(Griotte-Chambertin)

葡萄園面積：5.5公頃／2.7公頃

雄壯威武的香貝丹-貝日莊園跨過一條鄉間小路到下坡處的夏貝爾-香貝丹及吉優特-香貝丹馬上出現了相當大的轉變。這裡的黑皮諾有屬於哲唯瑞村版本的柔細表現。夏貝爾-香貝丹較爲清淡，單寧柔細，似乎年輕時就有相當好的均衡感，有不少人覺得它有女性的陰柔風采，有點偏離哲唯瑞村的風格。吉優特-香貝

●馬立-香貝丹特級葡萄園。

丹通常顯得較爲強勁深厚，但是依舊有溫柔婉約的風格。這兩個特級葡萄園在香味上都有相當迷人的表現，馥郁的森林漿果是最主要的基調，黑櫻桃及野櫻桃香常伴著甘草的香氣。

夏姆-香貝丹(Charmes-Chambertin)和馬若耶爾-香貝丹(Mazoyères-Chambertin)

葡萄園面積：共30.8公頃

這兩個特級葡萄園緊鄰著香貝丹和拉提歐爾-香貝丹，位居它們的下坡區，所以地勢比較平緩。依據INAO的劃分其實它們是同一塊葡萄園，出產的葡萄酒都叫夏姆-香貝丹。雖然依規定，產自馬若耶爾-香貝丹的葡萄酒可以稱爲馬若耶爾-香貝丹，但是卻很少人這樣做，因爲夏姆-香貝丹比較出名，而且容易發音，也比較好記。

和其他哲唯瑞村的特級葡萄園比起來，夏姆-香貝丹的口感和同屬下坡處的Chapple類似，比較柔和，成熟快，有討人喜歡的果味。因爲面積大，擁有夏姆-香貝丹的酒莊相當多，酒商也較容易買到成酒，是最常見的哲唯瑞村的特級葡萄園，品質也最不整齊。

一級葡萄園(Premiers Crus)

哲維瑞-香貝丹村的27個一級葡萄園，共85公頃，主要分佈在三個區域。最著名的是西北面在Clos Saint-Jacques周圍的一級葡萄園。因爲位在一個進入平原區的乾河谷邊的斜坡上，所以這邊的12個一級葡萄園由面向南面的La Bossière開始，轉向到面東南面的Clos Saint-Jacques，再轉成面東的La Combe aux Moines，形成一連串風格不同的葡萄園。其中最受矚目的是Clos Saint-Jacques，這塊有石牆圍繞的名園共6.7公頃，是所有一級葡萄園的首選，在哲維瑞村紅酒特有的強硬緊澀中增添許多細膩的變化，水準甚至超過許多特級葡萄園；有點像香波-蜜思妮村(Chambolle-Musigny)的愛侶莊園(Les Amoureuses)，同屬於價值不斐的超級一級葡萄園。

第二個區域位於村子西面的沖積扇，包括Les Corbeaux，Le Fonteny等五個葡萄園，這一帶所產的葡萄酒較爲清淡，有較柔和的質感和豐富的果味。第三個區域是位於九個特級葡萄園周圍的一級葡萄園，主要集中在馬立-香貝丹和夏貝爾-香貝丹的下坡處，風格類似夏貝爾-香貝丹，比較細瘦柔軟，滿含新鮮可口的森林漿果味。位於村子最南端的Aux Combottes是一塊四週爲羅西莊園(Clos de la Roche)、馬若耶爾-香貝丹和拉提歐爾-香貝丹等特級葡萄園所包圍的一級葡萄園，雖然位置好，但是地型有一點凹陷，葡萄酒少見精彩的表現，沒有特級葡萄園的飽滿與豐厚。

哲維瑞-香貝丹酒莊特寫
Michel Esmonin et Fille

風姿綽約的女釀酒師Sylvie畢業於法國最著名的釀酒師學校L'E.N.S.A.M.。但接手父親的酒莊，據她所言，卻是被她爸Michel從實驗室騙回來的。過去，擁有7公頃葡萄園的愛摩蘭酒莊全都將酒整桶賣給酒商。一直到1989年，Michel藉著將所有葡萄酒全部留著自己裝瓶，騙女兒回家幫忙，繁雜的酒窖工作讓她不得脫身，然後Sylvie就這樣留了下來。喜愛愛摩蘭酒莊細膩酒風的酒迷得感謝Michel的詭計。

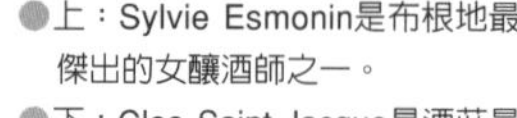
●上：Sylvie Esmonin是布根地最傑出的女釀酒師之一。

●下：Clos Saint-Jacque是酒莊最招牌，也最難買到的一款酒。

「冒著二月的寒風在葡萄園裡剪枝時，我總想不通爲何要選擇這累人的工作。」Sylvie抱怨著說，但苦笑中卻帶著點得意。雖然只有7公頃的地，但這可是意味著要替7萬多株葡萄剪枝啊！除了技術，體力與耐力似乎更爲重要。布根地的葡萄酒業一直是男性獨霸的局面也多少和此有關吧！強健的體魄和堅強的毅力是不可少的，即使在這方面，Sylvie也是不讓鬚眉。

在布根地接掌獨立酒莊的女莊主在布根地已經越來越多了，但在比例上仍微不足道，也許在此業裡女性遭遇的挫折比男性多，所以相對地，表現優異的女莊主也特別多，除了Sylvie還有馮內-侯馬內村(Vosne Romanée)的Anne Gros；玻瑪村(Pommard)的Aleth Le Royer；薩維尼村(Savigny-lès-Beaune)的Claude Nicolay及香波-蜜思妮村(Chambolle-Musigny)的Guisland Barthod等等，當然，更不要說Leroy的Lalou Bize了。她們的努力爲布根地葡萄酒注入一種前所未有的女性風格。

不到10年的時間，Sylvie建立了愛摩蘭酒莊非常獨特的風格，連釀酒法也相當特別。葡萄全部去梗，而且經2-5天的低溫泡皮，然後是長達3週的浸皮與發酵，這期間每天得經過2-8次的踩皮（8次在布根地可算得上是破紀錄了），但完全沒有淋汁。最爲特別的是Sylvie在發酵完成之後會將酒在不銹鋼桶中放上半個月進行沉澱，去掉會讓酒變質的酒渣，但留住爲酒增添風味的死酵母。之後才入橡木桶，存上一年多的時間完全不再換桶。仿照白酒的培養，Sylvie也會對紅酒進行攪桶，這樣的做法有點奇怪，但她相信，讓沉積桶底的死酵母和酒混合，可讓黑皮諾紅酒變得更加圓潤可口。

在特級葡萄園林立的哲維瑞村沒有特等葡萄園也許是個遺憾，但是Sylvie的Clos Saint-Jacques在最近幾個年份卻已具grand cru水準。她釀的酒讓人驚豔之處在於用黑皮諾特有的輕盈與婉約來表現哲維瑞村頂級酒的雄渾與份量。帶著柔性的強勁單寧，簡約細緻地傳達明析純淨的現代感，使人心中不得不贊同，新世代的黑皮諾該當如是。

●Sylvie會為紅酒進行攪桶，讓酒更柔嫩可口。

哲維瑞-香貝丹酒莊特寫
Claude Dugat

「我沒辦法想像別人如何種植超過3.5公頃的葡萄園！」當我提出是否希望增加種植面積的問題時，Claude這樣答覆。沒錯，他正好有3.5公頃的葡萄園。雖然這麼小的土地和每年排隊想買他的酒的酒商完全不成比例，但是這家有Lavaux-St.-Jacques、吉優特-香貝丹及夏姆-香貝丹等名園的酒莊卻已經讓Claude和他老婆及兩個女兒整天忙得不可開交。

豐郁肥美，風格極端地討喜是Dugat紅酒近來走紅的主因。黑皮諾經15天的浸皮和每天兩次的踩皮，有深濃的酒色和「加大尺碼」的口感。但是單寧卻如絲一般柔細，而且有絕對享樂的豐美果味和香料氣息。Claude本人帶著一

份神秘感，讓人難以親近，但他釀成的酒卻有十足的熱情，和莊主的個性背道而馳。

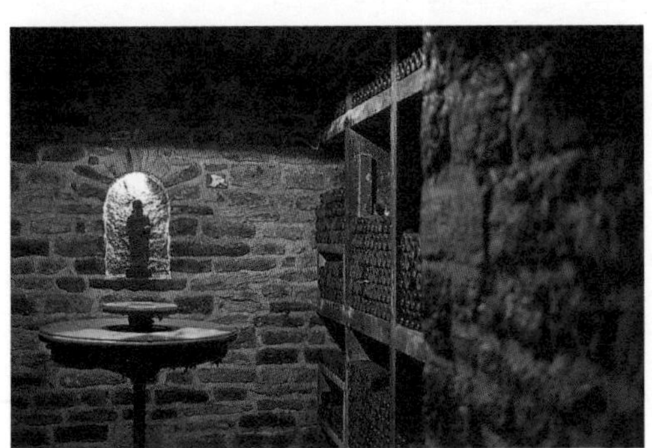

●Claud Dugat深鎖的酒窖裡頭是他為家人保留的自家珍釀。

試 酒 筆 記
1997, Griotte-Chambertin

Claude Dugat只有0.15公頃的吉優特-香貝丹，但名氣卻相當大，即使有錢也得有點運氣才能喝到。不出所料，吉優特-香貝丹表現了哲維瑞-香貝丹村少見的婉約細緻，雖然酒色有Dugat一貫的深紅，但口感少了夏姆-香貝丹大塊頭的重量，反而以輕盈多變見長。不知是否心理因素作祟（因為Griotte在法文是野櫻桃的意思），一股野櫻桃的香味迎面襲來，久久不散。單寧細密滑順，與圓潤的口感與波動變化的果味一起交織成精細構築的難忘品酒經驗。

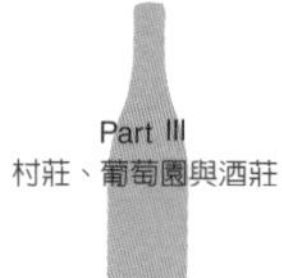

摩黑-聖丹尼
Morey Saint-Denis

介於酒性強勁豐厚的哲維瑞-香貝丹村(Geverey-Chambertin)和酒風溫和細膩的香波-蜜思妮村(Chambolle-Musigny)之間，摩黑-聖丹尼村(Morey-Saint-Denis)所出產的紅酒常被譽爲同時兼具強勁與優雅的特點。事實上，摩黑村一直不如南北兩個鄰村來得出名；在法國AOC法成立之前，村內的葡萄園經常以香波-蜜思妮或哲維瑞-香貝丹的名稱銷售；也許，這正是較難找出摩黑-聖丹尼紅酒特色的主因。整體而言，摩黑-聖丹尼紅酒在風格上比較接近哲維瑞-香貝丹村，強勁厚實，反而少見香波-蜜思妮村的溫柔多變或馮內-侯馬內村(Vosne-Romanée)的純美深厚。

但無論如何，摩黑-聖丹尼村內有許多品質相當精彩的葡萄園則是不爭的事實。在村內約150公頃的葡萄園內有20個約40公頃的一級葡萄園，而且還有五個特級葡萄園共35.38公頃。就面積比而言相當高。除了因爲自然條件好之外，村內的酒莊較爲團結也是主因，同業公會努力地擴大聖丹尼莊園(Clos Saint-Denis)和羅西莊園(Clos de la Roche)的面積與增加一級葡萄園的數目才能有現在的規模。

●特級葡萄園Clos de Tart。

除了黑皮諾紅酒，摩黑-聖丹尼也出產一點白酒，主要位在坡頂多石的地帶，口感略爲緊瘦，因爲價格比紅酒好，種植面積日漸擴張。

●特級葡萄園Clos de la Roche以及一級葡萄園Mont-Luisant。

除了特等葡萄園多，村內的知名酒莊也相當多，如擁有名園的Clos de Tart和Domaine des Lambrays；風格清雅的Domaine Dujac；擁有3.15公頃Clos de la Roche的Domaine Ponsot；老式厚重的Domaine Pierre Amiot et Fils和George Lignier；葡萄園主要在香波-蜜思妮村(Chambolle-Musigny)的Groffier Père et Fils；酒莊小巧精緻的Domaine Louis Remy以及新竄起，純美圓熟、可愛動人的Hubert Lignier和口味堅硬厚實的Domaine Perrot-Minot等等。

●特級葡萄園Clos de la Roche

特級葡萄園(Grands Crus)

羅西莊園(Clos de la Roche)

葡萄園面積：16.9公頃

原本的羅西莊園只有4,57公頃，眞正位居山坡中段，但之後範圍逐漸往山坡上下大幅擴充成今日的規模。大部份的人都同意羅西莊園是摩黑-聖丹尼村內品質最高的特等葡萄園。在口感上，靠著堅強的單寧撐起結實的骨架，羅西莊園有接近香貝丹豐沛厚實的重量感，即使在細膩方面的表現較不明顯，但仍屬可耐久存的頂級黑皮諾；特別是有相當多頂尖的酒莊在此擁有葡萄園，平均水準相當高。

岩石之上的葡萄園 Clos de la Roche

"Roche" 就是岩石，羅西莊園其實應該叫「岩石」莊園，除了土少石多之外，表土也相當淺，有些區域甚至不及一公尺，底下即是堅硬的岩層，幾百年來，摩黑村的葡萄農們飽嚐了在這塊土地上耕作的艱辛，幸好羅西莊園也回報他們精彩的黑皮諾紅酒。雖然稱為石牆圍繞的" Clos"，但老早羅西莊園就看不見任何石牆的遺跡，更何況，現今的面積也已比過去的莊園多出了數倍的面積。

聖丹尼莊園(Clos Saint-Denis)

葡萄園面積：6.62公頃

11世紀就已經存在的聖丹尼莊園原是聖丹尼修會的產業。在1855年時只有2.14公頃，和羅西莊園一樣也大幅擴充。雖然聖丹尼莊園在1927年成爲村名的一部份，但卻一直是村內最不被看好的特等葡萄園，Lavalle甚至只列爲第二級。和羅西莊園比起來，聖丹尼莊園的口感顯得比較淡，也沒有非常強勁的骨架，通常也比較早熟。

蘭貝雷莊園(Clos des Lambrays)

葡萄園面積：8.83公頃

相較其他千年歷史的特級葡萄園，蘭貝雷莊園的歷史相當短，雖然自中世紀起這片介於聖丹尼莊園和塔爾莊園的山坡就已經生產葡萄酒，但蘭貝雷莊園這個名字卻是19世紀末才出現的。也許是巧合，蘭貝雷莊園也一直延到1981年才升格爲特等葡萄園。除了Jean Taupenot所有的0.043公頃，Domaine des Lambrays 幾乎擁有整片葡萄園。這一帶的自然條件稱得上是摩黑-聖丹尼村的最精華區，相當能表現本村的特色，比羅西莊園還要來得堅實，但卻較少深厚甜潤的果味，水準自90年代以來已提高許多。

塔爾莊園(Clos de Tart)

葡萄園面積：7.53公頃）

塔爾莊園是有上千年歷史的葡萄園，15世紀因由塔爾修院所有而得名，雖然經過多次換手，自1932年到現在都由馬貢區酒商Mommessin所獨家擁有。這片多石的山坡在19世紀時，曾被評爲摩黑村最高品質的葡萄園。如今的塔爾莊園單寧很強，但果味不及羅西莊園豐沛，屬於比較堅硬緊澀的黑皮諾，老式的釀法，沒有太多的溫柔婉約。

邦馬爾(Bonnes-Mares)

葡萄園面積：1.5公頃（13.5公頃在香波-蜜思妮）

◎有關邦馬爾的介紹請參閱第2章，香波-蜜思妮部分。

摩黑-聖丹尼酒莊特寫 Domaine Dujac

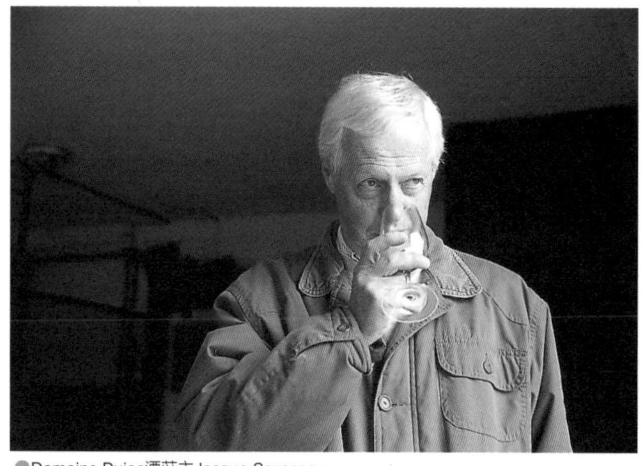

●Domaine Dujac酒莊主Jacque Seysses。

Dujac酒莊跟摩黑-聖丹尼村內其他酒廠比起來顯得有點另類，雖然現在Dujac也稱得上是村內的「老牌」酒莊了。

來自巴黎富有家庭的Jacque Seysses在1968年買下村內的Domaine Graillet，從1969年開始釀製葡萄酒。30多年來，葡萄園由原本的4.5公頃擴充成現在的11.5公頃，擁有羅西莊園、聖丹尼莊園、埃雪索(Echézeaux)、邦馬爾(Bonnes-Mares)及夏姆-香貝丹等特等葡萄園。

Jacque Seysses在60年代無性繁殖系才剛開始出現在布根地時，就已經率先採用在Dujac酒莊新種植的葡萄園裡，他也運用在夜丘區相當少見的Cordon de Royat引枝法來降低葡萄的產量。在釀酒方面，Jacque Seysses完全不去梗，整串葡萄直接放進酒槽，讓發酵緩慢地進行（和Leroy及DRC的做法一樣），約3星期釀成。

雖然酒的產量不大，但Dujac酒莊不厭其煩地自行選購橡木並風乾兩年半之後，再委託木桶廠製成橡木桶。雖然所有特級葡萄園的酒全都採用100%的新橡木桶來培養，但Jacque Seysses所用的木桶全是低烘焙度，不讓酒產生太多的新桶味。

Dujac酒莊的紅酒在顏色上通常比較淡（根據Jacque Seysses的說法，他認爲是葡萄梗吸收了紅色素所造成的結果），口感即使厚實又多單寧，但仍然顯得比較溫和柔細，在強勁與堅硬掛帥的摩黑-聖丹尼村多了一點細緻變化。

VIN NON FILTRÉ
DECANTATION
RECOMMANDÉE

MIS EN BOUTEILLE
AU
DOMAINE

CLOS DE LA ROCHE
GRAND CRU
APPELLATION CLOS DE LA ROCHE CONTRÔLÉE
1996
ALC.13%
BY VOL.
DOMAINE DUJAC
750 ML
PROPRIÉTAIRE A MOREY - ST. DENIS - FRANCE
PRODUCE OF FRANCE

香波-蜜思妮
Chambolle-Musigny

●香波-蜜思妮村與16世紀興建的教堂。

如果哲維瑞-香貝丹村(Geverey-Chambertin)的紅酒表現的是豪氣風雲的英雄氣概，那香波-蜜思妮村(Chambolle-Musigny)的紅酒無疑是夜丘區最溫柔婉約的窈窕美女，最能夠表現黑皮諾葡萄細緻優雅的一面。只有三百多個村民的香波村，就位在一個背斜谷的出口上，村內有179公頃的葡萄園；其中有23塊（61公頃）劃為一級葡萄園；特級葡萄園則有蜜思妮(Musigny)和邦馬爾(Bonnes-Mares)，共24.2公頃。

香波-蜜思妮村向來以出產風格細膩的黑皮諾紅酒出名，特別是位在村內的蜜思妮與愛侶莊園都是這類型的頂尖葡萄園。雖然村子的名氣大，但卻只有二十幾家酒莊，大部份的葡萄園都為其他村的酒莊所有。Domaine Comte Georges de Vogue，Domaine Jacques-Frédéric Mugnier和Domaine George Roumier是村內三家最有名的酒莊，另外包括Domaine Amiot-Servelle，Domaine Ghislaine Barthod及Laurent Roumier也都出產相當不錯的香波-蜜思妮紅酒。

愛侶莊園(Les Amoureuses)

在香波-蜜思妮村的23塊一級葡萄園中，以愛侶莊園最受人稱道，價格和村內的特級葡萄園邦馬爾不相上下。原因無他，這片直接位居蜜思妮下坡處的5.4公頃名園，正是蜜思妮的翻版，有優雅的酒香與如絲般滑細的單寧。

邦馬爾(Bonnes-Mares)

邦馬爾以肌肉虯結的厚實口感聞名，在講究細膩變化的香波-蜜思妮村顯得有點格格不

●香波-蜜思妮村擠在狹隘的山谷隘口上，是金丘區最寧靜小巧的村莊之一，只有三百多個居民。

入，就位在村北與摩黑-聖丹尼村交界的地方，屬於兩村所共有的特級葡萄園，不過大部份的面積還是在香波村這邊，總數15公頃大，香波村佔了其中的13.5公頃。

邦馬爾的土質南北不同，北面靠近摩黑村那一頭土的顏色較深，呈紅褐色，出產比較圓潤豐美的黑皮諾紅酒，以水果香味爲主；南面含較多的石灰質，土色淺白，出產帶花與香料香的黑皮諾，單寧緊澀結實，口感強勁深厚。

蜜思妮(Musigny)

如果要選出最能表現黑皮諾細膩風味的葡萄園，則非蜜思妮莫屬。蜜思妮一直是我最心愛的葡萄酒，這片葡萄園更是我在布根地最常徘徊散步的地方，從Les Musignys的坡頂望向東南邊，有全金丘區最美麗的景致，梧玖莊園(Clos de Vougeot)就在腳下。

蜜思妮的坡度陡，高度在260-300公尺之間，雨水的沖刷相當嚴重，需經常將沖到山下的表土搬回山上。上坡的岩層以巴通階的魚卵

●香坡-蜜思妮村北和摩黑-聖丹尼村相連，兩村接壤處是特級葡萄園Bonnes-Mares。

蜜思妮的羅馬別墅 Musigny

蜜思妮名字的由來不是那麼的確定，比較可能的解釋是來自羅馬時期位在這片山坡上的別墅，莊主稱為Musinus，一個羅馬時期的姓氏。當時，羅馬人習慣在主要道路附近的高坡蓋房子，居高臨下的蜜思妮似乎是一個不錯的選擇。1878年Musigny被加到香波村名之後，成為今日的 "Chambolle-Musigny"。

狀石灰岩爲主，只含少量的黏土質；但下坡處以泥灰岩爲主，黏土質的比例非常高，居夜丘之冠。

蜜思妮又分爲三個部份，最南邊是Jacque Prieur所獨有的La Combe d'Orveau，中間是Domaine Comte Georges de Vogüé所獨有的Les Petits Musignys，最北面則是面積最大的Les Musignys，分別由十多家酒莊所有。

劃入蜜思妮特級葡萄園的面積有10.8555公頃，但現有種植的面積是10.7836公頃，其中約有0.5公頃種植夏多內，其餘全是黑皮諾。有12家酒莊在這片珍貴的土地上擁有土地並生產蜜思妮，目前這12家酒莊的蜜思妮幾乎留著自行裝瓶銷售，並不賣給酒商，所以除了舊年份外，市面上很少有酒商裝瓶的蜜思妮。

我實地訪問了這12家酒莊，瞭解他們種植與釀製蜜思妮的方法，並畫出葡萄園的位置，分析各區段的自然條件。這也許可當成是一個解讀布根地特級葡萄園的嘗試，遺憾的是我在布根地停留的時間只允許我完成蜜思妮，其他的葡萄酒只有等待未來的機會。

特級葡萄園蜜思妮

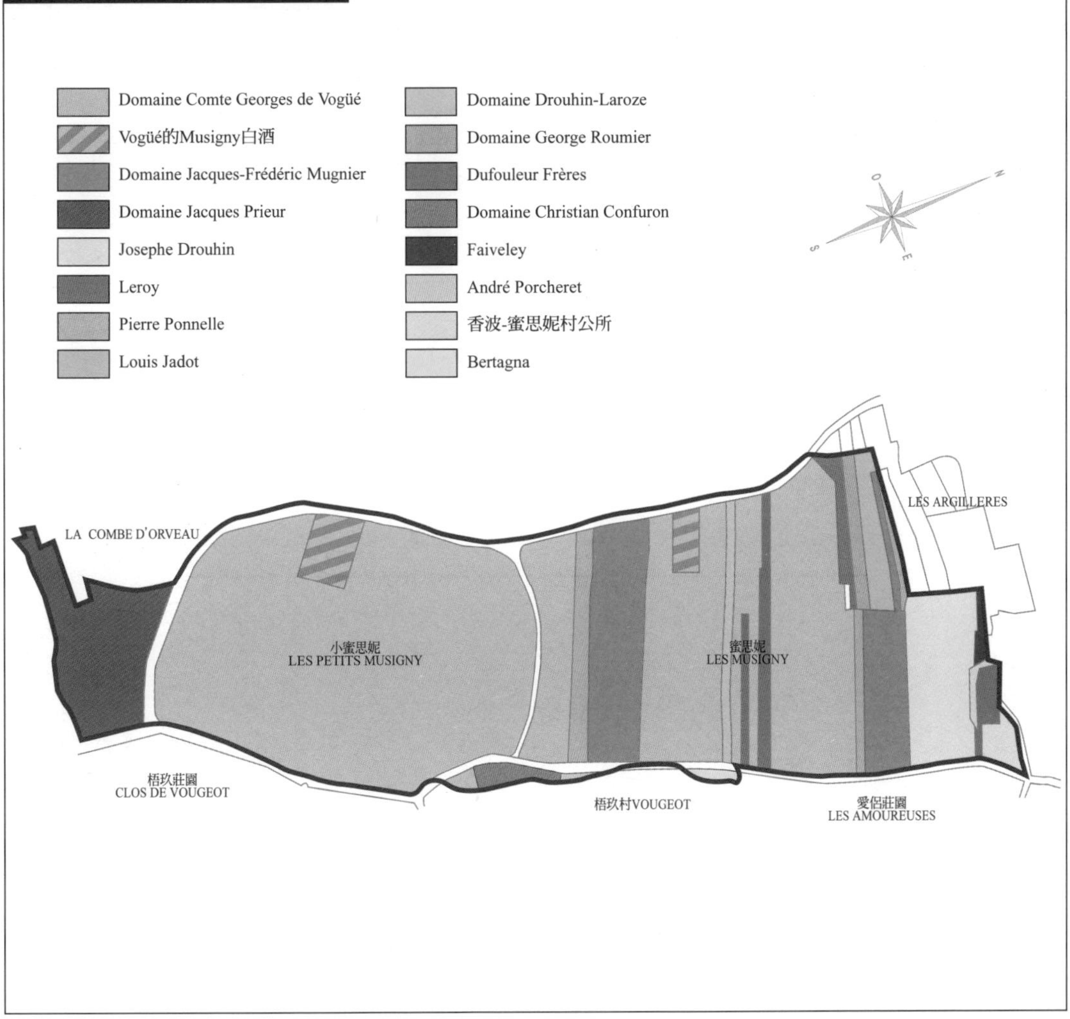
Domaine Comte Georges de Vogüé
Vogüé的Musigny白酒
Domaine Jacques-Frédéric Mugnier
Domaine Jacques Prieur
Josephe Drouhin
Leroy
Pierre Ponnelle
Louis Jadot
Domaine Drouhin-Laroze
Domaine George Roumier
Dufouleur Frères
Domaine Christian Confuron
Faiveley
André Porcheret
香波-蜜思妮村公所
Bertagna
LA COMBE D'ORVEAU
小蜜思妮
LES PETITS MUSIGNY
蜜思妮
LES MUSIGNY
LES ARGILLERES
梧玖莊園
CLOS DE VOUGEOT
梧玖村VOUGEOT
愛侶莊園
LES AMOUREUSES

特級葡萄園
蜜思妮的12家酒莊

Domaine Comte Georges de Vogüé

葡萄園面積：7.1208公頃

就如同Domaine de la Romanée-Conti是馮內-侯馬內(Vosne-Romanée)的頂尖酒莊，Domaine Comte Georges de Vogüé也毫無爭議地是香波-蜜思妮村的首席。總共才12.4公頃的葡萄園，有7.12公頃的蜜思妮和2.7公頃的邦馬爾以及0.56公頃的愛侶莊園。

Vogüé家族是布根地歷史相當久遠的貴族，15世紀就在香波-蜜思妮村擁有葡萄園。酒莊以1925年接掌的Georges de Vogüé伯爵命名，現任的莊主是伯爵的女兒Ladoucette男爵夫人，她的夫家是羅亞爾河中部Pouilly-Fumé產區的重要釀酒家族。不同於布根地一般由莊主主導一切的習慣，Vogüé是由三個人所組成的管理小組經營：釀酒的部分由François Millet負責，葡萄園的種植由Mr.Bourgogne領軍，銷售與管理的是Jean-Luc Pépin。

Vogüé在蜜思妮是無人能比的一家獨大，擁有70%的葡萄園。除了獨家擁有緊鄰於梧玖莊園上坡處的Petit Musigny外，在Les Musignys這邊也有四塊大面積的葡萄園，其中位於正中央那一片的下坡處是1953年種的黑皮諾老樹，是Vogüé酒莊在蜜思妮最老的葡萄。

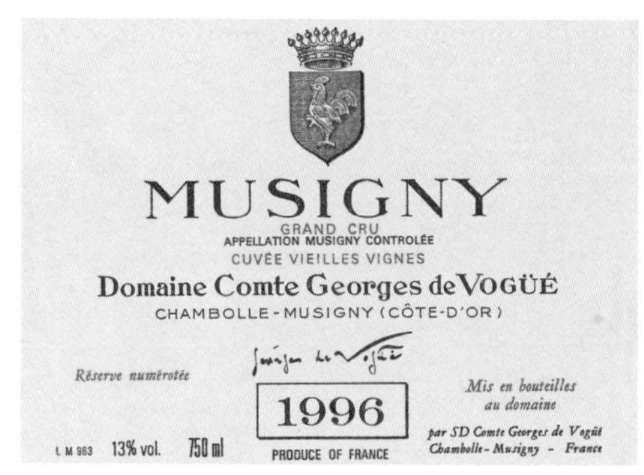

在葡萄園的種植方面，Vogüé酒莊是唯一在蜜思妮種植夏多內的酒莊，目前約有0.5公頃，其中有0.3公頃位在Petit Musigny的高坡處，已有十多年的樹齡；另外的0.2公頃在Les Musignys這邊，也是位在高坡處，1998年剛改種。Vogüé酒莊採用四種不同的引枝法，這是前任種植主管Gérard Gaudeau所建立的制度，除了傳統的Guyot引枝法，他還採用Corton de Royat和雙重的Corton（請參考Part2 第3章），目前十多年樹齡的葡萄樹都改成這種引枝法。已跳槽到酒商Louis Latour的Gérard Gaudeau跟我透露，要在夜丘區種出13%酒精度的夏多內，Corton引枝法是唯一的可能。

除了複雜的引枝法，Vogüé酒莊更是竭盡所能地注意每一個細節，葡萄園有如凡爾賽宮庭園般整理得一絲不苟。例如在採收前，工人們會先剪掉所有尚未成熟或腐爛的葡萄，以免不

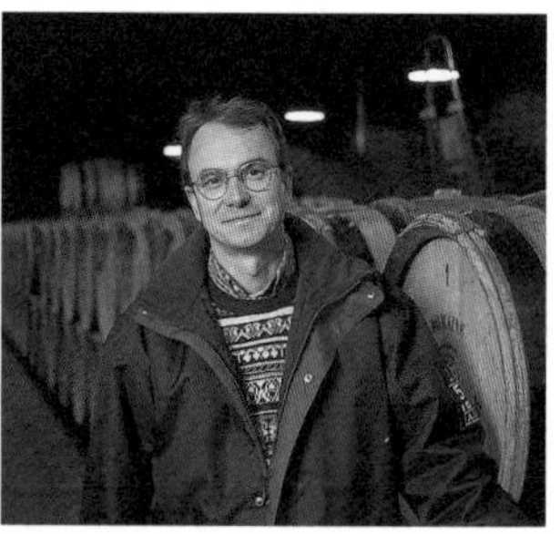

●釀酒師François Millet。

●Domaine Comte Georges de Vogüé酒莊的蜜思妮葡萄園。

小心被採收，確定所有運回酒窖的都是最好的葡萄；另外，他們也花許多時間剪除圍在葡萄串北邊的葉子，以提高通風效果，降低腐爛的風險。任何時刻Vogüé酒莊的葡萄看起來都是整齊健康又茂盛，雖然目前最新的觀念並不認爲要有健康的葡萄樹才能產好酒，但從他們整理葡萄園的態度多少可以看出Vogüé酒莊是如何小心翼翼地管理他們的莊園。現在Vogüé也成了GEST的會員，採用自然堆肥，減少農藥的使用。

負責釀酒的François Millet在1986年時由Alain Roumier的手中接下這份重任，但根據Jean-Luc Pépin的說法，當年Alain Roumier並沒有留下任何資料，完全由Millet重新建立釀酒的方向。沉默寡言的Millet說他並沒有一個固定的釀酒模式，完全依照每年葡萄的情況來釀製，經驗雖然重要，但常會讓人太過自信；他覺得自己像個音樂家，演奏慢板就該依慢板的要求來演奏。不過整體而言，他通常會全部去梗（90年是唯一例外，加了30%的梗），也很少有發酵前的浸皮；採用傳統的木製酒槽。

有點奇怪的是，Millet不特別喜歡踩皮，有時會用淋汁取代，例如相當成功的1991年份完全沒有踩皮，讓我有點搞不懂那麼深的顏色是那裡來的。他說黑皮諾的釀造是要用「浸泡」而不是用「萃取」的方式來達成。培養的部分，Millet採用30-60%的新橡木桶，一到一年半後裝瓶。

白酒的釀製全在橡木桶中進行，只有採用15%的新桶，也經過攪桶提高圓潤口感。蜜思妮白酒在口感上通常顯得比較緊瘦，不是特別細緻，雖然酒精味重，但卻是相當強硬堅實的白酒，需要時間熟成。

自1990年起，Vogüé所出產的蜜思妮紅酒全都是來自老樹(VV)，20歲以下的年輕葡萄樹所產的葡萄全部都只當村莊級的 "Chambolle-Musigny"銷售，使得村莊級的酒喝起來像特級葡萄園的水準；所以從1995年開始，Vogüé酒莊出現一款叫 「香波-蜜思妮一級葡萄園」(Chambolle-Musigny 1er Cru)的酒，全都是用蜜思妮的葡萄釀成。愛侶莊園當然獨立裝瓶，但是其他如Les Fuées、Les Baudes則全部連同一部分主動降級的蜜思妮釀成 "Chambolle-Musigny" 村莊級葡萄酒。

白酒的部份則更特別，因爲葡萄樹還太年輕，Vogüé已經有相當長的時間沒有推出蜜思妮白酒了。酒莊將此酒降級以 "Bourgogne Blanc"這個最平凡的布根地地方性AOC來銷售，因爲在香波-蜜思妮村，不論是一級或村莊級依規定只能出產紅酒。

試酒筆記

Musigny Vieille Vigne

1997年份的蜜思妮相當早熟，在非常年輕時就已經表現了非常圓熟可口的一面。以成熟黑櫻桃為主的黑皮諾果香十分迷人，帶著甘草的香料味；圓潤豐盛的甜美果味，襯著如絲般輕柔的滑細單寧；如此的協調感實在很少在這般年輕時出現，似乎已經準備好要讓人提早開瓶享用。至於未來，應該不會比95、96年耐久。

1994年則是另一番風情。優雅強勁的香味以紅色的森林漿果為主，細緻的木香帶著檀香般的香料氣息；依舊年輕的單寧細密而緊澀，但背後跟著而來的是濃郁肥厚的果味層層包裹住單寧。這是一款濃郁強勁，也可耐久存的佳作。

91年的蜜思妮有大半毀於冰雹，在這艱難的年份裡Vogüé酒莊卻成功地釀出風味獨特精彩的酒來。顏色依舊深紅，以黑醋栗與櫻桃果香為主，杯中縈繞著松木與甘草香氣；口感卻是出人意料地壯碩，極端強勁緊密的單寧有如天鵝絨般細緻紮實，但不如絲般滑細。

豐沛的果味與厚實的口感讓酒的重量感十足，比較像是頂尖香貝丹-貝日莊園(Chambertin Clos de Bèze)的格局，是91年份最有深度和久藏潛力的夜丘頂級紅酒。

Domaine Jacques-Frédéric Mugnier

葡萄園面積：1.1354公頃

Frédéric Mugnier原本是個石油工程師，雖然家族在布根地擁有許多頂尖葡萄園，但一直都託人管理。1985年Frédéric決定拋棄工作，自己來接管這個位於香坡-蜜思妮城堡(Château de Chambolle-Musigny)的美麗酒莊。除了目前租給酒商Faiveley的Clos de La Maréchale以外，Frédéric自行管理的四公頃葡萄園全位於香波-蜜思妮村內，包括半公頃的愛侶莊園及0.36公頃的邦馬爾等等，是家小而精的酒莊。因爲面積小，所以Frédéric每週還可挪出三天當飛機駕駛，管理葡萄園變成他的副業。

Mugnier家的酒風格屬於細緻型，並不以濃郁取勝，酒的顏色不深，但柔細溫和的口感有相當精巧的變化，差一點就太脆弱了。其實，從種植與釀造技術上很難看出Mugnier的酒何來這般的細膩風味，似乎所有的努力都朝向釀出豐郁型的紅酒。Mugnier一公頃多的蜜思妮幾乎都種著老樹，只有一小片是1995年新種。

●酒莊主Jacque-Frédéric Mugnier。

試酒筆記

Musigny

雖然Mugnier葡萄酒的顏色通常較為清淡，但是1996年與1998年的蜜思妮的酒色卻相當深，比Bonnes Mares還要來得深紅。新鮮的紅色漿果香，強勁迷人，配上野櫻桃與些微的香料氣味，非常乾淨純粹。清新的酸味和薄絲般輕軟的單寧共同交織出精巧綿密的口感，雖然圓美的黑皮諾果味讓Mugnier的蜜思妮添了柔和與豐滿，但相較於其他酒莊卻是偏清瘦的匀稱，顯得靈巧清雅。像極了Frédéric釀的愛侶莊園和邦馬爾的完美綜合。

●香波-蜜思妮城堡是Domaine Jacque-Frédéric Mugnier的所在。

Frédéric喜好晚熟的葡萄，通常比其他酒莊還要晚收。採收之後的葡萄有20-30%將不去梗，整串放入酒槽中，同時其餘的葡萄去梗但不擠出果肉，可以延長發酵的時間。發酵前會先進行3-4天的低溫（15℃）浸皮，等發酵開始後，每天要進行5-6次的踩皮（一般只有1-2次），儘可能地萃取出葡萄皮中的物質。浸皮的時間大約三個星期，溫度不超過30℃，Frédéric覺得有點長，也許將來會再縮短一點，特別是發酵後期的浸皮階段他覺得可以不需那麼久。

因爲偏好於春天裝瓶（4月份），所以葡萄酒得在橡木桶中待上18個月的時間；在橡木桶的選擇上，Frédéric採用三分之一新桶的比例，同時混合產自Vosge及Trançais森林的橡木；他認爲這樣可以讓酒在年輕時就有細緻迷人的風味，但卻又能耐久存。

●Domaine Jacques Prieur的女釀酒師Nadine Gublin。

接近位於埃雪索(Echèzeaux)區內的背斜谷，山勢比較平緩。

自1990年Antonin Rodet的女釀酒師Nadine Gublin接收酒莊的釀造工作後，Domaine Jacques Prieur在近十年來有相當快速的進步，Nadine是屬於膽大心細型的人，但釀成的蜜思妮顯得有點雄壯威武，不及她在釀造蒙哈榭(Montrachet)時的婉約多變。

Nadine釀造蜜思妮前會先讓葡萄進行5-6天左右的發酵前低溫泡皮的階段，所有葡萄全部去梗，但卻用先進的去梗機保留葡萄粒的完整而不破皮，在某些年份還會流掉一部分的葡萄汁以提高皮與汁的比例。例如1996年Nadine就犧牲了將近三分之一蜜思妮的葡萄汁，釀成可口的玫瑰紅酒"Bourgogne Rosé"。發酵浸皮約半個月後釀成。

MUSIGNY
GRAND CRU
APPELLATION MUSIGNY CONTRÔLÉE
Mis en bouteille au domaine
DOMAINE JACQUES PRIEUR
Propriétaire à Meursault (Côte-d'Or) France
13% vol 750 ml
PRODUCE OF FRANCE

在培養方面，Nadine堅持換桶是多餘甚至有害的工作，所以當蜜思妮放入100%新橡木桶之後，就一直放在同一個橡木桶中，直到裝瓶。只有在葡萄酒非常澀的年份才會透過換桶讓酒和空氣接觸以柔化單寧，但即使換桶，部份沉澱的酒渣也會再放入桶中和酒混合。通常得存上一年到一年半的時間。

◎Jacques Prieur的詳細介紹見Part III 第3章，梅索村

Domaine Jacques Prieur

葡萄園面積：0.7660公頃

雖然位於Meursault村，但是Jacques Prieur在夜丘卻擁有相當多的頂尖葡萄園，除了大面積的梧玖莊園及香貝丹(Chambertin)外，Jacques Prieur在蜜思妮的大片莊園更是令人艷羨。位在Petit Musigny的南邊，Jacques Prieur所有0.76公頃的蜜思妮原本只是香波-蜜思妮村的一級葡萄園La Combe d’Orveau，因爲條件還不錯，分兩部分在1929及1989年劃歸進蜜思妮的範圍內，才成爲特級葡萄園。這一帶的蜜思妮

試酒筆記

Musigny

Domaine Jacque Prieur新近幾個年份的蜜思妮都有驚人的優異表現，顏色變得相當的深，濃豔的深紫紅色遠超過一般黑皮諾的極限，毫無疑問的，這是一支壯碩的蜜思妮。強勁結實，有幾近奢華無度的肥美口感，和Mugnier的清瘦風格形成極端的對比。

1996與1997年份成熟度高的葡萄讓單寧強勁緊澀，但卻又相當細緻，讓人覺得Jacques Prieur酒莊的蜜思妮反而比較像麗須布爾(Richebourg)的風味，無論如何，蜜思妮該比此還要來得細膩婉約一點。1994與1998年份雖然稍淡，但卻有蜜思妮既細緻又強勁的特色，有許多細節變化。

Joseph Drouhin

葡萄園面積：0.6720公頃

雖然Joseph Drouhin位居伯恩市，但是在所有Drouhin的紅酒中最能表現酒廠特色的卻是位居香波-蜜思妮村的自有葡萄園。身爲最能表現黑皮諾細緻風味的布根地酒商，自然特別擅長Chambolle的釀製。除了蜜思妮外，Drouhin在邦馬爾及愛侶莊園都擁有葡萄園。Robert Drouhin自認對香波村的酒特別喜愛，所以購買了不少村內的頂尖葡萄園。

Drouhin的蜜思妮位在最北邊，就在Les Argillères的下坡處，隔著小徑與愛侶莊園相接，這附近的地勢比較平緩。雖然位居下坡，土層較厚，但是因爲就在一個舊採石場的四周，所以石塊不少。Drouhin的蜜思妮全部採用有機種植，其中一片約四分之一公頃的葡萄園1998年拔掉重種，試驗性地採用自然動力種植法(culture biodynamique)，成爲在蜜思妮繼Leroy後第二家採用自然動力種植法的酒莊。

Drouhin的女釀酒師Florence Jobard不太喜歡一貫的釀製法，常常有些微的變動；但一般而言，蜜思妮的葡萄會先經兩天左右的低溫泡皮再開始發酵，泡皮與發酵大約只有15到18天左右，並不特別長。在釀造時Laurence會留10-35%的葡萄梗，甚至有時直接留整串完好的葡萄釀製。在培養方面，蜜思妮大約只採用40%的新橡木桶，經12-18個月的培養，輕微的過濾後裝瓶。(Joseph Drouhin的詳細介紹見Part 3 第3章，伯恩市。)

試酒筆記

Musigny

在所有的蜜思妮中，Joseph Drouhin並非以濃烈強勁著名，但若論細緻的表現卻肯定能名列前矛。1998年有相當緊密的單寧，但為果味所包裹，顯得滑順、堅實中透著多變的細節。1996年份的蜜思妮有頗強勁的深紅酒色，滿含著櫻桃、花香及香料的細緻氣息；強勁的酸度配上甜美的果味及蕾絲般細緻的單寧，共同組成優雅的均衡口感，有相當明晰的細節與層次。91與88年份則表現蜜思妮比較肥碩圓融的一面，特別是91年份香味強勁豐富，櫻桃酒帶著毛皮與香料的香氣，圓潤肥美的成熟口感有點過於性感差點失去節制與優雅，但實在是非常可口。

Leroy

葡萄園面積：0.2702公頃

Leroy的蜜思妮共分成三塊，最早的一片位在北邊的下坡處，只有0.08公頃，是1934年從Quanquin家族買進，目前的葡萄是1971年重種；這裡原本是一個廢棄的採石場，表土淺，而且有點凹陷。另外兩片位在Les Musigny的中間地帶，1991年買自Hudelot家族，其中較北面那一片是數十年的老樹。

和Leroy其他自有莊園的紅酒一般，蜜思妮的釀製也是整串葡萄放入酒槽內，沒有任何的控溫，等待葡萄自然發酵。一開始每天淋汁，待4、5天後發酵開始，每天兩次人工踩皮（1994年之前爲機械式踩皮），總共約需18-19天。發酵的溫度比一般低，通常18-24℃，到發酵末期才升高溫度。釀好之後直接進全新的Allier森林的橡木桶培養16-18個月，期間只換桶一次，完全不過濾直接裝瓶。

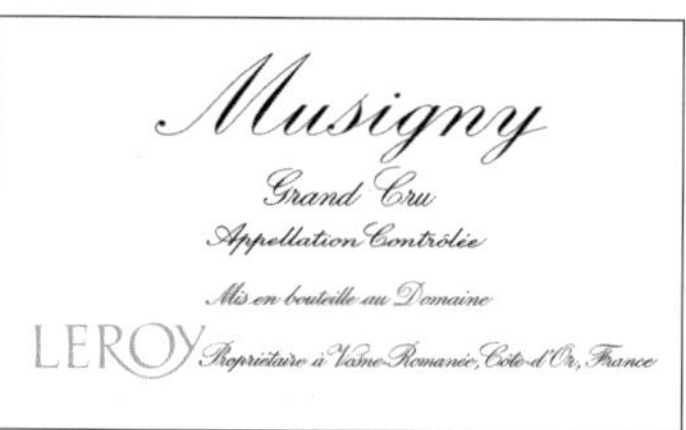

◎Leroy的詳細介紹見Part III 第3章，奧塞-都黑斯

試酒筆記

Musigny 1996

Leroy通常每年只產2桶約50箱的蜜思妮，但90和96兩個最優年份因為較多產，都釀成3桶，共75箱。96年的Leroy是這個年份我喝過所有的蜜思妮中最讓我難以忘懷的珍釀，是我尋求許久的年輕蜜思妮典範。一位在伯恩市的朋友開玩笑的說我是被Lalou施了魔法，其實我自己並不特別認同Leroy的作法，但能釀出這樣的蜜思妮實在很值得尊敬。

深不見底的紅寶石酒色閃著紫紅光芒，細緻優雅的酒香以非常純淨的黑皮諾果味為基調，剛好成熟的黑櫻桃配合著覆盆子與野櫻桃香，和細微飄忽的甘草香料交織成略帶保留的強勁香氣，有若波浪般一陣陣地自杯中湧出。在有如閃電般懾人的酸味襯托下，單寧強勁細緻，有若緊密卻又輕柔滑細的絲綢。圓熟可口的黑皮諾果味遊走於單寧之間，營造出不失美味與性感的口感。

均衡高雅又強勁，而且有久存型的濃厚紅酒難得的輕盈姿態與明晰的細節變化。真是難得的精彩好酒，真正表現了黑皮諾既細柔又強勁的特長。

Pierre Ponnelle

葡萄園面積：0.2104公頃

雖然面積不大，但Pierre Ponnelle的蜜思妮卻還是由四小塊葡萄園構成。其中有兩片和Mugnier家族協商交換葡萄園，湊成一塊長條形，耕作較為方便。除了蜜思妮，Pierre Ponnelle還同時擁有邦馬爾、高登(Corton)、梧玖莊園及夏姆 -香貝丹(Charme Chambertin)等特級葡萄園，約10公頃。

這家於1875年在伯恩市創立的酒商在1986年被全布根地最大的酒商Boisset買入，成為Boisset眾多廠牌中的一個小子牌，現在和同為Boisset子牌的Jaffelin整合在一起運作。但是所有Pierre Ponnelle的自有莊園卻是由Boisset在Premeaux村的酒莊Domaine Claudine Dechamps集中管理釀製。

試酒筆記

Musigny

Boisset在商業上雖然相當成功，是布根地酒業中唯一的股票上市公司，產量很大，但是，在葡萄酒的品質上卻始終難以兼顧。Pierre Ponnelle的蜜思妮也讓人有同樣的疑慮，1997與1998年份柔和清淡的口感，配上還算細緻的簡單果味，對於一瓶蜜思妮顯得鬆散、軟而無力，不免讓人擔憂會經不起久存。自1999年起Pommard村Comte d' Armand酒莊的加拿大釀酒師Pascal Marchand接掌釀製，期盼能出現更精彩的蜜思妮。Pascal 100%去梗，經4-5天的發酵前浸皮，8天35°C高溫發酵以及在波爾多比較常見的7天發酵後泡皮，以及全新的木桶培養。

Louis Jadot

葡萄園面積:0.1665公頃

和George Roumier及Dufouleur Frères一般，Jadot的蜜思妮位在北邊靠近Les Argillères的高坡處，山勢開始要轉向日照較差的東北面，往北僅僅數公尺之遙，就變成屬村莊級AOC等級的葡萄園。這一帶的蜜思妮葡萄園貧瘠多石，坡度特別陡峭，葡萄樹艱難地存活著。

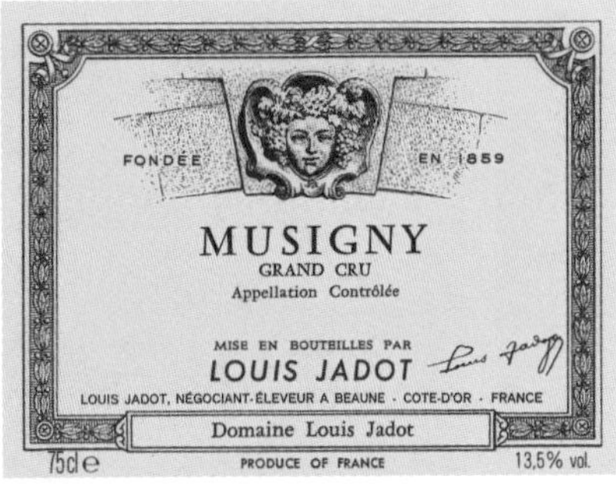

Jadot的蜜思妮一秉Jacque Lardière的釀法，依舊是高溫發酵，超過一個月的泡皮，一半的新桶(每年只產2桶)，不過濾直接裝瓶。但是因為量實在太少，通

常保留較多的葡萄梗一起釀，甚至用整串的葡萄在木造的小型酒槽中釀製。Jadot最近幾個年份的蜜思妮都沒有背離Jadot壯碩濃郁的風格，也許優雅柔轉的蜜思妮並非Louis Jadot的專長，肌肉虯結的邦馬爾才是Jadot表現大拳頭作風的最佳舞台。◎ Louis Jadot的詳細介紹見PartIII 第3章，伯恩

試 酒 筆 記
Musigny

1995年的顏色相當深，甚至出現藍色的反光，黑色漿果配上香料與紫羅蘭花香，相當迷人；非常圓潤甜美，即使酸味特強、單寧澀，仍被果味包裹得相當可口。96年份比95來得更加迷人，有非常純美的黑皮諾果味與優雅的香料，強勁、豐厚、堅實、甜美與動人的活潑酸味。至於1997年份的蜜思妮只能用奇特來形容，1997年特別濃重甜美的年份風格加上Jadot的釀製出現了這款有如波爾多Pomerol產區般豐盈肥胖的黑皮諾紅酒，似乎有點超重。濃郁的香味是全然的甜熟黑色漿果，並配上來自橡木桶的松木香，超濃縮的圓潤口感有如添加了陳年波特酒，但酸味卻在最需要的時刻缺席。

Domaine Drouhin-Laroze

葡萄園面積：0.1193公頃

位在哲維瑞-香貝丹村(Geverey-Chambertin)，1850年建立的Drouhin-Laroze酒莊原已擁有六個特級葡萄園，包括兩公頃的邦馬爾；位置好、各1.5公頃的香貝丹-貝日莊園和梧玖莊園；而且還有總數1.5公頃的拉提歇爾-香貝丹(Latricière-Chambertin)、馬立-香貝丹(Mazi-Chambertin)和夏貝爾-香貝丹(Chapelle-Chambertin)等。1996年老莊主Bernard Drouhin自Moin-Hudelot家族手中買

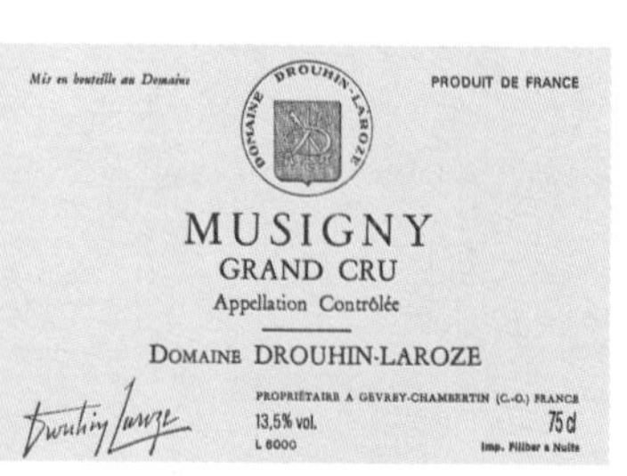

試 酒 筆 記
Musigny

在品嚐完邦馬爾、梧玖莊園及香貝丹-貝日莊園之後，Bernard Drouhin才讓我試蜜思妮，聽來似乎不合邏輯，但1997年的蜜思妮卻是Drouhin-Laroze酒莊眾多名酒中最強勁有潛力的一支。

濃郁的酒香結合新橡木桶的香氣混合著香料和成熟水果的濃香，圓潤厚實的口感有強勁的單寧支撐。雖算不上頂尖的蜜思妮，但稱得上佳作，只是單寧有點不夠細緻。

下0.1公頃多的蜜思妮，再添一個特級葡萄園。這片蜜思妮位在Les Musignys正中間，原本就已經都是數十年的老樹。

全數只有12公頃的莊園卻大半都是名園，是一個有來頭的家族。高齡82歲的Bernard Drouhin其實已經把酒莊大半的工作交給兒子Philippe Drouhin，但他卻決定要親自接待我，一個朋友告訴我Drouhin是本地極右派的重要人物，是相當排外的布爾僑亞階級，這番話著實地讓我擔心會被逐出酒莊，但老先生卻是出乎意料地和靄可親。

蜜思妮葡萄採收後全部去梗，並用人工以雙腳踩出果粒，然後進行約15天的發酵與浸皮，每天兩次踩皮與一次淋汁，然後進全新橡木桶中進行18個月的培養，之間經過3-4次的換桶，完全沒有過濾以手工裝瓶。

●Drouhin-Laroze酒莊的老莊主Bernard Drouhin。

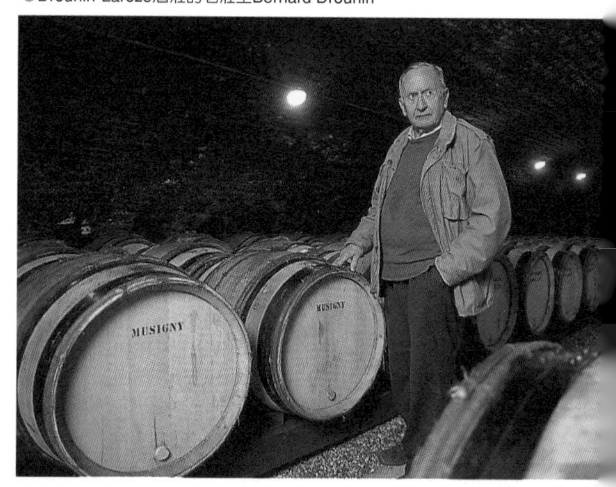

Domaine George Roumier

葡萄園面積：0.0996公頃

Christophe Roumier是一個智慧型的釀酒師，他似乎不斷地在尋求釀造黑皮諾紅酒的最佳方法。在葡萄園的管理上Christophe並不特別迷信老樹，健康不良的老樹都逐漸地更新重種。但蜜思妮卻是例外，因爲葡萄園面積小，無法分多次更新；但若重種，蜜思妮將停產許多年。所以Christoph盡其所能地維持老樹的健康，並且在死掉老樹的位置上補種新葡萄樹，因此現在Roumier的蜜思妮出現老少混雜的場面。Domaine Georges Roumier是GEST的成員，所以全部採用有機肥料，也以犁土代替除草劑的使用。

Musigny
GRAND CRU
APPELLATION CONTRÔLÉE
Domaine G. Roumier
PROPRIÉTAIRE A CHAMBOLLE-MUSIGNY (COTE D'OR) - FRANCE
750 ml
13,5 % vol.
1995
Mis en bouteille
au domaine
LMY95

Roumier的蜜思妮位在Les Musigny北面的高坡處，就在Louis Jadot隔壁，土少石多相當貧瘠；特別是鄰近坡頂處，葡萄艱辛地生長著，產量也相當少。

Christophe通常留5-10%的整串葡萄，其餘全部去梗；在80年代，Roumier酒莊留的葡萄梗更多，曾高達40-50%。延長發酵前的浸皮也是Christophe最近的改變，他希望藉此增加酒中的果味。1996年因爲天氣較冷，葡萄經過9天才開始發酵。他在使用抑止發酵的二氧化硫時相當小心，因爲Roumier酒莊一直都是使用原生酵母，太高的劑量通常會破壞這些珍貴的酵母，對Christophe而言，原生酵母是土地的一部份，蜜思妮葡萄的原生酵母和香貝丹葡萄的酵母是完全不一樣的。

酒精發酵與浸皮的時間約16-17天，只在發酵前淋汁，開始發酵後每天兩次踩皮。Christophe控制溫度的方式是由一開始的十幾度慢慢升高到32℃，然後維持在30℃，直到末尾再拉高到35℃，然後慢慢降溫結束發酵。Roumier家的蜜思妮每年只有一桶，所以別無選擇地使用全新橡木桶，酒莊產的其他葡萄酒新桶的比例只有20-50%之間。橡木桶培養的時間約14到18個月，這期間只經過一次換桶，不經過濾直接裝瓶。

◎George Roumier詳細介紹見Part II第2章

試酒筆記

Musigny

1996年份的蜜思妮和Roumier其他莊園的風格有相當大的差別，對蜜思妮優雅細緻的期盼有點落空。酒色濃黑，新橡木桶的味道帶著濃重的香草香，口感肥厚圓潤，有點像波特酒般的甜美，但又同時有異常強勁的單寧；這似乎不太像Roumier一貫嚴謹節制的古典風格，太濃，太澀，太甜美又太多新木桶，完全背離Roumier和蜜思妮的特色，讓人不免為之嘆息。相較96年邦馬爾的強勁，深厚與均衡實在遜色不少。

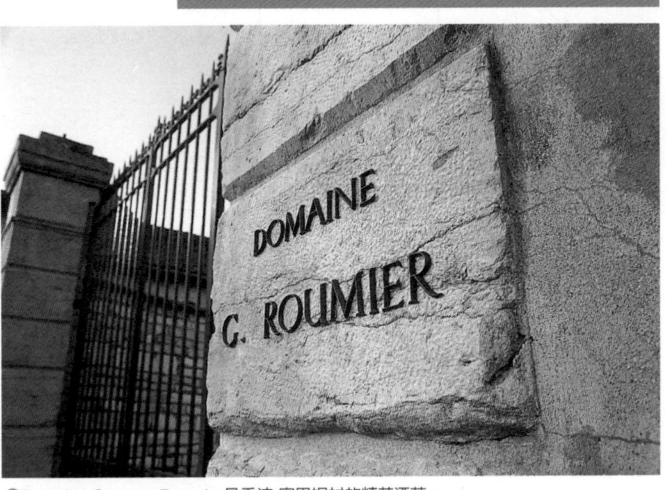

●Domaine Georges Roumier是香波-蜜思妮村的精英酒莊。

Dufouleur Frères

葡萄園面積：0.0980公頃

Dufouleur是布根地現存最早的葡萄農家族之一，已有四百多年的歷史，一次戰前曾是夜丘區的大地主；但經過戰亂與分家，好景已不復當年。Dufouleur Frères這家位於夜-聖僑治鎮內的酒商是兩家以Dufouleur命名的酒商之一，擁有8公頃的自有莊園。Dufouleur的蜜思妮位在坡頂，緊鄰著Roumier的蜜思妮，是1982年種的，還算是年輕的葡萄樹。因為沒有自己的種植隊伍，全部委託葡萄農(tâcheron)代為照料。

採收後的葡萄全部去梗及擠出果粒，再進行13天的發酵，每天踩皮兩次。發酵後會在酒槽中存上一段時間，等乳酸發酵後再放入橡木桶培養，比較像波爾多的作法。通常採用布根地

●Dufouleur Frères的老闆Philippe Dufouleur。

西都森林的橡木桶存放15-18個月。

1996年份的Dufouleur Fr res蜜思妮是我喝過最清淡柔和的蜜思妮，完全沒有一絲單寧的澀味。酒色也可能是所有蜜思妮中最淡的，有可愛的覆盆子及野櫻桃香。如果不把它認為是一瓶蜜思妮，倒不失為平易近人，清新可口的普通黑皮諾紅酒。

●Christian Confuron的少莊主Philippe Confuron。

Domaine Christian Confuron

葡萄園面積：0.0760公頃

在Vougeot村內的酒莊原本就不多，但村內的Christian Confuron酒莊卻很少聽說。七公頃的自有莊園包括四分之一公頃的梧玖莊園及一小片的邦馬爾等特級葡萄園。現在負責釀酒的是兒子Philippe，在Alain Roumier時期還曾在Domaine Comte Georges de Vogüé工作過一段時間。

Christian Confuron的蜜思妮是新近種植的葡萄園，雖然劃分在蜜思妮的範圍內，但是因為位於蜜思妮和梧玖村(Vougeot)的Les Petits Vougeots交界的凹地上，因為條件不好，一直到1992年才開始整地種植葡萄，到1995年第一個年份正式誕生，勉強可以生產一又四分之一桶（375瓶）的蜜思妮。全部去梗擠出果粒後，Philippe以較高劑量的二氧化硫進行發酵前的泡皮，然後再進行約兩週的酒精發酵。之後是在老舊的橡木桶中放上兩年的時間。

很少人相信Christian Confuron會釀出高品質的葡萄酒，但是品嘗95及96年份之後，卻發現並沒有想像中的差，特別是96年份，有頗為迷人的黑皮諾果味及細膩單寧，以年輕的葡萄樹有此表現，已算不錯，但還稱不上蜜思妮的水準。

Faiveley

葡萄園面積：0.0338公頃

在70年代之前，位於夜聖僑治(Nuits Saint-Georges)的知名酒商Faiveley出產許多的蜜思妮，因爲Domaine Jacques-Frédéric Mugnier所有的蜜思妮葡萄園都是由Faiveley獨家耕作與釀製。但是1977年Mugnier收回莊園自己經營之後，Faiveley就只剩下約100坪的蜜思妮了，每年生產半桶（150瓶）。這一小塊地位於蜜思妮的最北端，和一級葡萄園Les Borniques相鄰，是十九世紀時由François Faiveley的曾祖父買下。因爲就位在採石場的上方，所以表土非常淺，大部份是石塊，地下是堅硬的白色石灰岩床，是蜜思妮最貧瘠的一塊地，葡萄樹苟延殘喘地活著。

單獨釀製一百多公升的葡萄酒有點麻煩，溫度很難控制，而且也容易氧化，必須相當小心，比大量釀造還要花更多的精神，除了像蜜思妮這樣稀有的頂尖葡萄園，很少有人會特地單獨釀造這麼少量的紅酒。Faiveley特地請François Frère製桶廠作了一個小型的橡木酒槽以保持溫度，以免發酵半途中止。因爲葡萄的量實在太少，所以Faiveley一反去掉大部份葡萄梗的傳統，全部用整串的葡萄釀造以提高發酵時的葡萄總量。發酵完之後，蜜思妮放入114公升裝的全新橡木桶中培養，等春天完成乳酸發酵後，再換成一兩年的舊桶；這是因爲半桶裝的新桶和葡萄酒接觸的面積相對地大很多，會讓葡萄酒帶有過多的橡木桶味，一直放新桶似乎有點危險。換桶之後通常會再存上12到18個月。

◎Faiveley的詳細介紹見Part III第2章，夜-聖僑治

試酒筆記

Musigny 1995/1996

品嘗Faiveley的蜜思妮是一個相當奇特的經驗，因為量少，十分稀有珍貴，但品嘗前總讓人擔心因釀造困難，恐怕沒有好成績。有點出乎意料，95及96年份的試飲都有相當精彩的表現。也許因為土地貧瘠，Faiveley的蜜思妮並不特別豐腴，單寧緊澀，有蜜思妮優雅強勁的風範，特別是96年份香味細緻豐富，紅果與花香包含著香料，相當迷人，餘味長，可惜有一點草味。95年份相對地封閉許多，而且新橡木桶的味道主宰一切，甚至出現和黑皮諾合不太起來的香草味，需要等一段時間黑櫻桃果香才慢慢出現，反倒是口感中有圓厚的果味搭配稍艱澀的單寧。

André Porcheret

葡萄園面積：0.0156公頃

位於蜜思妮最底部，和梧玖村交界的懸崖邊上，有一小塊細長的土地被劃入蜜思妮的範圍，因爲很窄，而且緊靠著牆邊，不太適合種葡萄。過去一直都是塊長滿樹木與雜草的廢地，但是伯恩濟貧醫院的釀酒師André Porcheret有點開玩笑地買下這塊地，並於1996年整地，開始種植葡萄，因爲樹還太年輕，尚未生產葡萄酒。不過156平方公尺的地最多也只能產50-60公升，不僅釀造困難而且可能不敷成本。

◎除了以上13家酒莊在蜜思妮擁有葡萄園外，在蜜思妮的範圍內，村公所有一塊無法種植的岩石地，Bertagna也有一小片位於懸崖邊，沒有種植葡萄的林地。

●梧玖村是布根地最小的村莊級AOC，只有十幾公頃的葡萄園，但是村裡卻有55公頃的特級葡萄園Clos de Vougeot。

梧玖
Vougeot

因爲特級葡萄園梧玖莊園(Clos de Vougeot)佔了村內大部份的面積，梧玖村只剩16.5公頃葡萄園，而其中的11.7公頃被列爲一級葡萄園，一共有四塊，全集中在梧玖莊園的北面。由於地層陷落，整個梧玖村相較於香波-蜜思妮位置較低窪。除了生產黑皮諾紅酒，村內也產夏多內白酒，約佔產量的五分之一。

受到梧玖莊園盛名的影響，只有197位居民的梧玖村卻是布根地最知名的村莊之一。村內的酒莊不多，只有9家，最出名的是直接位在梧玖莊園內的城堡酒莊Château de la Tour和村內的Domaine Hudelot-Noëllat，另外Bertagna和George Clerge也有相當的水準。

梧玖白園 Clos Blanc

夜丘區是黑皮諾紅酒的國度，但也零星地種著一些白葡萄；梧玖村的一級葡萄園 Clos Blanc就是最好的見證，又稱為「白葡萄樹」(La Vigne Blanche)；西都教會的修士稱這片地為「小白園」(Petit Clos blanc)，就位在梧玖莊園的大門邊。現屬大酒商Boisset旗下的L' Héritier-Guyot所獨有，出產的當然也是夏多內白酒。

梧玖莊園(Clos de Vougeot)

12世紀初，西都教會收到一片捐贈的林地，就位在現在的梧玖莊園內，靠著修士們的努力經營，這片林地逐漸變成葡萄園，而且教會還買下周圍的土地擴充葡萄園的面積；在12世紀中，修院在園中建立了釀造窖。現在環繞著50多公頃的葡萄園是在15世紀時砌築而成，範圍和今日的梧玖莊園幾乎沒有任何差別。至於現在矗立園中的梧玖城堡則是1551年建造，16世紀文藝復興風格的建築。除了城堡主體外還有年代更老的釀酒窖與13世紀的儲酒窖。一直到法國大革命收歸國有之前，梧玖莊園一直由西都教會所有，前後經營了六百多年。

以國產的名義拍賣之後，梧玖莊園不斷地轉手，自1889年後更開始分割，由許多人共有，目前約有80家酒莊在此擁有葡萄園，葡萄園面積最大的是有55.48公頃的Château de la Tour。

梧玖莊園地質的同質性不是很高，一般公認最好的區域是位在高坡處、城堡周圍附近，石塊較多、排水良好。至於坡底的部份則完全是第三世的沉積土，黏稠肥沃又容易積水，種植條件不是很好。

雖然Clos de Vougeot這片歷史悠遠的特級葡

萄園算不上夜丘區的首選，但凡事講究歷史的布根地人是絕對不會背叛這一片已屹立近九百年的歷史名園。沒錯，大家都知道，即使有許多精彩的梧玖莊園紅酒，但連村莊級水準都及不上的更多；但這一點都無損梧玖莊園在布根地人心中的地位，它也將永遠是特級葡萄園，50.6公頃，一點也不會少。葡萄園的分級其實也可以當成是歷史的一種延伸，更何況梧玖莊園的價格也經常居夜丘特級葡萄園之末。

梧玖酒莊特寫 拉圖爾城堡(Château de la Tour)

1889年，Ouvrard家族將獨家擁有的梧玖莊園賣給布根地的6家酒商。其中Maison Baudet Frères雖然買到葡萄園，卻無緣買到城堡和酒窖，之前跟Ouvrard買的許多1885和1886年份的梧玖莊園紅酒還存在梧玖城堡的酒窖中，爲了保有「於城堡裝瓶」的標示，於是在梧玖莊園北邊中坡處蓋了Château de la Tour。有趣的是，1920年拉圖爾城堡轉手賣給另一家酒商Maison Morin後，Baudet家的女兒又嫁給Morin家的獨子，所以現在城堡的主人還是Baudet家的兩名外孫女；大姐Jacquline Labet負責釀製，直到1986年才由他兒子François Labet接手。

MISE AU CHATEAU
J. LABET & N. DÉCHELETTE
CHATEAU DE LA TOUR
GRAND CRU
CLOS-VOUGEOT
APPELLATION CLOS-VOUGEOT CONTRÔLÉE
13% vol. VIEILLES VIGNES 75 cl

拉圖爾城堡擁有5.48公頃的梧玖莊園，主要位在中間部份，在高坡和坡底也都有面積較小的葡萄園。由於1987年到1992年間Guy Accad在此擔任技術顧問，所以拉圖爾城堡是最早進行發酵前浸皮法的酒莊；現在François Labet的釀法也是強調發酵前的部份，葡萄全部或局部去梗以5-7℃的低溫先浸皮一週，然後再讓溫度慢慢回升開始發酵。這樣的釀法可以加深顏色，增添果香和提高甜潤的甘油比例。發酵的時間只有15天，重淋汁而輕踩皮，溫度的控制也偏低，在25-26℃之間，只有在發酵末期才上31℃。之後放入橡木桶中存18個月，新桶比 例爲15-50%。這期間除非必要才換桶，不然只在裝瓶前才將酒抽出混合。

試酒筆記
1996 Clos de Vougeot Vieilles Vignes

酒色深黑、香味強勁。香料、黑色漿果與松木交織成優雅的典型香氣。單寧緊澀，顯得相當嚴肅堅硬，但有足夠甜美的濃厚果味平衡相當高的酸味和單寧。是一款需要忘在酒窖中十幾年的佳釀。拉圖爾城堡出產兩款梧玖莊園紅酒，這支精選老樹產的葡萄釀成的"Vieilles Vignes"已可算是梧玖莊園的頂尖佳釀了。

●拉圖爾城堡酒莊是19世紀的新建築，直接蓋在特級葡萄園上。

●馮內-侯馬內村因為Romanée-Conti、La Tâche以及Richebourg等特級葡萄園而聞名國際。

馮內-侯馬內
Vosne-Romanée

馮內-侯馬內村位在夜丘葡萄酒產區的最精華地帶，但村邊坡上的幾片傳奇葡萄園卻足以讓馮內-侯馬內村成爲千萬布根地酒迷最嚮往的地方。本村只出產黑皮諾紅酒，葡萄園範圍實際上還把北邊鄰村Flagey-Echezeaux包括進來，不含特級葡萄園，有一百五十幾公頃，其中有57.5公頃的一級葡萄園，共有14個。村內屬特等葡萄園共有六個之多，面積達27.8公頃，加上Flagey-Echezeaux村內的埃雪索(Echezeaux)和葛朗-埃雪索(Grand Echezeaux)共達74公頃。

馮內-侯馬內的紅酒以均衡協調、骨肉勻稱聞名，在黑皮諾特有的櫻桃果香中常帶著神秘的香料氣味，成熟後還會散發櫻桃酒，乾草及蕈菇等豐富的香氣。深厚的口感是馮內-侯馬內紅酒的一大特色，非常性感迷人。

馮內-侯馬內村之所以成爲全布根地最閃亮的明珠，不只是單靠條件優秀的葡萄園，位於村內的三十多家酒莊稱得上是衆星雲集。時下知名度最高的布根地酒莊Domaine de la Romanée-Conti及Domaine Leroy全位在小村內，比鄰而居的，還有Méo-Camuzet，Gros家族的三家酒莊，Domaine Jean Grivot，René Engel，Robert Arnoux等多家著名酒莊，以及經常上美國葡萄酒雜誌封面的Henri Jayer。

特級葡萄園（Grands Crus）

侯馬內-康地(Romanée-Conti)

葡萄園面積：1.8公頃

事實上，在布根地許許多多的頂級紅酒中，酒價與名聲都無人能比的侯馬內-康地並不是最強勁厚實，也不是最細膩優雅。身爲布根地

Romanée-Conti

在1651年之前，這片全布根地最昂價的葡萄園稱為"Les Cloux"，石牆圍繞的葡萄園"Clos"的同義字。之後才稱為"La Romanée"。至於為何叫La Romanée，可能是因為這片有石牆圍繞著的葡萄園曾經為羅馬人所有。在伯恩丘的夏山村(Chassagne-Montrachet)也有一塊同名的葡萄園。1789年La Romanée加上了十八世紀莊主康地公爵的名字，成為La Romanée-Conti。至於現在隔鄰上坡處的特級葡萄園La Romanée原本屬於Richebourgs的一部份，後來才改成La Romanée，和原本也稱為La Romanée的侯馬內-康地的葡萄園並無關聯。

身價最高的葡萄園，侯馬內-康地靠的是眞正集結了黑皮諾葡萄的所有優點；試想，還有誰能夠結合貝日莊園(Chambertin Clos de Bèze)的骨架、麗須布爾的厚實肌肉與蜜思妮(Musigny)的細膩質感？侯馬內-康地難以取代的獨特風味，就在於同時兼具強勁與細緻、豐富與優雅，是黑皮諾葡萄的最極致表現，讓人忍不住想花盡銀行存款喝上一口。

侯馬內(La Romanée)

葡萄園面積：0.85公頃

面積最小，只有0.85公頃，就位在侯馬內-康地葡萄園的上方，由Liger-Belair家族所獨有，Bouchard Père et fils獨家銷售。過去出產的紅酒較爲清淡柔和多果味，近年來卻又變得濃郁豐厚，是相當有潛力的名園。

●Romanée-Saint-Vivant葡萄園。

塔須(La Tâche)

葡萄園面積：6.1公頃

這個由Domaine de la Romanée-Conti酒莊所獨有的葡萄園，出產濃郁豐厚，強勁結實，而且非常耐久藏的黑皮諾，雖然細膩的程度不比侯馬內-康地和侯馬內-聖維馮，但還是保有馮內-侯馬內紅酒特有的剛柔並濟，單寧緊澀但卻有相當細膩，如絲綢般的質感。是布根地最頂尖的莊園。

麗須布爾(Richebourg)

葡萄園面積：8公頃

麗須布爾是馮內-侯馬內村除了塔須以外，最強勁結實與濃郁豐厚的葡萄酒。葡萄園就直接位在侯馬內-康地和侯馬內兩片葡萄園的北側，這片山坡到了北端因有一背斜谷切過，略爲朝北；這個位置上的小瑕疵並不影響麗須布爾身爲布根地最頂尖的紅酒莊園的地位。除了驚人的耐久潛力，它的強健壯碩與豐盛厚實已經接近黑皮諾品種所能表現的極致。

侯馬內-聖維馮(Romanée-Saint-Vivant)

葡萄園面積：9.4公頃

侯馬內-聖維馮因曾爲緊鄰的聖維馮修院所有而得名。葡萄園的坡度比較平緩，土質深厚且混有相當多的石塊。和村內其他特級葡萄園比起來，這片葡萄園所產的黑皮諾紅酒顯得特別的溫柔細緻；除了馮內-侯馬內村特有的深厚口感，侯馬內-聖維馮還有如絲般細緻滑潤的單寧，是成熟較快的優雅型馮內-侯馬內紅酒。

葛朗路(La Grand Rue)

葡萄園面積：1.65公頃

雖然位在侯馬內-康地和塔須這兩個頂尖特級葡萄園之間，但葛朗路卻少有非常深厚的口感，常常略顯緊澀；因是Lamarche家族所獨有，所以很難判斷是來自土質或釀酒法的不同。

埃雪索(Echezeaux)和葛朗-埃雪索(Grand Echezeaux)

葡萄園面積：37.7公頃／9.1公頃

埃雪索的面積相當大，也和梧玖莊園一樣出現風格相差很大的黑皮諾紅酒；平均水準不高，價格也最低。一些位在中高坡區的葡萄園有比較好的潛力。至於面積較小，緊貼在梧玖莊園南側的葛朗-埃雪索在中世紀時也是西都教會所經營的葡萄園，比起隔鄰的特級葡萄園有比較傑出的表現，單寧更加強勁，香味變化也更豐富，屬於粗獷耐久型的黑皮諾。

馮內-侯馬內酒莊特寫 Domaine de la Romanée-Conti

全布根地有多達四千多家的葡萄酒莊之多，而 Domaine de la Romanée-Conti(DRC)酒莊是當中最特出的一家；即使眞的有人葡萄酒釀得比DRC好，但光看酒莊所擁有的葡萄園，以及過去輝煌的歷史，就不會有人懷疑DRC作爲布根地第一莊園的地位。

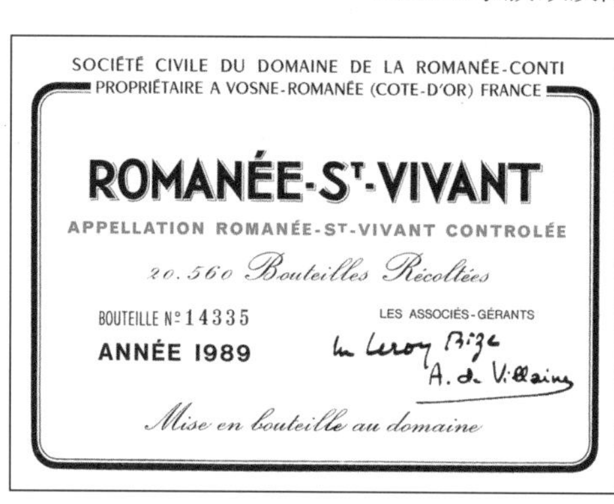
SOCIÉTÉ CIVILE DU DOMAINE DE LA ROMANÉE-CONTI
PROPRIÉTAIRE A VOSNE-ROMANÉE (COTE-D'OR) FRANCE
ROMANÉE-S^T-VIVANT
APPELLATION ROMANÉE-S^T-VIVANT CONTROLÉE
20.560 Bouteilles Récoltées
BOUTEILLE N° 14335
ANNÉE 1989
LES ASSOCIÉS-GÉRANTS
Mise en bouteille au domaine

DRC在馮內-侯馬內村獨自擁有1.8公頃的侯馬內-康地和6.06公頃的塔須，以及3.51公頃（將近一半）的麗須布爾和5.29公頃（超過總面積一半）的侯馬內-聖維馮，幾乎佔盡了全村最好的位置。在Flagey-Echézeaux村還有3.53公頃的葛朗-埃雪索及4.67公頃的埃雪索，另外在伯恩丘區，全布根地最頂級的夏多內葡萄園蒙哈榭(Montrachet)擁有0.67公頃。對那些一輩子辛苦工作的葡萄農而言，最大的夢想無非是擁有一小片特等葡萄園；能有DRC如同夢幻組合般整整25公頃的頂級葡萄園，簡直就是匪夷所思。DRC還有一些比較「畸零」的葡萄園，包括0.17公頃的Bâtard-Montrachet和1.5公頃的一級葡萄園；釀成的酒除了自用，也賣給酒商。

1869年已經擁有塔須、麗須布爾、葛朗-埃雪索及埃雪索等葡萄園的Jacque -Marie Duvault-Blochet買下了歷史名園侯馬內-康地，建立了接近今日規模的葡萄酒莊園；1942年Duvault-Blochet的後代De Villaine家族以及剛買下50%股權的Leroy家族共同設立了Domaine de la Romanée-Conti酒莊由兩家族共同經營，現任的經營者是Aubert de Villaine及Leroy家族的Henri Roch。Aubert的個性相當嚴謹，現在他幾乎決定了酒莊所有重要事務；在他的指揮下，包括新種的計劃、土質的研究、採收以及釀酒的程序等等，一切都是井然有序，組織嚴密，認眞得令人敬佩。現在DRC的酒，就是這般地一絲不苟，讓人輕鬆不起來。

從十多年前DRC就開始採用有機種植，只使用堆肥，以犛地除草代替除草劑等等。Aubert de Villaine並不特別迷信老樹，他非常有計劃地重新改種過度老化的葡萄，由土壤專家Claud Bourguignon分析每一片葡萄園的土壤結構與成份以便改善土壤條件，維持自然均衡。葡萄的採收更是小心，採葡萄工人用藤編的籃子盛裝，再放入20公升裝的塑膠桶，然後運回酒窖，經過人工挑選後才進酒槽。

●La Tâche葡萄園的採收。

DRC的釀造似乎非常簡單自然，也沒有太多的技巧：葡萄不去梗，整串葡萄放入木造的釀酒槽中；再用腳踩出葡萄汁，讓葡萄慢慢自己開始發酵；一開始每天三次淋汁讓酵母開始運作，之後部份機械

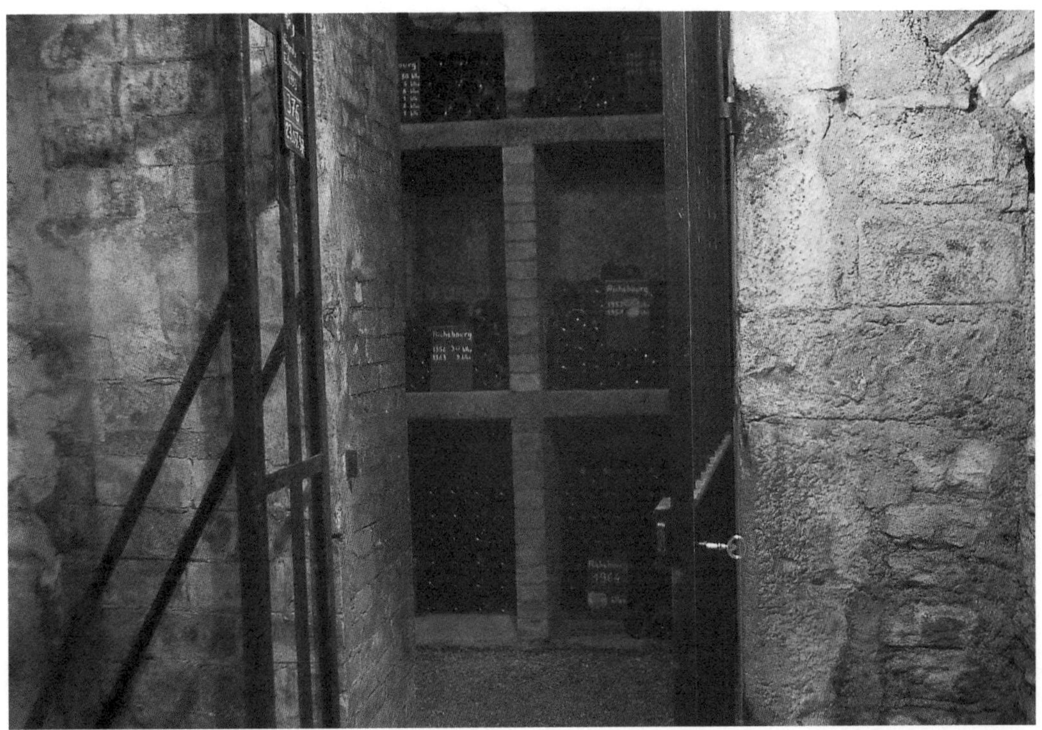
●DRC酒莊的地窖深處藏著許多老年份的珍釀。

踩皮，人工踩皮與打入空氣翻攪葡萄皮也都可能運用。溫度的控制維持在29-30℃之內，但最高可能到33-34℃。加糖的時機通常在發酵的末期，好延長酒精發酵的時間。整個過程大約18-21天左右。

釀成的葡萄酒全部放入François Frère製桶廠所打造的全新橡木桶中，採用的是酒莊自行採買，經3年風乾的橡木片；這些橡木主要來自Trançais與弗日山等森林，當地的橡木都以細緻聞名。在桶中大約存上16-20個月，中間只經過一次換桶和一次黏合澄清。通常沒有過濾就直接裝瓶。

DRC通常在黑皮諾全部採收完之後再採蒙哈樹的夏多內葡萄，葡萄常因爲晚收而過熟，這是DRC的蒙哈樹白酒最主要的特色。榨汁後，全在新橡木桶中發酵；和Faiveley一樣，採用滾動橡木桶的方式混合酒和死掉的酵母。培養的時間相當短，常常乳酸發酵完沒多久就裝瓶，很少留過隔年6月。

Aubert的謹慎讓DRC在進行任何改變之前都需經過許久的實驗，例如更高的種植密度以及採用500公升裝的橡木桶都已經開始嘗試性的使用，企圖在未來能生產出更完美的葡萄酒。就如Jacque Seysses所說，DRC總要與眾不同才能是DRC。

試酒筆記

1996 Romanée-Conti

深濃的黑櫻桃紅帶著藍紫色的反光，非常馥郁的新鮮果味純淨豐富；以黑櫻桃為主軸，帶領其他黑醋栗與覆盆子香味，培襯的是細緻的木香與香料。緊密的單寧在酸味的帶動下更加強勁有力；有絲般的質感，細緻卻密得毫無空隙；搭配十分圓潤與扎實的口感，讓架構顯得非常鮮明勻稱。不及1996年塔須和麗須布爾的高大魁梧格局，侯馬內-康地表現得反倒像是玉樹臨風式的風雅之姿。無論如何，至少還得再等十年以上才會是品嘗的時機。

Gros家族

布根地酒莊複雜的家庭網絡常讓人產生混淆，馮內-侯馬內村內的Gros家族就是很好的例子。目前Gros家族有四家酒莊，分別由Louis Gros的第三代經營。首先，Gros Frère et Soeur酒莊是Louis Gros的女兒Colette和兒子Gustave共同組成的酒莊，因兩人都未婚，所以由弟弟的兒子Bernard負責管理。二兒子Jean和老婆成立Jean Gros酒莊，現由兒子Michel繼任成立Michel Gros酒莊，Jean的女兒Anne-François嫁到玻瑪村(Pommard)的Parent酒莊，也分到一些葡萄園，自己獨立在玻瑪村成立Anne-François Gros酒莊。至於Louis Gros的小兒子Francois和女兒Anne成立Anne et François Gros酒莊，現改爲Anne Gros。Anne雖然嫁入Chorey lès Beaune村的Tollot-Beaut酒莊，但仍在馮內-侯馬內村有自己的酒莊。1.89公頃的麗須布爾 和1.9公頃的梧玖莊園以及在馮內-侯馬內村內的許多一級葡萄園，如獨有的Clos de Réas等等是Gros家族最讓人羨慕之處。

Gros Frère et Soeur和Michel Gros在釀酒上比較類似，特別是自1995年起開始使用濃縮機，酒釀得越來越濃。Bernard喜歡把葡萄園整理得井然有序、茂盛健康，看到Leroy酒莊要死不活的葡萄樹對他有如芒刺在背。他似乎喜歡控制一切，但也留給自然較少的意外空間。酒莊葡萄園的樹籬都種成南北向（一般都是順坡而下的東西向），因爲Bernard認爲這樣的受光效果更好。Gros Frère et Soeur所產的酒比較圓熟肥美，和Bernard的口味喜好很接近，近年採用濃縮機提高酒的濃度後，更加重了酒的肥碩程度，幸虧單寧也跟著增加可以撐起酒的架構。酒莊所有的梧玖莊園是位在最高處靠近蜜思妮的部分；自然條件好，有相當高的水準，是梧玖莊園中葡萄酒口感最濃的生產區域之一。

●上：一級葡萄園Clos de Réas由Michel Gros酒莊獨家擁有。
●下：Bernard Gros和他在上夜丘區的葡萄園。

Anne-François Gros所釀的酒不及Bernard和Michel來得濃重，口感比較緊澀，但仍有不錯的水準。近年來Anne Gros甜美豐盛的早熟型風格越來越受到注意，是新式釀酒風格的佼佼者；非常乾淨新潮，享樂式的可口美味在酒非常年輕時就已經全然展露。

●Gros Frère et Soeur酒莊是村內最氣派的建築之一，和DRC比鄰，直接位在Romanée-Saint-Vivant葡萄園旁邊。

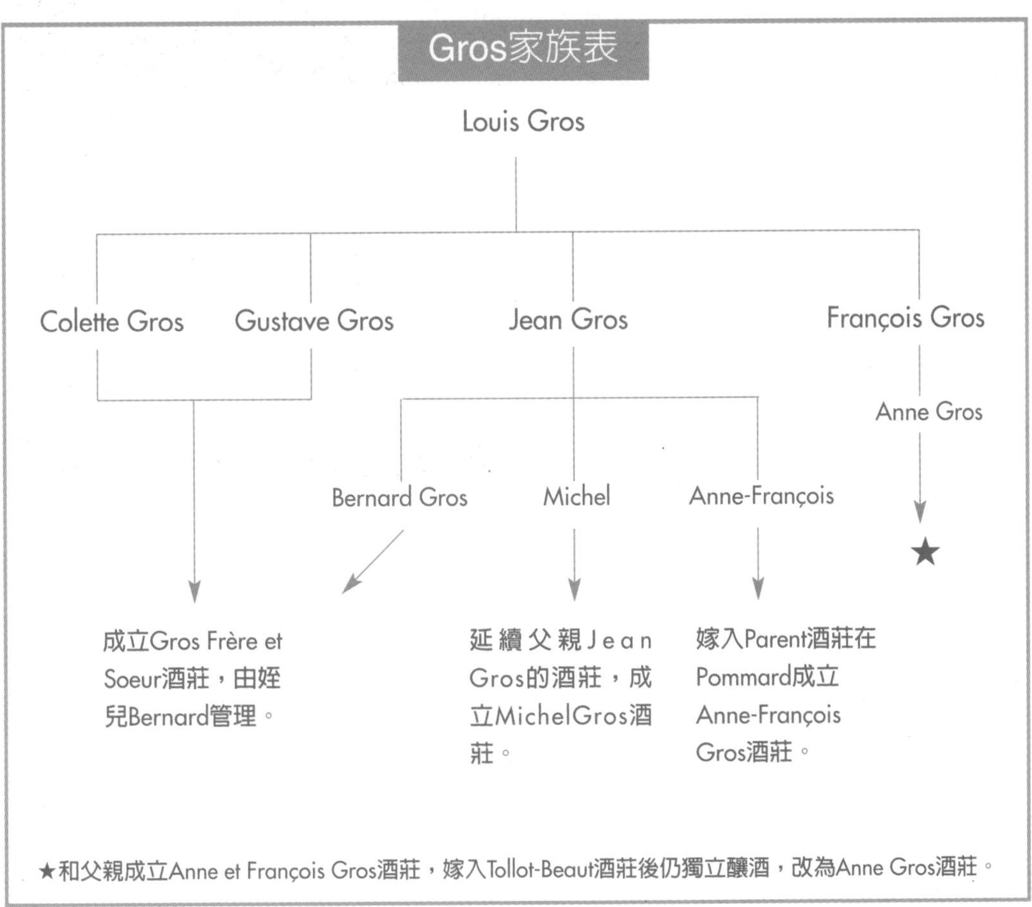

夜-聖僑治
Nuits-Saint-George

●夜聖僑治村南的一級葡萄園Les Perrières。

只有五千多鎮民的夜-聖僑治已經是夜丘區裡的最大城，這個全球最優秀的夜丘黑皮諾紅酒產區就以這個小鎮命名。區內主要的酒商全位在鎮上，大型的像Boisset、Moillard-Grivot和Labouré-Roi等，規模都不輸伯恩的酒商；小型的也有Faiveley和Dominique Laurent等多家。不同於伯恩市以酒商爲主，夜-聖僑治鎮上同時還有許多著名的獨立酒莊，如Henri Gouges、Robert Chevillon及Alain Michelot等等，此外夜-聖僑治的濟貧醫院也擁有十幾公頃的葡萄園，葡萄酒在採收後的隔年三月舉行拍賣。

夜-聖僑治也是一個村莊級AOC產區，城南城北都是葡萄園，產區的範圍還把南邊的培摩村(Prémeaux)也包括進去了。或許因爲鎮名好唸容易記，夜-聖僑治的葡萄酒一直有很好的市場，跟伯恩丘的玻瑪村(Pommard)一般，只要靠名字，不論好壞都能把酒賣出去。雖然夜-聖僑治並沒有特級葡萄園，但條件相當好的葡萄園卻也不少，41個共143公頃的一級葡萄園裡有像Les Boudots、Les Vaucrains及Les Saint Georges等優秀名園，具有直追特級葡萄園的潛力。夜-聖僑治的產區範圍大（南北長達五公里），葡萄園面積約290公頃；一般分爲城北、城南及培摩村三區，風格有點不同。

●夜聖僑治村是布根地的釀酒中心，聚集許多酒莊和酒商，包括全布根地最大的酒商Boisset等等。

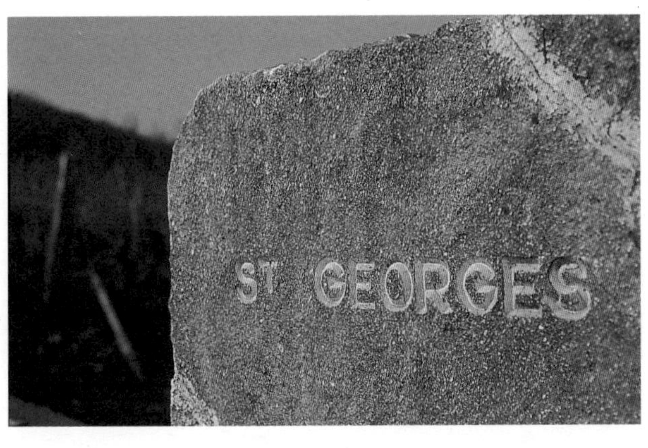

●一級葡萄園Les Saint-George 有特級葡萄園的條件。

城北的葡萄園比較寬廣，北面和馮內-侯馬內村的葡萄園連成一氣，酒的風味也較接近；特別是幾個鄰近Vosne的一級葡萄園像Les Damodes、La Richemone和Les Boudots等等，都有較夜-聖僑治其他地區來得柔和細膩的口感。但是越往南的葡萄園，就越帶有特屬於夜-聖僑治的堅固與粗獷，需要更長的時間來醇化葡萄酒。這邊12個一級葡萄園全位於地勢高陡的高坡上，以褐色石灰土混合一些石塊與河積黏土爲主。坡底的一般等級夜-聖僑治土壤較深厚，多河積土，口感較爲扎實方正，少見圓融的細緻變化。

夜-聖僑治城南的葡萄園又有所不同。土質以帶紅色的褐色石灰土爲主，間雜著許多的白色小石塊。有16個一級葡萄園，算得上是夜-聖僑治的最精華區；其中最出名的是已有千年歷史的Les Sait Georges，19世紀末這片葡萄園的名字被加到原本的鎮名 "Nuits" 之後，才成爲今天的 "Nuits-Saint-Georges"。此外，Les Vaucrains、Les Caille及Les Chaboef等等也有很高的產酒條件。許多人心目中的夜-聖僑治紅酒就是像此處的那般緊澀單寧重、強勁壯碩、有多變的香氣，通常要等上十年才能成熟。

往南一進入培摩村之後葡萄園開始變窄成爲細長狀，比較多黃褐色的石灰質土；雖然狹窄，但地勢高低起伏的變化卻相當大，在這裡共有13個一級葡萄園，最著名的是幾個獨家擁有的葡萄園如：Faiveley的Clos de la Maréchale、Bouchard的Clos Saint-Marc及Domaine de l'Arlot的Clos-des-Fôrets。培摩村內也有許多著名的獨立酒莊如Daniel Rion、Jean-Jacque Confuron、Bertrand Ambroise及Domaine de l'Arlot等等。

雖然夜-聖僑治主產紅酒，但是卻也產一點白酒，約一萬多瓶的產量，主要分佈在坡頂多白色石灰石的地帶；例如城北的En la Perrière Noblot、城南的Les Perrières以及培摩村的Les Terres Blanches和Clos Arlot等等。採用的品種則是夏多內、白皮諾、灰皮諾和變種的黑皮諾都有（理論上，在布根地依法除夏多內外，其餘三者都是僅能釀製紅酒的品種）。酒的風味以Henri Gouges的Les Perrières最爲強勁堅實。本地的白酒常以高比例的新桶釀製，口感頗濃厚但較少細緻的表現。

一文不值的葡萄園 Les Vaucrains

在布根地許多生產條件最好的葡萄園都是位在土少石多的貧瘠山坡上，除了葡萄，大概其它作物都無法生長其上；在開始生產葡萄酒之前，這些土地通常都是不具耕作價值的荒廢土地。夜-聖僑治村的頂尖一級葡萄園Les Vaucrains就曾是這樣的一片地，原本叫「一文不値」(Les Vaut Rien)，然後演變成現在的 "Les Vaucrains"，一公頃有千萬法朗的身價。

夜-聖僑治酒莊特寫
Alain Michelot

留著一臉大鬍子的Alain Michelot有著夜丘區著名酒莊少見的親切與和善。他釀的酒偏重圓熟果味的甜美滋味，似乎也和他有著同樣的個性。這在以堅硬的單寧爲特色的夜-聖僑治似乎有點矛盾。雖然沒有問，但我想如果有選擇，Alain會希望出生在像馮內-侯馬內或渥爾內(Volnay)這樣的村子，因爲黑皮諾在那些地方都有夜-聖僑治難有的迷人果味。不過身爲一個夜-聖僑治的酒莊，Alain Michelot相當傲人地擁有6個夜-聖僑治的一級葡萄園，在最精華區Les Saint-Georges、Les Vaucrains及Les Cailles都有葡萄園，總共有8公頃多。

●酒莊主Alain Michelot。

因爲不喜歡太乾澀的單寧，Alain通常會去掉全部的葡萄梗來釀製，而且讓葡萄先維持4-5天的低溫浸皮再開始發酵，以提高果味和香味。發酵與浸皮的時間則相當長，至於加糖的時間則在發酵的最末期好延長發酵的時間。整個過程大約在21-25天的時間，加上每天兩次的踩皮可以萃取出足夠的顏色與單寧。

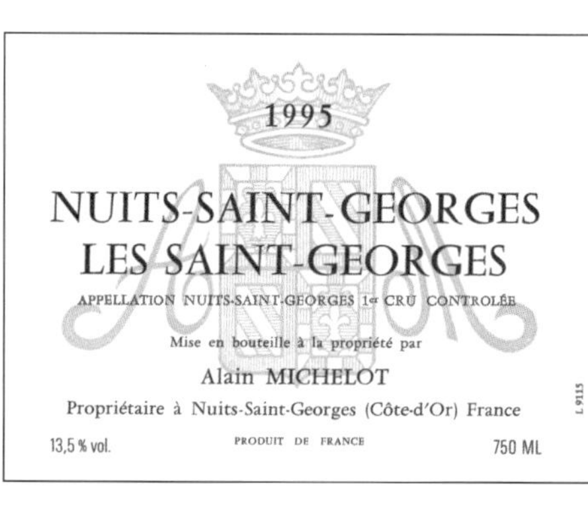
1995
NUITS-SAINT-GEORGES
LES SAINT-GEORGES
APPELLATION NUITS-SAINT-GEORGES 1er CRU CONTROLÉE
Mise en bouteille à la propriété par
Alain MICHELOT
Propriétaire à Nuits-Saint-Georges (Côte-d'Or) France
13,5 % vol. PRODUIT DE FRANCE 750 ML

Alain Michelot會將完成發酵且榨完汁的葡萄酒特意地在酒槽中放上一段很長的時間，通常會長達一個月，而不會在完成沉澱後馬上入橡木桶培養。這並不表示他像波爾多的釀酒師一樣喜歡在酒槽中進行乳酸發酵，而是他想讓酒的溫度降低，好讓乳酸發酵晚一點開始。他認爲這樣不僅可以讓顏色較濃，而且去掉較大的酒渣，僅留下細小的死酵母，比較不會產生醋酸，可以免掉在乳酸發酵後必須換桶的問題。

Alain認爲換桶太多次不僅會使酒變得乾瘦，而且會失去珍貴的黑皮諾果味，所以只要沒有意外，葡萄酒裝入228公升橡木桶後Alain就會讓它們一直存在同一個桶中18個月，直到裝瓶前完全沒有換桶。這樣的釀法確實讓Alain Michelot的夜-聖僑治紅酒帶有更豐郁迷人的果味，Alain堅信如果是好酒，打從年輕就會好喝，一開始不好喝的酒成熟後也不會變好。

品嘗比較Alain Michelot的Les Saint-Georges、Les Vaucrains及Les Cailles是一個認識這三個相鄰的葡萄園之間風格差別的絕佳機會。Les Cailles和Les Saint-Georges南北相連，不管土質、坡度及高度等條件都幾乎相同；但Les Cailles卻完全偏向柔細的表現，香濃的黑櫻桃果味伴隨著絲綢般細滑的單寧，非常的可愛迷人，似乎是馮內-侯馬內村的風格。位於上坡的Les Vaucrains坡度較陡，有更多的石塊，酒的風格則轉換成嚴肅緊密的強硬口感，但卻有許多成熟的果味。Les Saint-Georges的風味介於兩者之間，絲般細膩的單寧帶著結實穩固的骨架，包裹著圓潤甜美的果味，穩健與細膩中間夾著Alain Michelot專門的縱慾式的肥美。

夜-聖僑治酒莊特寫
Faiveley

雖然是一家酒商，但是Faiveley似乎更像一家超大型的獨立莊園，身爲年產量不及百萬瓶的小型酒商，卻獨自擁有130公頃（每年不斷地擴大）的葡萄園。無庸置疑地，大部分Faiveley的葡萄酒（70%以上）都產自自有的莊園。像Faiveley這樣的酒廠在布根地似乎是獨一無二，用大企業的嚴謹管理來經營精緻的小酒商，一切井然有序，葡萄園得到悉心、合理的照顧，葡萄酒全經仔細精確地釀造與培養，幾乎每一款酒都有相當的水準。在來自自然環境的產地風味之外，Faiveley的葡萄酒在布根地的衆酒商中表現了均衡和諧的古典風格：特別地濃郁強勁，但又結構嚴謹、比例協調；有點嚴肅，但不失細膩的表現。

●Faiveley家族的第六代傳人François Faiveley。

自Pierre Faiveley 1825年創立Faiveley以來，現在負責經營的François已是第六代傳人了。François像是受良好教育、見多識廣的巴黎布爾僑亞階級與懂得生活、親近土地的布根地仕紳的結合；在他的帶領下，Faiveley比一般的酒莊有理念，也不像一般酒商那麼市儈。除了Faiveley酒廠，François同時還得管理Faiveley工業，一家以製造法國高鐵TGV電動門聞名的科技公司。也許因爲資本雄厚，Faiveley作爲一家酒商，並不汲汲營營於小利，反而比較在意透過葡萄酒反應出來的企業精神，在許多地方顯得有點不計成本，François自稱Faiveley是家奢華酒商。

Faiveley 130公頃的葡萄園全位在金丘區和夏隆內丘區；在金丘區有50公頃，主要集中在夜丘，有四分之三屬特級葡萄園或一級葡萄園等級。在哲維瑞-香貝丹村內的香貝丹、香貝丹-貝日莊園及拉提歐爾-香貝丹三個特級葡萄園都有一公頃多的葡萄園；此外還包括梧玖莊園、埃雪索(Echezeaux)、Clos de Corton Faiveley和高登-查理曼(Corton Charlemagne)等特級葡萄園，甚至還有一小片0.03公頃的蜜思妮(Musigny)。在一級葡萄園方面，以夜-聖僑治包括Les Saint Georges在內的八個一級葡萄園最受矚目；其中廣達9.55公頃的Clos de la Maréchale目前由Faiveley獨家耕作至2002年，地主是香波-蜜思妮(Chambolle-Musigny)的Mugnier家族。

Faiveley在夏隆內丘廣達80公頃的葡萄園則相當集中，在梅克雷村(Mercurey)就獨有70公頃，幾乎包下了介於梅克雷村和乎利村(Rully)之間的整面山坡，此外最近還在Montagny買入約十公頃的葡萄園。雖然面積大，但是Faiveley卻明顯地較缺乏白酒和伯恩丘區的紅酒；François的私人關係多少彌補了這些遺憾，他用夜-聖僑治和Bouchard交

●夜-聖僑治村的一級葡萄園Clos de la Maréchale由Faiveley獨家耕作釀造。

換伯恩的紅酒，用梅克雷和Devillaine交換布哲宏(Bouzeron)的Aligoté白酒等等。這樣的合作關係在個人主義掛帥的布根地簡直就是匪夷所思，但交遊廣闊的François爲了好產品卻想打破這些無謂的籓離。

在葡萄的種植上，Faiveley花大錢爲葡萄園作土質分析，然後據此決定如何平衡土壤的成份；現在Faiveley僅採用有機肥料，而且將逐漸成爲有機種植。對初次來訪的記者，François照例一定會提到他爺爺說過的一句話：「釀出好的黑皮諾的三要素就是要控制產量、控制產量及控制產量。」所以現在François採用許多不同的方法來降低產量，包括植草、除樹芽、保留老樹、選擇產量低的樹種等等都派上用場。François相信當土地越貧瘠，產量越小，葡萄樹根扎得越深，就越能夠表現葡萄園的特色。

●Clos de Corton Faiveley是由Faiveley獨家擁有的葡萄園。

對於葡萄的成熟度，François也有不同的看法；他覺得酒精度高並不代表成熟，而太熟不僅算不上優點反而有害。他特別強調平衡的重要，葡萄不僅要熟，而且要保有酸味。爲了在最佳時機採收葡萄，Faiveley在採收季得雇用400人隨時機動採收。Faiveley一共有兩個釀酒中心，所有夏隆內丘的葡萄酒全在梅克雷(Mercurey)的酒窖釀造，其餘全在夜-聖僑治的本廠釀造。雖然有越來越多的頂尖酒莊會用輸送帶挑掉品質不好的葡萄，但Faiveley是這方面的先鋒；幾乎所有的黑皮諾（即使是在好年份也不例外）都得經過挑選才能進入酒槽。

在釀製紅酒方面，Faiveley最近幾年開始利用發酵前的低溫泡皮提高酒在年輕時的果味，因爲擔心用幫浦降溫會影響酒的風味，Faiveley在酒槽的外面裝上自動灑水系統以降低溫度。François爲了延長發酵時間，溫度控制在25-26℃的低溫，這樣通常可以讓整個發酵的時間長達一個月之久，可以更完整地萃取出葡萄皮內的單寧與色素，不過爲了擔心氧化及加速發酵，全部都不進行淋汁。過去Faiveley會去掉所有的葡萄梗，但近年來則會保留一小部份的梗一起釀，至於只有一百多公升的Musigny爲了保有足堪釀造的量，例外地保留整串的葡萄完全沒有去梗，是唯一的例外。

●Faiveley的地下儲酒窖。

在培養方面，Faiveley採用約30-40%的新桶，紅酒得存上14-16個月，最長不超過18個月，對於不換桶的作法François還是相當保留，在結束乳酸發酵後進行幾次換桶去酒渣。在Faiveley，每一個新的決定都經過相當長的深思熟慮。大部份Faiveley的頂級紅酒全都沒有經過過濾的程序以保留飽滿的口感，而且全是一瓶一瓶用手工裝瓶，直接由橡木桶流入瓶中，一次只能裝兩瓶。總之François很討厭幫浦這種東西，他相信任何較激烈的動作都會影響葡萄酒的風味，雖然費時費工又耗錢，但這些都難不倒François的決心。

從Faiveley的酒瓶也很能看出François的作風。因爲選用高等級加長型的軟木塞，他發現瓶頸彎曲的傳統布根地酒瓶會讓長軟木塞無用武之地，無法加強葡萄酒的密封效果，於是François找人設計了瓶頸加長的"Faiveley"瓶型，讓長軟木塞發揮功效。如此費神只爲了他相信Faiveley釀的酒都是要久藏的佳釀。

有一回François搭我的小Punto汽車到夜-聖僑治附近的山上吃飯，他突然幽幽地說，他認識許多很有錢的人，拼命地賺取更多的錢，多到花幾輩子也用不完。後來他才發現，賺錢只是他們對死亡的恐懼所做出的無助回應。他指著窗外一片翠綠的Meuzin河谷說，其實有什麼比生活在此更讓人覺得幸福。由此我才體會雖然葡萄酒廠不及TGV的電動門重要，賺的錢也不成比例，但François卻把大部份的時間花在夜-聖僑治。特別是當釀出像1996 Chambertin Clos de Bèze這樣完美無瑕的佳釀時，我想François心中那份成就感是再多的金錢也無法換得的。

夜丘村莊
Côte de Nuits-Villages

●夜丘在Corgoloin村山勢轉為低矮，採石場的廢土堆得比山還高。

夜丘的精華區集中在中段，在最南端和北端各有一些較不出名的村莊也出產葡萄酒，他們全部集中起來稱爲「夜丘村莊」(Côte de Nuits-Villages)；包括菲尙村(Fixin)、一部分納入哲維瑞-香貝丹(Geverey-Chambertin)的Brochon村、大部分劃入夜-聖僑治的培摩村(Prémeaux)，最南端的貢布隆香(Comblanchien)村和Corgoloin村全都含括在內，其中菲尙村雖然已經獨立成村莊級AOC，但仍然可以選擇以夜丘村莊的名義銷售。目前幾個村子合起來，生產此AOC的葡萄園大約只有一百六十幾公頃，主要生產黑皮諾紅酒和一點點白酒。

夜丘往南經過夜-聖僑治之後山勢變得低緩，適合種植葡萄的山坡也跟著縮窄成只有一兩百公尺，馬上就進入太過肥沃的平原區。這一帶有幾家採石廠，以美麗的貢布隆香大理石岩聞名。貢布隆香村和Corgoloin村就位在這個最南端和伯恩丘交界的地帶。產區內知名的酒莊不多，但有一些認眞，品質穩定的小酒莊像Domaine Chopin et Fils、Domaine Chopin-Groffier及Domaine Gachot-Minot等。

夜丘村莊酒莊特寫
Domaine Gachot-Monot

年輕有衝勁的Damien Gachot從父母手中接手有7公頃葡萄園的酒莊，除了幾片在夜-聖僑治的葡萄園外，其餘全在Corgoloin村內。夜-聖僑治的一級葡萄園Les Poulettes是Damien的傑作，有相當的圓厚與優雅，但他的夜丘村莊紅酒才更吸引人，有非常迷人的可愛果味，可口的紅色森林漿果配上輕柔細滑的單寧，有夜丘區難得的青春浪漫氣息。

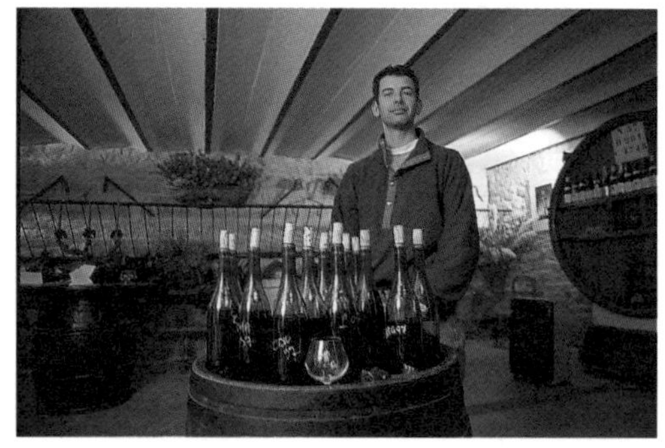

●年輕有衝勁的莊主Damien Gachot。

GM

CÔTE DE NUITS-VILLAGES

APPELLATION CÔTE DE NUITS-VILLAGES CONTRÔLÉE

LES CHAILLOTS

MIS EN BOUTEILLE A LA PROPRIÉTÉ

Domaine Gachot-Monot

Propriétaire-Récoltant à Corgoloin 21700 NUITS-SAINT-GEORGES France

Tél. 03.80.62.50.95.

12,5% vol. GRAND VIN DE BOURGOGNE - PRODUIT DE FRANCE 750 ml

上夜丘與上伯恩丘
Hautes-Côtes-de-Nuits & Hautes-Côtes-de-Beaune

新生世第三紀的造山運動在中央山地與蘇茵河平原的交界處造成許多以侏羅紀岩層爲主的數道南北向山脈，金丘區是其中的第一道山坡；但在金丘區之後還有許多和金丘區類似的山坡，稱爲上丘區(Les Hautes-Côtes)，由於海拔較高，葡萄園的位置必須要能避風和受光良好才能讓葡萄成熟。在這個廣大的區域裡葡萄園比較分散，和樹林、牧場、小麥田與黑醋栗園相鄰。

跟金丘區一樣，上丘區也分爲南北兩區，北面叫上夜丘(Hautes-Côtes-de-Nuits)含括19個村莊，五百多公頃葡萄園。南面的區域叫上伯恩丘區(Hautes-Côtes-de-Beaune)，29個村莊六百多公頃的葡萄園。雖然本區紅酒、白酒與玫瑰紅酒都可生產，但主要還是以紅酒爲主，但白酒有逐年增加的趨勢。

上丘區的葡萄園景觀比較特別，大部份使採用高籬笆的種植法，種植的密度很低，每公頃只有3,000株；這樣的景況是因爲上丘區的農莊多半以畜牧和穀物爲主業，種植葡萄只是副業；低密度的種植法可以讓農民使用一般的機械即可種植葡萄，不用有額外的投資。但爲維持品質，依規定高籬種植的葡萄產量必須比一般的種法少20%。

金丘區的發展已經完全飽和，但在上丘區則還有許多可能；已有不少金丘區的酒莊與酒商將觸角伸到上丘區，雖然現在法國嚴格管制葡萄園的擴張，但許多酒莊寧可拔掉平原區的葡萄園，將重種權轉移到生產條件較好的上丘區來。近年來本區的釀酒水準已經大幅度提升，是尋找價廉物美的布根地葡萄酒的新處女地。

著名的酒莊包括上夜丘區採用大量新桶聞名的Domaine Jayer-Gilles、父女檔的傑出酒莊Domaine Naudin-Ferrand、特立獨行的Domaine Montmain、產白酒著名的Domaine Thévenot le Brun等等。上伯恩丘區著名的酒莊包括酒商Antonin Rodet的Château de Mercey、年輕剛成立的Domaine David Duband以及老牌的Domaine Mazilly等等。

上夜丘酒莊特寫
Domaine Montmain

在許多人的心目中，上夜丘區只是夜丘區的遠房窮親戚，生產一些上不了檯面的鄉野小酒。但是Bernard Hudelot卻從一開始就相信在上夜丘也能生產媲美金丘區的珍貴美酒。他在Villars-Fontaine村成立的Montmain酒莊有20公頃的葡萄園，位在一個類似高登山(Montagne de Corton)的面南半圓型山坡上，除了受光與排水的條件都好之外，也因爲位在避風處，可以讓葡萄有非常高的成熟度。也在第戎大學教授葡萄種植學的Bernard，採用一種Y字型的葡萄樹籬，可大幅增加受光面積。

●Bernard Hudelot。

Montmain酒莊出產多款上夜丘區的葡萄酒，其中紅酒以Genévrières最精彩，白酒則是Le Rouard最有潛力，全都是屬於濃厚壯碩型的葡萄酒，架勢十足，年輕時都帶許多新橡木桶味。也許細膩不足，但強勁與豐厚的程度確實不輸金丘區。只是Bernard對自己的自信讓酒價已經直逼金丘著名村莊的價格。

第3章 伯恩丘區 *Côte de Beaune*

伯恩丘(Côte de Beaune)緊接著夜丘南界，金丘區的葡萄園繼續往南蔓延，受到許多背向谷及小河谷的切割，地勢突然變得開闊許多，葡萄園不再僅限於細長的坡帶，開始四處延伸；由拉都瓦村(Ladoix-Serrigny)連綿不斷地延到最南端的馬宏吉(Marange)，共4,800公頃的葡萄園，將近夜丘的兩倍。伯恩丘除了出產更為柔美可口的黑皮諾，也產全球最頂尖的夏多內白酒。

比起夜丘區，伯恩丘有更長串的葡萄酒村，因為地層的巨大變動，葡萄酒的風格也跟著變化多端；其中有許多是夏多內白酒的典範村莊如：肥美豐盛的梅索村(Meursault)、勻稱強勁的普里尼-蒙哈榭村(Puligny-Montrachet)、以及阿羅斯-高登(Aloxe-Corton)村裡粗獷圓厚的高登-查里曼(Corton-Charlemagne)等等，都是全球夏多內酒迷們瘋狂追逐的對象。

伯恩丘的黑皮諾雖然有高登(Corton)和玻瑪(Pommard)的堅實強硬風格，但大部份的村莊像伯恩市、薩維尼(Savigny-lès-Beaune)、渥爾內(Volnay)等等，都比北邊的鄰居表現更親切可愛的風韻，酒中經常蕩漾著黑皮諾迷人的飽滿果味。

●阿羅斯-高登村位在高登山下，村後就是知名的特級葡萄園高登與高登-查理曼。

伯恩丘（北）

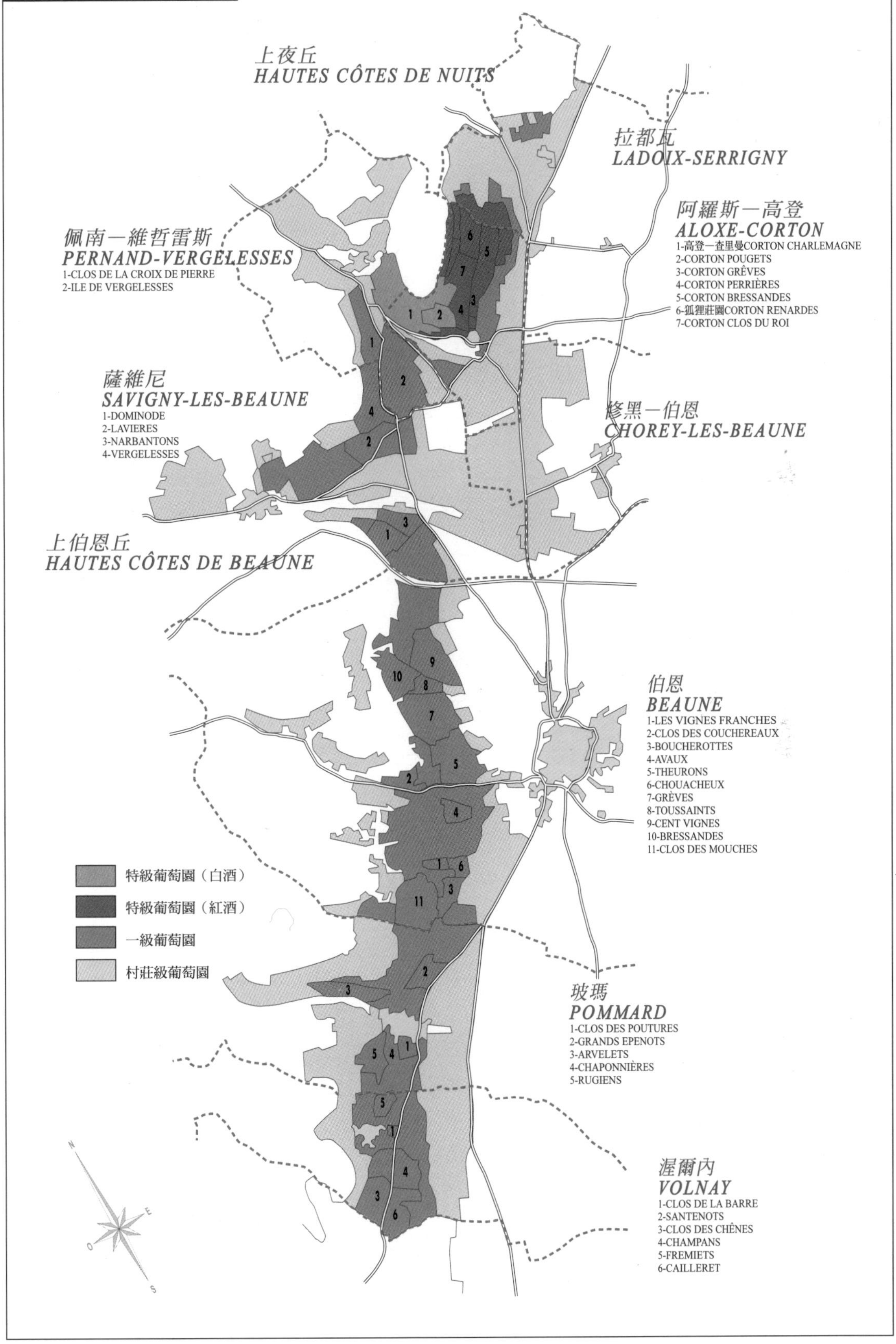

上夜丘
HAUTES CÔTES DE NUITS

拉都瓦
LADOIX-SERRIGNY

阿羅斯－高登
ALOXE-CORTON
1-高登－查里曼CORTON CHARLEMAGNE
2-CORTON POUGETS
3-CORTON GRÈVES
4-CORTON PERRIÈRES
5-CORTON BRESSANDES
6-狐狸莊園CORTON RENARDES
7-CORTON CLOS DU ROI

佩南－維哲雷斯
PERNAND-VERGELESSES
1-CLOS DE LA CROIX DE PIERRE
2-ILE DE VERGELESSES

薩維尼
SAVIGNY-LES-BEAUNE
1-DOMINODE
2-LAVIERES
3-NARBANTONS
4-VERGELESSES

修黑－伯恩
CHOREY-LES-BEAUNE

上伯恩丘
HAUTES CÔTES DE BEAUNE

伯恩
BEAUNE
1-LES VIGNES FRANCHES
2-CLOS DES COUCHEREAUX
3-BOUCHEROTTES
4-AVAUX
5-THEURONS
6-CHOUACHEUX
7-GRÈVES
8-TOUSSAINTS
9-CENT VIGNES
10-BRESSANDES
11-CLOS DES MOUCHES

特級葡萄園（白酒）
特級葡萄園（紅酒）
一級葡萄園
村莊級葡萄園

玻瑪
POMMARD
1-CLOS DES POUTURES
2-GRANDS EPENOTS
3-ARVELETS
4-CHAPONNIÈRES
5-RUGIENS

渥爾內
VOLNAY
1-CLOS DE LA BARRE
2-SANTENOTS
3-CLOS DES CHÊNES
4-CHAMPANS
5-FREMIETS
6-CAILLERET

N
E
S
O

伯恩丘（南）

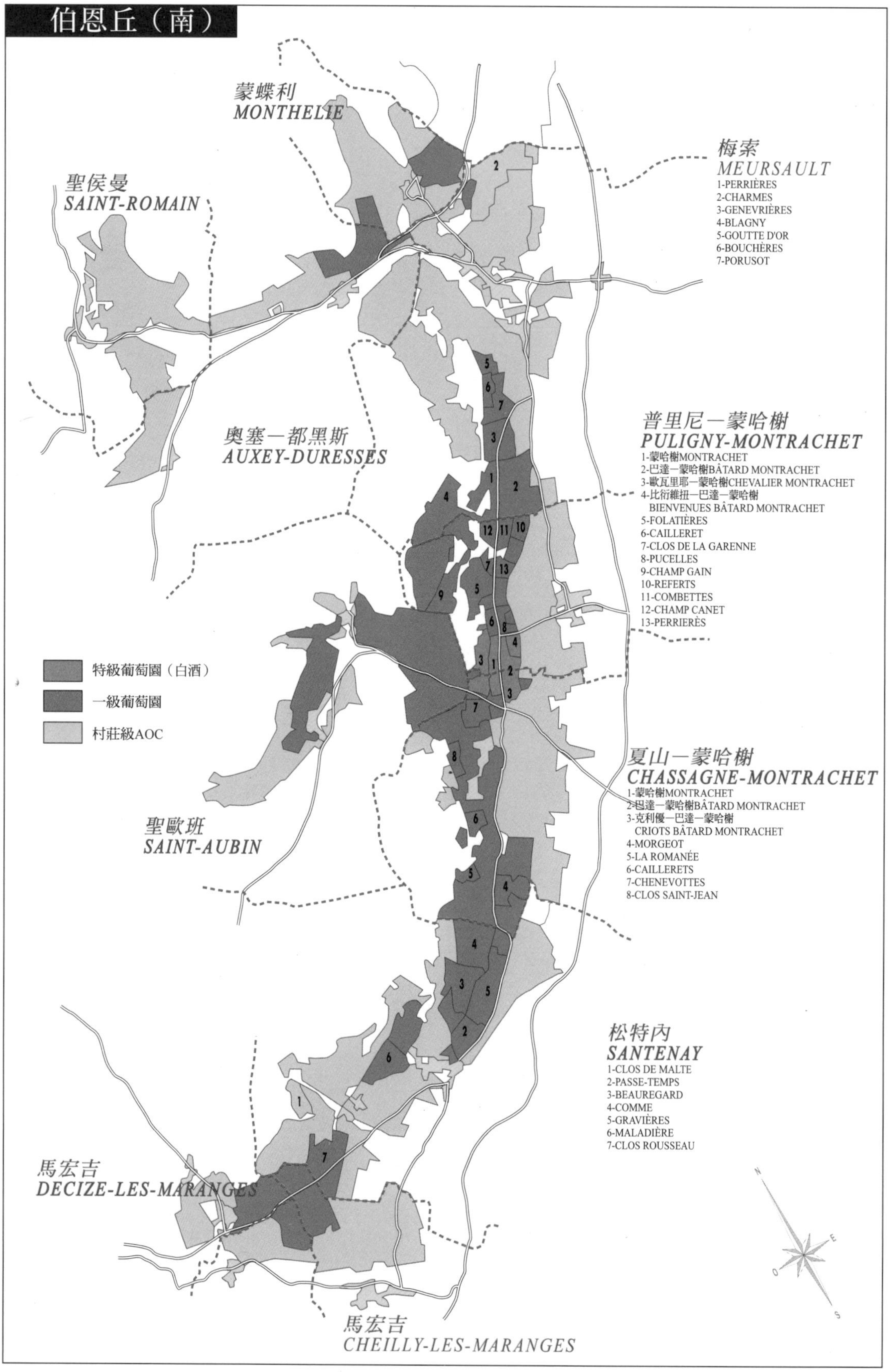

蒙蝶利
MONTHELIE

聖侯曼
SAINT-ROMAIN

梅索
MEURSAULT
1-PERRIÈRES
2-CHARMES
3-GENEVRIÈRES
4-BLAGNY
5-GOUTTE D'OR
6-BOUCHÈRES
7-PORUSOT

奧塞－都黑斯
AUXEY-DURESSES

普里尼－蒙哈榭
PULIGNY-MONTRACHET
1-蒙哈榭MONTRACHET
2-巴達－蒙哈榭BÂTARD MONTRACHET
3-歐瓦里耶－蒙哈榭CHEVALIER MONTRACHET
4-比衍維扭－巴達－蒙哈榭
BIENVENUES BÂTARD MONTRACHET
5-FOLATIÈRES
6-CAILLERET
7-CLOS DE LA GARENNE
8-PUCELLES
9-CHAMP GAIN
10-REFERTS
11-COMBETTES
12-CHAMP CANET
13-PERRIERÈS

特級葡萄園（白酒）
一級葡萄園
村莊級AOC

夏山－蒙哈榭
CHASSAGNE-MONTRACHET
1-蒙哈榭MONTRACHET
2-巴達－蒙哈榭BÂTARD MONTRACHET
3-克利優－巴達－蒙哈榭
CRIOTS BÂTARD MONTRACHET
4-MORGEOT
5-LA ROMANÉE
6-CAILLERETS
7-CHENEVOTTES
8-CLOS SAINT-JEAN

聖歐班
SAINT-AUBIN

松特內
SANTENAY
1-CLOS DE MALTE
2-PASSE-TEMPS
3-BEAUREGARD
4-COMME
5-GRAVIÈRES
6-MALADIÈRE
7-CLOS ROUSSEAU

馬宏吉
DECIZE-LES-MARANGES

馬宏吉
CHEILLY-LES-MARANGES

拉都瓦、阿羅斯-高登與佩南-維哲雷斯
Ladoix-Serrigny、Aloxe-Corton & Pernand-Vergelesses

夜丘區的葡萄園到了南端變得狹窄細長，但一進入伯恩丘區，葡萄園的景觀馬上變得相當廣闊，著名的高登山從金丘山坡向外分離，形成了一個圓錐形的小山，提供了一大片向南與面東的坡地，特等葡萄園高登(Corton)和高登-查里曼(Corton-Charlemagne)就位居其上。環繞著高登山，有伯恩丘區最北端的三個產酒村莊，阿羅斯-高登村(Aloxe-Corton)居中，拉都瓦(Ladoix-Serrigny)在北，佩南-維哲雷斯村(Pernand-Vergelesses)在西，這三個村莊共享這兩片著名的歷史名園。

高登(Corton)和高登-查里曼(Corton-Charlemagne)

要說清楚這兩個特級葡萄園的關係還眞有點複雜。比較簡單化約的說法是，高登主要出產紅酒，是伯恩丘區唯一的特級黑皮諾葡萄園。而高登-查里曼產白酒，主要位在向南坡與高坡處。不過實際的情形是，在這一共160公頃的面積裡，有一部份只能產高登，一部份只產高登-查里曼（在此部份理論上也可產高登紅酒，不過因爲價格較差，很少有人這樣做）；但除此之外，還有一部份葡萄園兩者都可以生產。讓人更容易搞亂的是，位在只能產高登的區內，如果要生產夏多內白酒也可以，但不能稱爲高登-查里曼，只能叫高登，所以高登事實上是和蜜思妮(Musigny)一樣，紅酒與白酒都能生產的特級葡萄園。相反，高登-查里曼就只能產白酒，紅酒則一律以高登爲名。

高登葡萄園的範圍相當大，超過100公頃，是全布根地最大的特級葡萄園。事實上高登由數十個葡萄園構成，各有名稱，酒莊可依葡萄園所在標示在酒標上，如“Corton-Bressandes”。高登紅酒歷來就相當著名，評價也相當高，不過指的是高登的精華區Corton、Clos du Roi、Les Renards等。優秀的高登紅酒以粗獷雄渾爲特色，在布根地少有可與比擬，但在細緻性方面比較不足。今日的高登已比過去大幅擴充許多，是現在高登紅酒良莠不齊的主因，每個區段都有各自的風格，很難一筆帶出高登紅酒的特色。

相對而言，高登-查里曼的水準比較整齊，主要種在高登山靠近坡頂的白色泥灰質土；以及高登山南面向南的坡地，阿羅斯-高登村與佩南-唯哲雷斯村的交界處。最著名的是位在阿羅斯村的Le Charlemagne，是查里曼大帝於西元775年捐贈給Saint-Andoche教會的土地，不過當年只有2公頃，現已擴張成17公頃，出產相當豐沛厚實的夏多內白酒；這種白酒常有豐富濃郁的成熟果味，相當雄壯豐厚，濃度常凌駕蒙哈榭之上。在佩南村這邊山勢偏西，稱爲“En Charlemagne”，也有17公頃，比較寒冷，陽光也比較少；夏多內在此有比較強勁與緊密的口感，比隔鄰的白酒嚴肅方正，需要比較長的時間才能展露最佳風味。

拉都瓦(Ladoix-Serrigny)

雖然村內有22.45公頃的葡萄園被列爲高登特級葡萄園，但還是有許多布根地酒迷對拉都瓦村感到陌生。無論如何，大部份的人都相信高登的精華區是在阿羅斯-高登村內，而高登山坡確實在拉都瓦村的部份有點朝北逆轉。

拉都瓦村有80幾公頃的葡萄園，以種植黑皮諾爲主，村內有13個一級葡萄園，但其中位在高登周圍如La Courtière 等6個一級葡萄園，卻掛名阿羅斯-高登；所以專屬拉都瓦只剩7個共

計不到15公頃的一級葡萄園。其中位在北邊的La Corvée，因仍屬夜丘區的地質，風味較爲雄壯強勁。不過整體而言，拉都瓦的葡萄酒通常都偏柔和可口，成熟也較快。近年來拉都瓦的名氣稍稍抬昇，但仍有一部份的拉都瓦紅酒以大雜燴似的Côte de Beaune-Villages銷售。

因爲村子就位在交通要道的兩旁，拉都瓦的酒莊顯得比較商業化，有許多賣酒的市招。著名的酒莊包括Capitain Gagnerot、Prince Florent de Merode、Chevalier Père et Fils及Domaine Nudant。

阿羅斯-高登(Aloxe-Corton)

高登和高登-查理曼是阿羅斯村的主角，並且佔掉村內大半的葡萄園，只剩約120公頃，其中有15個一級葡萄園環繞在高登的下坡處，一路延伸進拉都瓦村內。除了高登-查理曼，阿羅斯村主要產的還是黑皮諾紅酒，雖然高登-查理曼如此出名，但村內其他等級的白酒還是比較少見。總之，本村是伯恩丘北段產酒潛力最佳的村莊。

也許因爲村子就位在高登山的最精華區，土地珍貴，村落的發展不易；阿羅斯-高登村雖然名氣鼎盛，有一千多年的歷史，但是至今仍只有190個村民。酒莊只有14家，不過其中包括了大型的酒商像Pierre André、Reine Pédauque和Louis Latour等等。Comte Senard是最著名的酒莊，但釀酒窖現也已遷往伯恩市。

佩南-維哲雷斯(Pernand-Vergelesses)

因爲高登山向外伸出，使得高登山後的佩南-唯哲雷斯村顯得有點「深入山區」，而且在村內就已經開始出現「上伯恩丘區」(Hautes Côtes de Beaune)的葡萄園。村莊的地形有點狹迫，位在兩個山谷交接的陡坡上，精華區全在村南的山谷兩側；東邊是面西的高登-查里曼，西邊是面東的一級葡萄園。佩南村的紅酒常被視爲清淡可口的類型，但事實上口感通常比拉都瓦或薩維尼等來得緊澀，有時甚至較爲嶙瘦，這也許和佩南的氣候比較寒冷有關；根據Viecent Rapet的經驗，分佈在伯恩市、薩維尼、阿羅斯及佩南等地的葡萄園每年都是佩南村最晚熟。

Pernand-Vergelesses AOC有近130公頃的葡萄園，一級葡萄園只有五個，共53公頃，全位在村南的面東坡地上；本區主要以產黑皮諾紅酒爲主，以位於中坡處的Ile des Vergelesses條件最好。最近在村子北面的幾片以產白酒聞名的葡萄園將有機會升格成本村新的一級葡萄園，是高登-查里曼的延伸。佩南村是伯恩丘北段白酒產量頗具規模與水準的村莊。

村內有幾家著名的酒莊，至少有大家耳熟能詳的Bonneau du Martray，獨自擁有11公頃的高登-查理曼和高登葡萄園；此外還有老牌的Dubreuil-Fontaine、Pierre Marey、Régis Pavelot et Fils和Rapet Père et Fils。

拉都瓦酒莊特寫
Domaine Nudant

雖然品嘗過村內大部份著名酒莊的酒，但Nudant是我唯一訪問的拉都瓦酒莊，而且我到時莊主Jean-René Nudant 剛好送老婆上醫院，留下字條讓我自行品嘗酒莊一系列的葡萄酒。Nudant 酒莊創自18世紀中，現自有12.5公頃的葡萄園，包含了Corton-Bressande和Corton-Charlemagne等，此外也有村內劃歸"Aloxe-Corton"的La Courtière、la Toppe au Vert和拉都瓦的一級葡萄園La Corvée等等。

96年份的La Corvée酒色呈深殷紅色，成熟黑櫻桃酒香非常集中、濃郁，還帶著明顯的香草味。細緻的單寧相當強勁緊澀，但還有豐富的水果做依靠，較少拉都瓦的可愛，多一些夜丘的嚴肅，其實這裡正是與夜丘的交接處。

阿羅斯-高登酒莊特寫
Domaine Comte Senard

Comte Senard酒莊是布根地最早開始進行發酵前浸皮技術的酒莊，Guy Accad 在此曾擔任多年的顧問；即使現在已由莊主Philippe Senard親自釀製，但是釀酒的技術並沒有太大的改變。Philippe 還是堅信Accad的晚熟理論，冒險晚收葡萄，發酵的溫度也特別低，約只在25度左右。Philippe採用的新桶比例不高，都在30%以下，但儲存的時間卻特別長，高達24個月，比一般頂級布根地的18個月多出甚多。

Senard酒莊現有9公頃的葡萄園，其中以4公頃多的高登最受矚目，包括Clos du Roi、Bressandes、Les Paulandes、En Charlemagne及獨有的Clos de Meix。在葡萄的種植上Senard酒莊似乎有點特立獨行，例如專產白酒的En Charlemagne卻種黑皮諾；而產紅酒的Clos de Meix卻反而種了近半公頃的夏多內；在Aloxe-Corton村莊級的葡萄園裡Philippe還出產100%的灰皮諾白酒(雖然AOC法律禁止這樣的事)。

但無論如何，品嘗Senard酒莊的4款95 年高登紅酒還是很具教育意義。葡萄酒色又紅又藍，口感濃郁均衡，而且各見特色：Bressandes的甜美溫柔、Clos du Roi的強勁與細緻、Corton的粗糙雄厚以及Clos de Meix的嬌小靈巧，很成功地反應了每一片葡萄園的特性。

佩南-維哲雷斯酒莊特寫
Domaine Rapet Père et Fils

Vincent Rapet安靜嚴肅的個性，似乎和佩南村的葡萄酒有著類似的風格。他自1985年起，即開始接手家族所有的18公頃酒莊。Rapet的葡萄園包括2.5公頃的高登-查理曼（在佩南村與阿羅斯村交接處）和1.25公頃的高登，在佩南村的一級葡萄園有Ile de Vergelesses、Les Vergelesses和Les Caradeux（白酒）等等，具有相當規模。

Vincent釀酒的方式相當嚴謹小心，黑皮諾並不特別晚收，以保留酸度；夏多內則特地分多次採收最後再混合。紅酒通常留10-20%的整串葡萄，其餘去梗但不破皮；然後經3天的發酵前浸皮再開始約兩週的發酵，每天2-3次的踩皮，完全不淋汁；最後放入Nevers森林的橡木桶中培養一年，約25%-30%的新桶，其間只經一次氣壓式換桶；Vincent似乎很擔心黑皮諾氧化的問題，桶存的時間不敢拉太長。

●Vincent Rapet釀造最堅硬嚴肅的Corton-Charlemagne白酒。

白酒的釀造比較簡單，榨汁沉澱後直接在橡木桶中加糖發酵，每星期攪桶一次。全部採用Allier森林的橡木桶，約1/3新桶。和紅酒一樣存12個月，經一次換桶和過濾。

在一般的品嘗會裡，Rapet的酒在年輕時並不特別討喜，香味和口感總是帶點保留；雖然細緻均衡，但顯得嚴肅方正，除了果味，常帶礦石與花香。1985年的Ile-des-Vergelesses是我喝過酒莊少數讓人感覺成熟的酒款，集豐盈、協調與美味於一身，要享用Rapet的優點得需要多等待一些時日。

薩維尼與修黑-伯恩
Savigny-lès-Beaune & Chorey-lès-Beaune

金丘區的葡萄園到了薩維尼村附近再度加寬，Rhion河切過山脈形成一個細長的河谷，多出一片可以種植葡萄的面南山坡，另一方面，位在平原區的修黑-伯恩村又讓葡萄園由山坡大舉地往平地延伸。在這一個區段，黑皮諾表現最溫柔可愛的一面。

●薩維尼村

薩維尼(Savigny-lès-Beaune)

薩維尼村算是個大村（至少還有咖啡館和麵包店），村民有一千多人；村內一座十八世紀的城堡現在改成飛機與古董車博物館，還常引來一些遊客前來參觀。葡萄園面積頗大，達380公頃，大部份種植黑皮諾；白酒不多，除了夏多內，還可見灰皮諾和白皮諾葡萄。村內有110公頃，22片一級葡萄園，分列在Rhion河谷的兩面；北邊靠近佩南村這邊全面向南，葡萄的成熟度高，以含鐵質的魚卵狀石灰岩爲主，頗適合黑皮諾生長；包括Les Vergelesses、La Bataillère和Les Lavières等著名葡萄園都位在這邊，最能表現薩維尼紅酒最爲細緻可口的一面。位在Rhoin這一邊的一級葡萄園主要在面東的山坡上，有些甚至有點面向東北，以砂質土爲主。與伯恩葡萄園隔高速公路相鄰的Marconnet和Les Peuillets最著名，另外由許多知名酒莊所有的Dominode也常有精彩的表現。

●薩維尼村一級葡萄園Les Lavières。

薩維尼村的優秀酒莊不少，包括像母女檔的Chandon de Briailles、智慧型的精英酒莊Simom Bize et Fils以及Maurice Ecard、Antonin Guyon、Jean-Marc Pavelot等等。除了知名酒莊外，薩維尼村也有幾家酒商，較著名的包括Daudet-Naudin和Henrie de Villamont；前者是一家較爲老式的小酒商，後者則規模相當大，在布根地產量排名前五大酒商。

> **往Vergy的道路：Les Vergelesses**
>
> 在一份西元九世紀的契書上提到了一片叫“Vergelosses”的葡萄園，因為這片葡萄園正位在由伯恩市往“Vergy”的古道旁。「Vergy之路葡萄園」(Les Vergelesses)的所在剛好位於與佩南村的交界處上，在薩維尼村這邊位在上坡，佩南村還分成中坡的“Ile des Vergelesses”與下坡“Les Basses Vergelesses”，「島」（Ile）有「最好的部份」的意思，可以想見“Ile des Vergelesses”是附近最好的葡萄園。

●修黑村。

修黑-伯恩(Chorey-lès-Beaune)

修黑村就位在伯恩市往第戎剛出城的路上，不同於其他著名的產酒村莊高居山坡，修黑村孤單地立在路的東面，全村的葡萄園都在平坦的平原區。這樣的條件自然不會讓人期盼能釀成頂級紅酒。清新可口的柔順型黑皮諾紅酒是修黑村的特色。

修黑村有約170公頃的葡萄園，是1970年才成立的村莊級AOC；幾乎都種黑皮諾，白酒的產量非常少。村內沒有任何的一級葡萄園。因爲村名不夠響亮，酒價低，大半修黑村的紅酒都被酒商買來混合其他村莊的葡萄酒，製成"Côte de Beaune Villages"紅酒，溫柔可愛的修黑紅酒具有調節堅澀口感的功效。

只有500位村民的修黑村，葡萄酒雖然並不出名，但是卻有不少著名的酒莊，包括：擁有修黑城堡的Jacque Germain酒莊、老牌的Tollot-Beaut et Fils、Jean-Luc Dubois等，新進崛起的François Gay和Maillard Père et Fils。當然，這些酒莊多少都靠產自特級葡萄園高登或其他鄰近村莊的葡萄園建立聲譽，很少能單以修黑紅酒聞名。

●修黑村的Beaumont葡萄園。

薩維尼酒莊特寫
Domaine Jean-Marc Pavelot

針對時代的改變，Pavelot酒莊近年來在釀酒上做了相當大幅度的改變，跟上了流行的腳步。原本留梗泡皮現在已經全部去梗，同時在發酵前還加上了四天的低溫泡皮，採用人工培養的酵母。Jean-Marc偏好高酒精濃度，不是13%就是13.5%。在培養方面新桶的比例並不高約只有10%，存10到12個月即裝瓶。通常薩維尼紅酒培養的時間較短，以保留新鮮的果味。不經換桶，只輕微過濾即裝瓶。

●Jean-Marc Pavelot酒莊的酒窖。

Pavelot酒莊擁有12公頃的葡萄園，包括村內五個風格不同的一級葡萄園。一般而言，Pavelot產的酒在年輕時就頗爲好喝，不用等上太久，但是2.21公頃的La Dominode則是例外，產自40多年的老樹，相當濃郁、強勁，有久存的潛力。

試酒筆記
Savigny-lès-Beaune La Dominode 1997

濃郁的酒香融合水果與香料，圓潤的口感伴著緊澀的單寧；相當濃郁，但仍維持應有的均衡；非常的迷人可口，但也有相當實在的內容。

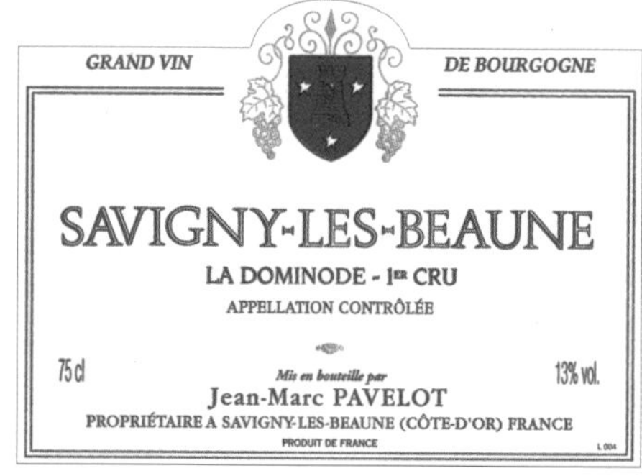

薩維尼酒莊特寫
Henrie de Villamont

雖然稱不上布根地最頂尖的酒商，Henrie de Villamont自有莊園的葡萄酒卻有相當出人意料的高水準表現。雖然酒商的部份年產一千兩百多萬瓶，但是自有莊園才只有10公頃的規模；主要集中在薩維尼和香波-蜜思妮村，另有半公頃的特級葡萄園Grand-Echezeaux。其中以Chambolle-Musigny 1er cru最讓人難忘，完全表現黑皮諾細膩優雅的特長，圓熟的黑櫻桃果味包裹住強勁細緻的單寧，不比專長於香波-蜜思妮紅酒的Josephe Drouhin遜色。

●17世紀城堡Château de Chorey-lès-Beaune是Jacque Germain酒莊所在。

修黑-伯恩酒莊特寫
Domaine Jacque Germain

來訪的前幾天才在報上讀到Benoit Germain得到98年的「青年製酒才華獎」，旁邊刊了一張他打了領結的圓臉照片。Benoit打趣地說，得獎隔天，就有許多人打電話說我又變胖了。

雖然酒莊自有的17公頃葡萄園中沒有特級葡萄園，但自從Benoit Germain接手釀造之後，Jacque Germain酒莊的水準就不斷地爬升，已經擠身布根地名酒莊之林。除了產自佩南-維哲雷斯(Pernand-Vergelesse)的美味白酒，Germain酒莊最受矚目的是產自伯恩的幾片葡萄園，包括Vignes Franches、Les Teurons及Sur les Grèves（白酒）等等。當然，在修黑村也有5公頃的葡萄園。酒莊本身位在一座小巧的17世紀城堡，平時也兼營城堡客棧的生意，遊客可以在酒莊內過夜兼用餐。

Benoit的釀酒手法相當精準，他要的是黑皮諾的深厚和純美，所以葡萄全部去梗，在30℃以內發酵泡皮2到4週（Chorey通常只有10天），經18個月的橡木桶培養（50%-100%）不換桶也不過濾直接裝瓶，保留葡萄酒所有的甜美果味。

●現在酒莊的酒全由少莊主Benoit Germain負責釀製。

試酒筆記

Chorey-lès-Beaune 1990

Benoit開了一瓶90年份的Chorey紅酒，他想證明在好的年份Chorey還是可以生產相當有潛力的佳釀。果然酒色依舊深紅，甜熟的果香散發出動物氣息，口感甜美圓熟，還略帶澀味，有Chorey少見的濃厚，雖然有點粗獷氣，但已近本村的極限。但無論如何我還是比較喜歡97年份的嬌嫩可口，有非常迷人的清新浪漫。

伯恩與伯恩城裡的超級布根地酒商
Les Meilleurs Négociants à Beaune

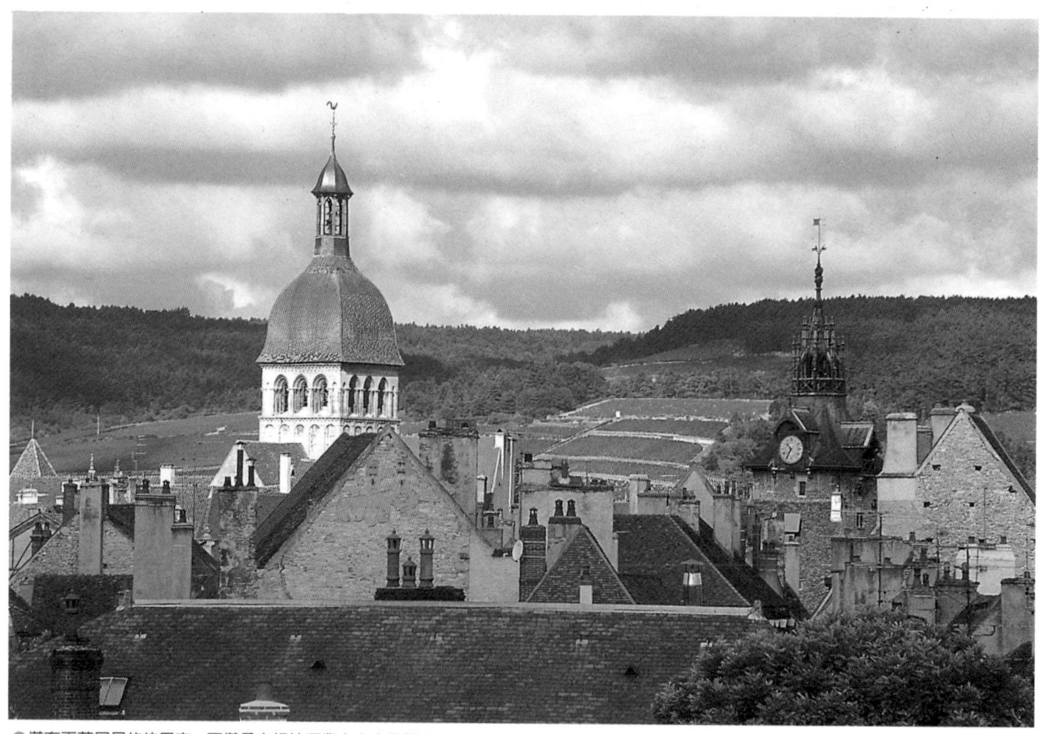
●僅有兩萬居民的伯恩市，不僅是布根地酒業中心也是觀光重鎮，城西山坡上更有四百多公頃的伯恩葡萄園。

伯恩市(Beaune)是布根地葡萄酒產區的中心城市，雖然是著名酒商薈聚之地，但這個至今還環繞著古城牆的小鎮，依舊充滿中世紀的氣氛；居民僅有兩萬兩千人，在西元14世紀之前一直是布根地公國(Le Duché de Bourgogne)的首都。伯恩同時也是金丘區的村莊級AOC，城西的面東山坡上就是450公頃的伯恩與伯恩一級葡萄園（34個一級葡萄園共有322公頃）。除了紅酒外，也產約8%的白酒，因爲城裡的酒商們在此擁有大面積的葡萄園，所以所產的酒一直相當著名。

伯恩紅酒的產地很大，因葡萄園的不同，風格變化多，很難描述它們的共同特色，也許可以說是介於強勁堅硬的玻瑪(Pommard)紅酒和優雅的渥爾內(Volnay)之間，也比鄰村薩維尼(Savigny-lès-Beaune)來得深厚。很難列舉伯恩最好的葡萄園，大約最精華的區域在Les Fèves、Aux Cras、Clos des Mouches、Vigne Franche和Les Teurons及Les Grèves的山坡中段。

1443年由Nicolas Rolin在城裡創建的伯恩濟貧醫院(Hospice de Beaune)（Part II第2章）也

自由地 Les Vignes Franches

在封建時期之前，許多土地都是無人所有，但當封建建立之後，理論上所有的土地都為貴族或教會所有；但也有一些所謂的「自由地」(Alleu franche)——即沒有所有權，無需負擔租稅的土地沿留下來。伯恩城邊的一級葡萄園「自由地葡萄園」(Les Vignes Franches)就曾因為是這樣性質的土地而得名。

是讓伯恩市及其葡萄酒名聞遐邇的主因之一，歷經數百年來善心人士的捐贈，濟貧醫院擁有58公頃的葡萄園。依傳統，釀成的酒在十一月的第三個星期日舉行拍賣會，是法國葡萄酒界的年度盛會。

成天擠滿外來遊客的伯恩市卻是滿佈布爾僑亞氣氛的保守城市；除了寥寥幾家少見精彩水準的酒商們接待著成團的巴士觀光客外，城內的著名酒商並不隨便對外人敞開大門；他們經常出人意料地藏在中世紀城牆內的小巷弄裡，經過門前數十回也難發現裡頭是名聞寰宇的布根地酒商。他們在意的是那分佈在世界各角落的布根地酒迷，而不是城裡如過江之鯽的遊客。

在伯恩市內眾多酒商中，品質最受國際媒體推崇的不外Bouchard P. et F.（1995年之後）、Joseph Drouhin、Louis Jadot、Louis Latour（白酒）及Chanson P. et F.等，全都是百年以上的老字號。Bouchard建基最早，已有兩百六十多年的歷史，連最年輕的Josephe Drouhin也是1880年創立；雖然他們都不算是產量名列前茅的大酒商，但不論品質與自有知名葡萄園的面積都是本地其他酒商難以企及（除了位在夜-聖僑治的「豪華級」酒商Faiveley以外）。

●城南的一級葡萄園Champ Piemont。

雖然他們全都擠在伯恩小鎮裡，釀著一模一樣的葡萄品種，但彼此之間卻是如此的不同，那麼地以百年酒商的自我風格為傲。除了大型酒商，伯恩市裡也有不少風味獨具的小型酒商，有更靈活的採買策略，營造更獨特的個人風格，其中最受矚目的是Champy及Camille Giroud兩家以質取勝的小型酒商。

●靠近坡頂的一級葡萄園Clos de la Feguine。

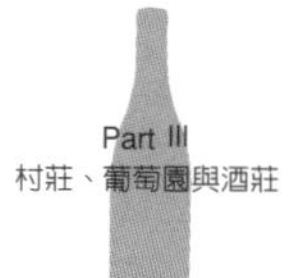

伯恩市酒商特寫
Bouchard Père et Fils

1995年，撐不住長年的虧損，Henriot香檳酒廠的Joseph Henriot買下了自1731年以來一直爲Bouchard家族所經營的Bouchard Père et Fils公司，以及公司所擁有的93公頃的葡萄園（有71公頃的特級葡萄園及一級葡萄園），其中包括了許多驚人的大面積頂尖葡萄園，例如46公頃的伯恩一級葡萄園、7公頃的渥爾內(Volnay)一級葡萄園、近3公頃的高登(Corton)特級葡萄園，甚至在稀有的白酒特級葡萄園裡有2.32公頃的歇瓦里耶-蒙哈榭(Chevalier-Montrachet)、3.09公頃的高登-查理曼(Corton Charlemagne)以及0.89公頃的蒙哈榭(Montrachet)等。

同樣的命運，稍早1994年日本的Snow Brand Product公司買下了Joseph Drouhin 51%的股權，1985年Louis Jadot也早已經爲美國Kobrand公司買下。Bouchard賣掉後，就只剩下Louis Latour兩百多年來還一直由同一家族所有。但不同於Bouchard的大幅改變，Jadot與Drouhin都繼續由原本的家族繼續經營，只是換了幕後的老闆，大部份的葡萄園也都還由家族的成員所有。

相對地，Bouchard Père et Fils在1995年換手後則全然改頭換面。1996年Joseph Henriot繼續買下位在梅索村(Meursault)的Domaine Ropiteau-Mignon酒莊以及所屬的30公頃葡萄園（難以計數的梅索一級葡萄園），1998年中再買入夏布利(Chablis)的Willeme Fève公司（54公頃葡萄園，15.77公頃的特級葡萄園）讓Bouchard Père et Fils成爲全布根地擁有最大面積葡萄園的酒商之一。同時奇蹟似地，1995，1996，1997及1998年份，Bouchard葡萄酒出現近二十年來未曾有過的精彩表現。經常顯得乾瘦，氧化及有舊桶味的Bouchard紅葡萄酒從此匿跡，出現相當摩登、圓美，充滿清新果味、細緻單寧及橡木桶香的時尚流行風格。

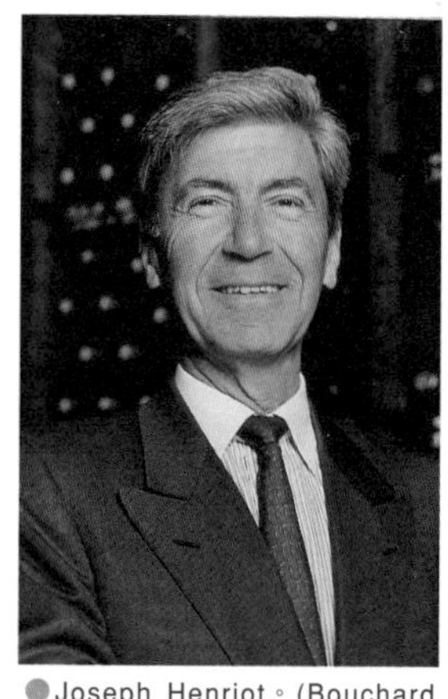

●Joseph Henriot。(Bouchard Père et Fils提供)

Bouchard雖然擁有上百公頃的莊園，但卻只佔總產量的12%，其餘則儘可能採買葡萄及葡萄汁（白酒）自己釀造，或由酒農依照Bouchard的技術指導發酵；當然，一般村莊級及地方性AOC的葡萄酒則大部份經由本地的買酒仲介採買。至於由Bouchard擁有獨家銷售權的特級葡萄園侯馬內(La Romanée)，則是由Liger-Belair家族在凴內-侯馬內村(Vosne-Romanée)種植、採收及釀造，之後再由Bouchard做橡木桶培養以及裝瓶。

目前負責技術總監的Christophe Bouchard已經是公司成立以來第九代的Bouchard，也是95年之後少數留下來的家族成員。奠基的Michel Bouchard原是布商，後來兼營酒商獲利，和兒子Joseph 於1731年一起在渥爾內村成立公司，並開始在附近購買許多葡萄園。1821年，公司遷入伯恩市內的現址——Château de Beaune。這座法王路易十一時期建立的15世紀防禦碉堡內部，被整建成儲酒的地下酒窖，許多十九世紀中以來的陳年葡萄酒在此長眠至今。

相反地，位在鄰近城牆外的釀酒廠卻是最新式的前衛設備，一整列全新機械化的懸吊式密閉不鏽鋼酒槽，控溫、淋汁、攪拌及倒出葡萄渣等程序都只是按鈕控制，一切全自動。這座冰冷的電動鋼鐵森林簡直像是科幻片裡的太空艙，和Louis Latour的傳統木桶酒窖形成極端的對比。Henriot這兩年新添幾個較傳統的開蓋式不鏽鋼槽用來釀製特級葡萄園紅酒，或許他覺得嬌貴的黑皮諾不太能適應這些新式的設備吧！。Henriot想再蓋一座專門釀造特級葡萄

●Bouchard建在城牆外的地下橡木桶培養酒窖。

●Bouchard的地下儲酒窖是由15世紀的防禦碉堡改建而成。

園，以傳統木製釀酒槽為主的酒窖以彌補這個缺憾。至於自有莊園的白酒，自從買下Domaine Ropiteau-Mignon酒莊之後，大部分移到梅索釀製。

目前Bouchard採收的葡萄（200人的採收大隊），如同其他頂尖的酒商，全都放入小型塑膠方桶中直接運回酒廠，經過人工篩選，挑掉腐爛或不成熟的葡萄。白葡萄不經去梗的程序，如同在香檳區一般直接進入氣墊式榨汁機榨汁以保有最多的果味，經過一天的沉澱，所有特級葡萄園和一級葡萄園全進橡木桶中（高比例的新桶）進行緩慢低溫的酒精發酵與培養，同時也經常攪桶讓酒更圓厚。黑皮諾則幾乎全部去梗以保有較細膩的單寧，經過3-4天的發酵前浸皮開始發酵與浸皮，每天各一次機械式踩皮和淋汁大約維持12-18天左右，時間比Jadot短，較Latour長。

村莊級以上的酒全都在橡木桶中培養12-18個月（97年酒成熟快，只有存10個月）。

Bouchard習慣換桶兩次以去酒渣，然後再作黏合澄清；混合後，在裝瓶前再輕微的過濾。Christophe Bouchard相信用較少的幫浦可以更完整地保留酒的原味，所以所有特級葡萄園都是用虹吸管原理從桶中取出酒裝瓶。

除了不斷地擴充自有莊園，Bouchard也正全力地調整葡萄酒的釀製與培養法，品質似乎還有可以提高的空間，值得拭目以待。

◎有關Bouchard Père et Fils的介紹請參考Part II 第2章

試酒筆記

1996, Beaune 1er cru Grève, Vigne de l'Enfant Jésus

也許是幻覺，但1996年的Vigne de l'Enfant Jésus確實顯現了18世紀Calmélite修女們所形容的，「聖嬰肌膚般細膩的觸感」、「吹灰即破的柔和與香氣」。Bouchard所獨有的這塊3.92公頃的莊園位在伯恩一級葡萄園Grève的中心地帶，法國大革命前一直為修女會所有，是Grève的精華區。

喜愛濃重口味的人大概很難理解Bouchard 46公頃的數十個伯恩一級葡萄園為何以此掛頭牌。Teurons, Grève或甚至連柔順的Clos de la Mousse都比Vigne de l'Enfant Jésus來得有架勢，但是這般柔順平滑的單寧在伯恩34個一級葡萄園裡卻是獨一無二的。也許該感謝Joseph Henriot讓我們總算可以相信18世紀修女所言並非幻想。

伯恩市酒商特寫 Joseph Drouhin

也許Joseph Drouhin的紅酒不及Louis Jadot來得濃郁強勁，白酒也比不上Louis Latour圓潤濃厚，但是Drouhin特有的細膩表現卻是遠勝過其他在伯恩的所有酒商。蜜思妮(Musigny)、愛侶莊園(Les Amoureuses)、Clos des Mouches、蒙哈榭等等，幾近布根地酒商自有莊園的極致；優雅婉約式的強勁，總讓人聯想起「帶著絲絨手套的鐵腕」這句老話。

Joseph Drouhin是最早在談釀酒前先談葡萄種植的酒廠，當今日所有人都在談葡萄園的種植時，Joseph Drouhin卻已走得更遙遠，所有80多公頃的自有莊園全部採用有機種植，完全不再採用化學肥料與農藥，甚至有部份已經更進一步採用前衛的自然動力耕作法(culture biodynamique)。主要推動的人是董事長Robert Drouhin的長子Philippe，他負責所有自有莊園的種植，並進行許多相關研究與實驗，包括提高種植密度、培草、生物防治等等。

Robert幾乎每回都會向來訪的人帶點懺悔地說：「我犯過太多錯誤，也讓我累積了足夠的經驗」。這是促使Drouhin走上有機種植的最大動力，因爲Robert自承早期濫用茂盛多產的砧木、化學肥料與農藥的錯誤。看過現今Joseph Drouhin有機種植的莊園和喝過釀成的酒，會讓人突然恍然大悟，其實茂盛健康的葡萄樹不見得是釀造佳釀的最佳方式。

對於新種的莊園，Drouhin依舊採用約1/3的傳統式瑪撒選種法(sélection Massale)以保留夏多內以及黑皮諾的傳統基因，其他2/3則採用人工選種(sélection clonale)以免病毒的侵害及較穩定的產量；但爲了防止口味較單一化，同時混合多種選種，和Louis Latour的策略相當接近。另外，Robert偶而也還依傳統在黑皮諾的田裡種植小比例的灰皮諾(pinot gris)。

1880年Joseph Drouhin買下一家1756年設立的酒商，開始一百多年的葡萄酒事業。在伯恩市，這算是歷史較短的酒商，但上個世紀末Joseph Drouhin接連買下布根地公爵府、法王亨利四世別府、布根地公國國會及教務會等伯恩市最古老區段的歷史建築地窖作爲儲酒窖，讓Drouhin擁有城裡最顯赫與古老的酒窖。1918年獨子Maurice Drouhin接手，並開始購買葡萄園，近14公頃的伯恩一級葡萄園Clos des Mouches以及近一公頃的梧玖莊園是最早買入的莊園。

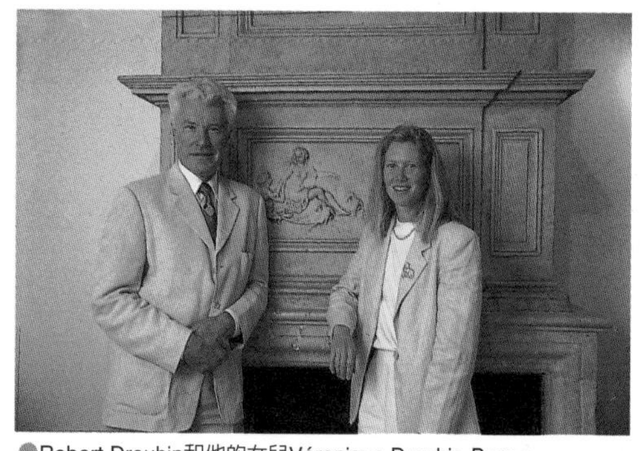
●Robert Drouhin和他的女兒Véronique Drouhin-Boss。

Maurice的姪子兼養子Robert Drouhin自1957年（當年24歲）接管公司，繼續買入包括蜜思妮、香貝丹-貝日莊園(Chambertin Clos de Bèze)、邦馬爾(Bonnes-Mares)等特級葡萄園，及在夏布利大面積的葡萄園，至今共有80多公頃的自有莊園。1988年 更進而在美國奧立岡州成立Domaine Drouhin Oregon酒莊。除了Philippe外，女兒Véronique負責奧立岡酒莊的釀造，另外還有兩個兒子在行銷部門工作，典型的傳統布爾僑亞家族企業。

至於釀酒的大任，則由Laurence Jobard擔任，細心明快的女釀酒師，也許是Drouhin特有細膩優雅風味的主因。所有金丘區(Côte d'Or)的白酒在榨汁（不去梗，但稍微擠出果粒再榨汁）後直接入橡木桶中發酵，以Trançais及Never森林的橡木爲主。不同於流行的100%新桶，Laurence只用10%-20%，甚至特級葡萄園等級的白酒如蒙哈榭等只採用一年的舊桶而全無新桶，這在產蒙哈榭的酒莊中大概絕無僅

●Joseph Drouhin的古董木造榨汁機在1980年百年慶時曾用來榨汁釀造百年紀念酒。

有；Robert說：「花那麼多錢買蒙哈榭的人應該有權利感受蒙哈榭自身的味道」。Drouhin的"Montrachet Marquis de Laguiche"少有濃膩的香味與口感，反而以明晰，清新多變化爲特色，是舊桶政策的成功。

和Louis Jadot一般，Laurence在夏多內葡萄汁還未全部沉澱澄清（僅8-12小時）就馬上入桶發酵讓酒味更豐富。低溫發酵15-60天，酒精發酵快完成時開始攪桶。一般存上10-12個月不再換桶，最後經皂土黏合澄清後裝瓶。

紅酒的釀製則全部去梗（蜜思妮例外地留10-25%的葡萄梗），但保留葡萄粒的完整，在攝氏15度左右進行3-4天的發酵前浸皮。和Bouchard一樣，每天各一次踩皮（人工或機械式）和淋汁，泡皮時間長達15-18天左右，溫度控制在32度以內，比Jadot的38度低很多。在酒精發酵快完成時加糖以延長發酵天數。紅酒的橡木桶培養則採用較多新桶，比例約佔40%。Laurence依每年的狀況決定是否在乳酸發酵之後換桶，盡可能地少影響酒，她也開始使用酉每(enzyme)讓酒澄清，以減少換桶去酒渣的需要，以保持酒的果味及圓潤的口感。

相較其他酒商，Josephe Drouhin的釀造法顯得中庸適度，表現布根地均衡細緻的一面，他們似乎花更多的時間與精神在有機種植上，雖是較困難艱辛，但卻是一條肯定更長遠的路。

◎有關Joseph Drouhin的介紹請參考Part III第2章，香波-蜜思妮

試酒筆記

1996, Beaune 1er cru Clos des Mouches

Maurice Drouhin買進的第一塊莊園，位在伯恩南邊與鄰村玻瑪村(Pommard)相接的高坡處。Joseph Drouhin雖不是唯一的地主，但擁有近60%的面積以及最佳的地段（略為向南的坡地，其餘皆朝東）。因受光好，中世紀為養蜂場所在而取名Clos des Mouches（mouche在中世紀指的是蜜蜂，但現今法文裡是蒼蠅的意思）。

這塊莊園紅酒與白酒都產，Joseph Drouhin甚至還種有灰皮諾葡萄，混合黑皮諾釀酒，讓口感更圓潤。自有莊園用傳統選種法新種的葡萄樹全是用此莊園裡的老樹藤蔓接枝而成，是Joseph Drouhin的「基因倉庫」。Clos des Mouches的紅酒非常能表現Joseph Drouhin優雅婉約又帶強勁的特色，98年夏季才剛上市的1996 Clos des Mouches已經出現相當迷人的黑櫻桃果香，伴著成熟的黑色森林漿果與香料及礦石味，有年輕酒少有的豐富香氣。懾人的酸味讓圓潤的果味與絲綢般細膩的單寧營造出均衡但多層次的靈動口感，讓味蕾明晰地感受到所有的細節，並留下綿長的迷人黑櫻桃果香。是90年代最成功的一個年份。

伯恩市酒商特寫
Louis Jadot

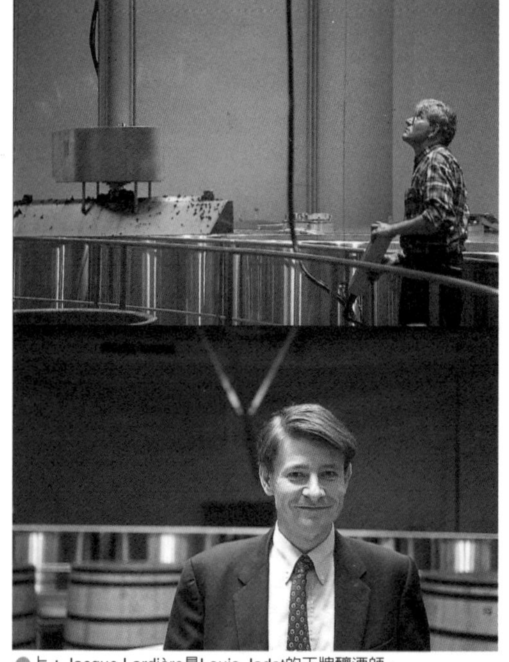
●上：Jacque Lardière是Louis Jadot的王牌釀酒師。
●下：從1992年起Pierre-Henri Gagey全權管理Louis Jadot酒莊。

也許Jadot的名氣可以讓他的首席釀酒師Jacque Lardière特意獨行地釀製150款布根地葡萄酒；或者，我們也可以反過來說，是Jadot特意獨行的釀酒方式成就了Jadot今日的名氣。只要稍學過簡單的釀酒學的人就會發現Louis Jadot的釀酒方式和許多常規完全背道而行，例如超高溫發酵38-40℃（其他酒廠約32℃，Faiveley更只在26℃以下）、超長浸皮30天（Louis Latour 8天；Bouchard和Joseph Drouhin約2星期），同時更令人驚訝的是經常半途中止乳酸發酵（其他酒廠全部100%完成乳酸發酵）……觸及如此多的大忌，但是Louis Jadot釀出來的酒卻又如此地具有說服力，讓人不得不承認，我們對於釀酒學懂得實在還不夠深入。Louis Jadot紅酒的風格經常顯得濃厚但結構緊密，屬耐久存型的酒，也許和他奇異的釀製法有關吧。奇怪的是，仿效Jacque Lardière釀酒的人卻從來沒有成功的例子。

年輕、個子不高的Pierre-Henri Gagey卻是沉穩又相當有活力的人，1985年，在Louis Jadot家族將酒廠賣給Kopf家族(Cobrand)時他進入這家自1962年即由他父親André管理的酒商。1992年全權接掌管理Louis Jadot以來，不僅讓公司維持著其他酒商難以企及的聲譽（及高價），同時也是高品質酒商中唯一在產量上能名列前六名的商業成功例子。電腦工程師加上法國頂尖的企管學校HEC的學位讓Pierre-Henri顯示出較其他傳統酒商更明確的管理理念。

就如同97年新啓用的釀酒窖，傳統與現代兼具，新潮摩登卻又合古典的協調；舊式木製酒槽環繞著最新式的自動控溫與攪拌的不鏽鋼槽，直式、橫式，密封式、開蓋式；人工踩皮、氣墊式踩皮一應俱全，讓Jacque Lardière可以更隨其所好地釀出精彩好酒。最近，Jadot也和Latour一般成立自己的橡木桶工廠，連橡木的採買與風乾、製造等等的細節都不再假手他人。

1826年Louis Jadot由伯恩城邊的葡萄園Clos des Ursules起家，1859年以自己的名字創立酒商後逐漸地買入不少葡萄園，傳到第四代時才委託André Gagey管理。歷年來買入的莊園約有65公頃之多，加上兩年前在薄酒來買入的Château des Jacques酒莊36公頃的葡萄園，Jadot也擠身少數擁有超過百公頃葡萄園的布根地酒商(Bouchard, Jadot及Faiveley)。其中包括了香貝丹-貝日莊園、夏貝爾-香貝丹(Chapelle Chambertin)、聖丹尼莊園(Clos Saint Denis)、邦馬爾、蜜思妮、梧玖莊園、埃雪索(Echezeaux)、高登、高登-查理曼及歇瓦里耶-蒙哈榭的"Demoiselles"等特級葡萄園莊園。

●Louis Jadot 1997年開始使用的全新的釀酒窖。

這些葡萄園除了公司所有的Domaine Louis Jadot外，還包括由家族所有，但租給公司的Domaine Gagey和Domaine Héritiers Louis Jadot等等，此外Jadot也擁有Domaine Duc de Magenta的專銷權。相較其他伯恩酒商，Jadot在哲維瑞-香貝丹村擁有相當多的莊園與供應成酒的酒莊，光在此村，Jadot目前同一年份即推出17種酒，包括9種特級葡萄園以及7種一級葡萄園及1種村莊級。

所有Jadot自釀的葡萄都在去梗前經過細心的挑選。對於紅酒，Jacque Lardière偶而喜歡加入約20%的整串葡萄以延長發酵的時間，至於蜜思妮因量太少，則經常用100%整串葡萄釀製不去梗。如同其他先進酒商，Jadot也採用去梗但保留葡萄粒的新式機器，以延遲酒精發酵。葡萄在約攝氏12度的酒槽中進行3-4天的發酵前浸皮，之後再開始酒精發酵；Jacque Lardière一開始就讓溫度升到35-40度的驚人高溫以萃取顏色，幾天之後再降下來；因浸皮時間很長，所以通常不做淋汁的程序以免酒氧化，但每天早晚各踩皮一次。至於加糖的程序則分多次在酒精發酵末期進行，以便延長酒精發酵的時間，即使發酵結束，也可能將發酵桶密封，繼續浸皮（一般布根地酒莊在酒精發酵結束後就同時結束浸皮，因爲無發酵產生的二氧化碳，葡萄皮會沉入酒中不再浮於酒的表面保護葡萄酒免於氧化。)，從入酒槽到結束浸皮前後約一個月的時間。由於發酵後的浸皮會萃取出較多的單寧，也許這是Jadot的紅酒經常較澀的原因，但若沒有成熟度夠且皮厚的葡萄，其實萃取時間再長都是徒然。

葡萄酒在橡木桶的儲存過程會產生乳酸發酵，爲了保持酒的穩定性，一般耐久存型的酒都會完成乳酸發酵，但乳酸發酵會降低酒的酸度，所以Jacque Lardière習慣在酸度不足的年份刻意中止白酒的乳酸發酵以保留酒的清新酸味與果香。這與布根地的傳統方式有點不同，理論上經久存之後較容易出現穩定性的問題，但從1970年Jacque上任至今似乎還未發生過。無論如何，這只是折衷的作法，比添加酒石酸

●位在伯恩一級葡萄園Les Vignes Franches的Clos des Ursules是Louis Jadot獨家擁有的歷史名園。

來提高酸度自然許多。

有關桶內的培養，Louis Jadot也有相當奇特的策略：一般酒莊在較差的年份因酒較淡，會採用較少的新桶以免桶味蓋過酒味，但Jadot的作法卻是希望透過新橡木桶讓較差年份的酒有較圓厚的口感與豐富的香味，逆向操作的結果是好年份20%新桶，壞年份則有50%。Pierre-Henri一點也不忌諱談他們與衆不同的釀酒法，因爲他對Jacque Lardière釀的酒相當有信心。

喝過Louis Jadot的酒之後會讓人重新思考一些傳統釀酒技術的問題，不過Pierre-Henri還是不忘要強調，其實他們只是盡全力要表現布根地每一塊莊園的特色而已。但Louis Jadot的風格還是存在每一款酒裡，經常色深、強勁圓厚卻平衡協調，絲綢般的觸感外帶一點點緊澀，但有時又略顯肥美。像是關在理性牢籠裡的情感野獸。也許這是幾乎所有人多少都會喜歡Jadot的主因吧，不同的味蕾無論如何總可從中找到一點交集。

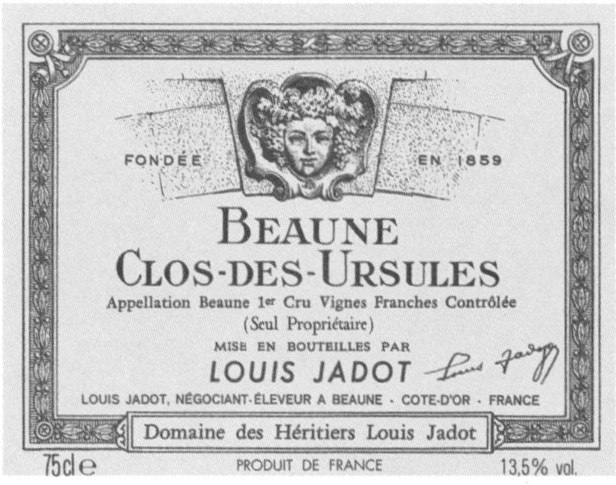

◎有關Louis Jadot的介紹請參考Part III 第2章，香波-蜜思妮

試酒筆記

Beaune 1er cru Les Vignes Franches "Clos des Ursules"

這是Louis Jadot最早的莊園，位在伯恩一級葡萄園" Les Vignes Franches"的範圍內；較近坡底，緊鄰Clos Landry。面積2.74公頃，大部份是三十多年的老樹由Louis Jadot所獨有，因曾為Ursules教會所有而得名。在Jadot所產的11個伯恩一級葡萄園紅酒中，Clos des Ursules並不是最雄壯濃烈（通常是Boucherottes），也不是最圓厚（Chouacheux似乎總是最甜美豐富），但常常是最細緻可口，感覺上比較不像是Jadot的典型——有點太可愛了。

以1995年的Clos des Ursules為例，深櫻桃紅裡帶著藍紫色的光澤，熟透的櫻桃香味兼帶一點紅漿果果醬與甘草香，細緻的單寧包裹著圓潤的果味，有絲般的觸感，強勁的酸味保留了酒的清新口感。已經相當可口，但細膩的單寧與酸味保證5-6年後會有更圓熟豐潤的表現。

伯恩市酒商特寫
Louis Latour

走入Louis Latour位在阿羅斯-高登(Aloxe-Corton)的酒窖Château Grancey，會讓人誤以爲時光倒退到上個世紀末，機械主義萌興的時代。曾經是最前衛的軌道式銅製運葡萄鍋爐與第一代氣墊式榨汁機讓酒窖看來像是座活生生的現代釀酒博物館。在這裡，所有Louis Latour自有莊園的紅酒都在此釀製，依循著十九世紀末Jule Guyot所建構的先進技術，百年如一日地生產如今看來風格詭異獨特的布根地紅酒，極端地「現代」(modern)卻非常地不「當代」(contemporary)。如果Louis Latour的紅酒有迷人的地方，也許就在他對抗時代變遷的自信，和因此營造出的，與時代的距離吧。相當吊詭的是，Louis Latour的白葡萄酒卻表現出時下流行的媚人風姿，經常用全新的橡木桶發酵，濃郁的香氣搭上圓潤肥美的口感正是時下流行的夏多內白酒的典範。但若熟知Latour的白酒釀法，不難發現其實這只是百年流行時空裡的巧合罷了。

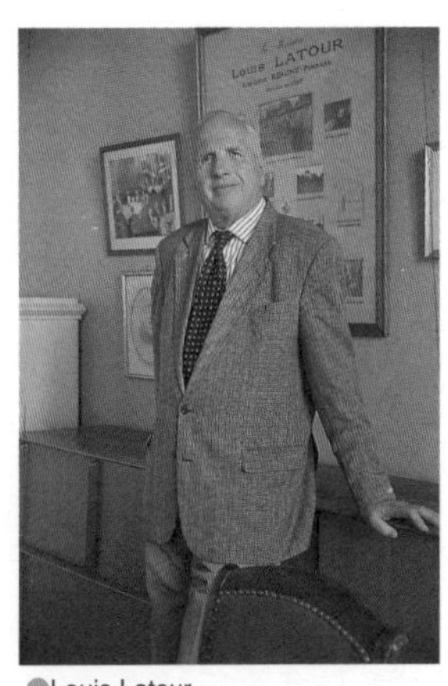

●Louis Latour

早自1731年Latour家族便開始在伯恩市附近擁有葡萄園，1768年後建基在阿羅斯-高登，開始買入許多高登葡萄園，這些莊園至今兩百多年一直爲Latour家族所有。1867年Louis Latour買下伯恩市內一家創立於1797年的酒商Lamarosse，開始跨入酒商的事業；1890年接續買入位在高登特級葡萄園裡的釀酒窖Château Grancey。隨著歷年來的採買與婚姻，Louis Latour目前擁有約50公頃的葡萄園，其中有近30公頃的特級葡萄園，包括0.8公頃的香貝丹、1公頃的侯馬內-聖維馮(Romanée Saint Vivant)、17公頃的高登、0.5公頃的歇瓦里耶-蒙哈榭及近9公頃的高登-查理曼。

但莊園所產還不足Louis Latour每年所需的

●Louis Latour在百年前設計的運葡萄銅製鍋爐可以加熱葡萄，現在還在使用。

●Louis Latour擁有9公頃的特級葡萄園Corton-Charlemagne，是Latour的招牌酒之一。

十分之一，其餘主要透過長期契約或買酒仲介採買葡萄或成酒，例如Latour每年固定買下Beaucaron家族一公頃的蒙哈榭葡萄。歷代家族裡有許多都叫Louis，現任的總裁也和創建者一般叫Louis Latour，兒子Louis-Fabrice已於1999年正式繼任。即便在20世紀末的今日，子承父業在布根地都還一直是根深蒂固的事。

要談Louis Latour的製酒方式就如同訴說近代的釀酒史，雖然廠裡有不少最尖端的設備，但耳裡聽到的除了傳統還是傳統。採收後的黑皮諾經過篩選後100%去梗，破皮擠出果肉後，流入圓形、雙層鍋壁的銅製鍋爐中；清晨採收的葡萄溫度低，會在雙層鍋壁間沖入熱水加熱葡萄汁以利發酵的進行，之後再放入傳統的木製酒槽內。在今日看來，這好像是不可思議的事，時下著名的酒莊大都希望延緩酒精發酵以利發酵前的浸皮，但Latour的首席釀酒師Denis Fetzmann卻一點也不覺得時下流行的發酵前浸皮適合黑皮諾的釀製。

●Latour位在Corton葡萄園的釀酒窖Château Grancey。

和其他三家酒商一樣，Latour不採用人工酵母（總算大家有交集的地方），但在發酵的前期就加糖，不似其他酒商在後期以延長發酵的時間；溫度維持在32度以下，過熱即用冷水管線降溫。Denis不太喜歡在浸皮時淋汁（他覺得會氧化酒），而以較多次的踩皮取代，通常每天四次（一般只有一到兩次）；為了固守傳統，所有自有莊園的葡萄酒全部採用人工踩皮。在Château Grancey看不到任何的氣墊式踩皮機，只用雙腳和踩皮棍。為免出現太澀的單寧，浸皮與發酵的時間只有8到10天，當其他發酵前浸皮的酒莊才剛要開始發酵時，Louis Latour就已經結束發酵了。也許Latour紅酒圓潤柔和的口感正來自於此。

紅酒極少存入新橡木桶培養也是Latour的特色，大部份的新桶全用在釀造白酒上，一兩年後再存紅酒。這剛好和Joseph Drouhin紅酒較多新桶的策略相反。通常紅酒在橡木桶裡得待上14-18個月。至於一直受到媒體批評的高溫殺菌法，Louis Latour自然是決不屈從，他堅信裝瓶前的高溫並不會傷害紅葡萄酒，而且可以免除黏合澄清與過濾對酒的傷害。但無論如何，裝瓶後的紅酒較少出現清新的新鮮水果味倒是Latour與其他酒莊不同的地方。

白酒的釀造也相當特別，先擠出果肉之後再榨汁，然後完全跳過沉澱去酒渣的程序直接進橡木桶發酵。特級葡萄園全部100%新桶，一級葡萄園50%新桶，其餘則全爲舊桶或酒槽發酵。至於時下流行的攪桶則完全省略。乳酸發酵完成後，換桶一次去酒渣，前後在桶中約一年的時間。最後黏合澄清，過濾裝瓶。高比例的新橡木桶讓Louis Latour的白酒在濃郁的果味中常帶有香草與榛果香，和紅酒一般，口感偏向圓潤豐美。

Louis Latour有許多與衆不同的政策。擁有自己的橡木桶工廠、印刷廠，連酒標或甚至員工名片都自家印製，凡事不假手他人。至於酒瓶更是有專用瓶型，一點都不想與人相同。藉此Latour似乎試圖想在布根地建立自足的封建碉堡。傳統的作風有時頑固到出現美感，或甚至變成前衛與大膽，Louis Latour是一點也不願放下身段追逐流行。傳統的捍衛者也好，頑固的死硬派也罷，Latour永遠是Latour，時間註定要在此王國再失序一百年。

試酒筆記

Château Corton Grancey

雖然Louis Latour對模仿波爾多風味的布根地紅酒視如寇讎，但是Corton Grancey卻是依據波爾多Château概念而來的Louis Latour招牌酒。所有自有莊園的17公頃高登特級葡萄園分屬於Bressande、Perrieres、Clos du Roi等6個獨立的葡萄園，除了2.66公頃的Vigne-au-Saint是獨立裝瓶之外，其餘全部混合成Corton。Latour似乎總喜歡自成一格，依本地習慣，像Comte Senard酒莊，4公頃的Corton即各獨立裝瓶成Bressande、Clos du Roi……等四款高登特級葡萄園。Louis Latour的Château Corton Grancey則是自六個高登葡萄園中挑選品質最好的葡萄，先分別釀造，最後再混合而成，較差的年份則可能停產。這是布根地少見的城堡酒。

Château Corton Grancey經常保有Louis Latour紅酒體態圓滿的一貫風格，也許是經高溫殺菌的緣故總有熟過頭的果味，即使是年輕年份的酒香也總讓人聯想起隔著時間距離的發黃相片，少了一點景深與細節。95年份，甚至97年份都已經相當圓熟可口；以粗獷有野性聞名的高登在Latour的酒窖裡可是服服貼貼的。耐人尋味的是，看似早熟的Château Corton Grancey卻又在瓶中以極緩慢的速度成熟，多了10年生命的85年份和95年份在口感上非常神似，讓人分不太出時間的距離。

伯恩市酒商特寫
Champy Père & Cie.

Champy是全布根地現存歷史最悠久的酒商，曾經擁有塔爾莊園(Clos de Tart)以及大片的梧玖莊園。但是近年來的命運卻有點坎坷，1990年現在的老闆Meurgey父子從Louis Jadot手中買下Champy時，原本自有莊園的葡萄園、十五世紀的地下酒窖以及許多舊年份的葡萄酒都已納爲Louis Jadot的財產。過去Henri Meurgey是布根地相當有經驗的葡萄酒仲介，同時也和兒子Pierre一起經營一家替兩百多家頂尖獨立酒莊經銷葡萄酒的公司——DIVA。

如果要找出Champy成功的最重要關鍵，Meurgey父子的豐富人脈可算是Champy最大的資產。DIVA代銷的可都是像Domaine des Comtes Lafon、Domaine Leflaive等等這一類的酒莊。只要有需要，Henri永遠有他的管道可以找到最好的酒。也難怪Champy會是我認識唯一的一家完全不用透過仲介買酒的布根地酒商。

VIN DE BOURGOGNE
CHAMBERTIN CLOS DE BÈZE
Appellation Chambertin Grand Cru Contrôlée
PRODUCT OF FRANCE
Grand Cru
13% vol.
MIS EN BOUTEILLES PAR
750 ml
CHAMPY PÈRE & Cie
NÉGOCIANTS ÉLEVEURS A BEAUNE CÔTE-D'OR - FRANCE

雖然Champy不像城裡的大酒商擁有大片的葡萄園及先進的釀酒設備，但是Champy最近幾年透過租用的方式也擁有6公頃自耕的葡萄園，而且有高比例的酒都是自釀的，白酒甚至達到90%是買葡萄汁自釀，買成酒的比例相當低。一開始釀酒是由Michel Ecard負責（Savigny村著名酒莊Maurice Ecard的兒子），但幾年前他接手父親的莊園後，釀酒的工作就落在Henri的手上。

●Champy低矮的古老地下酒窖。

●Henri Meurgey。

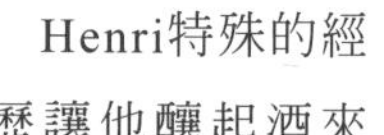

Henri特殊的經歷讓他釀起酒來有點三心二意。他認識太多酒莊的各式獨門釀酒祕方，當要釀造自己的酒時，反而因爲認識太多而不知該如何抉擇。Henri似乎很喜歡玩弄與試驗不同的釀造法，難免有點過於認眞與刻意，例如Henri最近在釀造黑皮諾時特意先後加入去梗又擠汁，整串完好以及不去梗但擠汁的三種葡萄一起釀以創造豐富的變化。但同時他又模仿Jadot釀酒師Jacques Lardière的高溫釀法，然後又從法國南部引進發酵後的高溫淋汁法。好像知識豐富的新手，什麼都想試試。

Champy雖小，但每個年份也出產八十多款的葡萄酒，大部份都釀得相當好，甚至有兼具強勁與細緻的驚人水準；但是，每種酒之間的風格似乎相差很多，有時還帶點別人的影子，很難從酒裡探知屬於Champy葡萄酒的特有風味。也許，這個布根地的最古老酒商還有點太年輕吧！畢竟Champy幾乎是在Meurgey的手中從零開始建立起來的，如今有高品質的酒之後，需要的或許是明星般的個人特質。

伯恩市酒商特寫
Camille Giroud

也許是因爲流行的風潮變化得太快了，讓Camille Giroud這家躲在伯恩火車站旁，不太爲人所知的百年酒商變得好像跟時代脫節了好幾百年。這實在是家不可思議的奇怪酒商，但卻怪得有堅持，怪得令人尊敬。

Bernard和François是創立者Camille Giroud的孫子，兩兄弟都很有個性，像講義氣的大哥型人物，他們一點都不在意外頭現在流行什麼，對於自己要的卻是一清二楚，絕無半點妥協的餘地，酒賣得好不好似乎一點也影響不了他們釀酒的方式。老大Bernard負責經營和銷售，François照顧葡萄酒，一派老式小酒商的規模，老闆得自己包辦許多工作。

Camille Giroud的葡萄酒有相當奇詭的風格，但卻相當容易辨識，他們不喜歡果味太多的酒，更厭惡柔和可口；Giroud兄弟要的是口感緊澀，非常耐久存的酒，但單寧必須要爲甜美圓潤的口感所包裹。至於Giroud標準的酒香則是礦石與香料的香氣，完全與流行背道而馳；兩兄弟對酒中含有橡木桶的香草、煙燻及奶油氣味更是深惡痛絕。總之，酒的風格有點像三、四O年代（或更早）的布根地，濃重，卻又極端地長命。

爲了讓葡萄酒保有他們自己喜好的風味，Camille Giroud和不少酒農有相當長的合作關係，以便買到他們眞正喜歡的葡萄酒；這其中還包括Dominique Lafon的渥爾內和François Faiveley的香貝丹，Giroud兄弟的人脈之好可見一斑。爲了保持Camille Giroud的特色，在一些較清淡、柔和可口、多果味的年份通常他們會放棄生產，或只產非常少量的葡萄酒。例如1997年份因爲單寧不高，成熟果味太過迷人，所以決定放棄，相反地，1996又酸又澀，超量地買了一大堆。

因爲對新橡木的厭惡，所有的酒都得放入五年以上的老橡木桶內，一放通常就是三年，好讓黑皮諾釋放出成熟的香氣；而大部份的人都相信布根地的紅酒最多只能放一年半的橡木桶，太久就會失去果味、變得乾澀，還有氧化的危險，兩年已經是極限了。但這些缺點對Giroud兄弟來說似乎反而算是優點，品級高一點的酒幾乎都得放滿三年。另外，爲了讓紅酒的口感圓潤一點，他們會像釀白酒一般用一支鐵棍不時地在橡木桶中攪動，這樣的舉動在布根地還相當少見，但確實能讓紅酒透過死酵母的自解增加肥美口感。

Camille Giroud的酒顛覆了我對布根地葡萄

●Camille Giroud的紋徽

●François Giroud。

●Camille Giroud的手搖式木造榨汁機。

酒的經驗，所有我心愛的黑皮諾果味全然消失，取代的是香料及幾近水果乾及果醬的濃重氣味。口感是毫無遮掩的肥厚甜美和堅硬緊澀，確實雄壯威武。也許該是可以存上幾十年的酒吧！但少了點黑皮諾的細膩風姿。白酒也是一味地濃厚圓潤，以礦石與乾果的酒香掛帥。也許老式的布根地在年輕時也是這副模樣，只是我們無法讓時光倒回一探究竟。

Camille Giroud堅持出產傳統耐久存的布根地葡萄酒，而且他們也希望當酒賣出時已經開始進入成熟期。除了裝瓶較晚，每個年份都會有近三分之一的酒被藏入地下酒窖繼續成熟，待數年或數十年之後再出售，所以Camille Giroud的酒單常常都有數十個年份的葡萄酒供顧客選擇。這樣的銷售策略在布根地是絕無僅有，但對Camille Giroud似乎不那麼困難；難道他們從沒有過資金積壓的問題嗎？事實上Giroud兩兄弟現在最棘手的問題是：隨著許多老葡萄農的去世，他們已經越來越難買到他們想要的葡萄酒了。自1993年起，他們只好購買葡萄園，自己種植，並且也開始買葡萄自己釀造，以便維繫祖父傳下來的風格。

雖然1994年新添了許多釀酒設備，但是還是一貫Camille Giroud的傳統，從酒槽到榨汁機，全是木製的百年老古董。在酒廠的接待室有一張François奮力推著巨型木製榨汁機輪軸的照片，要不是因爲照片是彩色的，我想所有的訪客都會以爲那就是酒廠的創辦人Camille Giroud百年前的留影。

即使流行的變化再大，像Camille Giroud這種老式風格的葡萄酒還是有人特別喜愛，也許不多，但卻足夠讓Giroud兄弟繼續堅持下去；何況他們也希望只是一家小酒商，只生產他們自己喜歡的葡萄酒，因爲唯有如此，自我的風格才能得以永久地保存下去。

伯恩山
Côte de Beaune

伯恩山(Côte de Beaune)的葡萄酒並不常見，但是卻很容易使人混淆。一般"Côte de Beaune"指的是整個伯恩丘產區，但是，如果是當成AOC時卻是指位在伯恩市附近山上藏匿在樹林裡的52公頃葡萄園。這和Côte de Beaune-Villages又有很大的不同，但標示法卻很類似。

在伯恩丘區內有Auxey-Duresses、Blagny、Chassagne-Montrachet、Chorey-lès-Beaune、Ladoix、Maranges、Meursault、Monthélie、Pernand-Vergelesses、Puligny-Montrachet、Saint-Aubin、Saint-Romain、Santenay及Savigny-lès-Beaune等村的村莊級「紅葡萄酒」可以在村名後面加上"Côte de Beaune"，如"Ladoix Côte de Beaune"。不過，更常見的是"Côte de Beaune-Villages"，只要是混合來自這14村莊的紅酒就可以叫這個名稱，是布根地酒商最常推出的酒款之一。

因爲海拔較高，伯恩山的溫度稍微寒冷一點，葡萄酒的口感比較清淡，而且白酒的比例也比山下的伯恩產區來得高。知名酒莊並不多，夜-聖僑治鎭的酒商Boisset和Labouré Roi擁有較大片的葡萄園；另外專門運用自然動力種植法的酒莊如在伯恩市的Jean-Claud Rateau、及郊區小村Combertault的Emmanuel Giboulot也都有葡萄園，由於葡萄園穿插在山頂樹林之間，很適合有機種植的運用。

伯恩山酒莊特寫
Domaine Emmanuel Giboulot

在富有的布根地葡萄酒業已經很少見像Emmanuel Giboulot這般也同時種植穀物經營農業的酒莊。因爲位居平原區，Emmanuel家族擁有85公頃的田地，自1970年開始實行有機種植，葡萄酒的部份則是80年代Emmanuel加入後才開始發展起來。目前已經有約9公頃的葡萄園，但是相當不集中，分散在各個村子之間，其中最重要的是伯恩山共約5公頃的 "La Grande Chatelaine" 和 "Les Pierres Blanches"。延續有機種植，1990年更進而成爲自然動力耕作法的酒莊。因爲自有農場，所以Emmanuel也經營副業，替其他酒莊製作越來越受矚目的天然堆肥。

除了完全不採用農藥，勤於耕土和施用多種自然動力耕作法的配方，Emmanuel也加入許多自己的想像；例如冬季他在La Grande Chatelaine的葡萄園裡種植小麥及各式雜糧，他認爲土地需要同時種植不同的植物才能取得平衡。這樣的理論似乎有點道理，穀類的根呈水平式發展，和葡萄根的垂直發展確實有所不同，可以改變土壤的結構，也許這和目前在葡萄園植草的方法有同樣的效果。

目前酒莊內的白酒全在橡木桶中發酵，經10-12個月的培養後裝瓶。Emmanuel自己喜愛口感圓厚的白酒，所以新桶的比例達30%，而且攪桶頻繁；成效還不差，特別是Giboulot酒莊的酒整體而言有相當爽口的酸味，即使有點圓肥也有足夠的酸味來平衡。"Cote de Beaune La Grande Chatelaine"是酒莊最著名的白酒，顯示Emmanuel的企圖，但香味常由烤麵包與香草所主宰，有不少橡木桶的影響；但口感確實相當圓潤可口，年輕時就已經相當美味，有清新的檸檬與青蘋果香。

●玻瑪村以出產類似夜丘的緊澀紅酒聞名。

玻瑪
Pommard

很多人認爲，玻瑪村會成爲伯恩丘區最著名的產酒村莊，或甚至最受歡迎的布根地紅酒，完全是因爲村名好唸容易記。可以確定的是，玻瑪村的紅酒其實並不那麼容易討人喜歡，至少，緊澀的口感比起大部份伯恩丘的紅酒要來得方正嚴肅。當然這並無關緊要，在市場上玻瑪一直都是搶手貨。一般而言，玻瑪村的紅酒顏色相當深黑，單寧重，結構嚴謹，比較經得起長時間的儲存，和鄰近村莊的葡萄酒風格相差甚多，多少比較像夜丘區的紅酒。

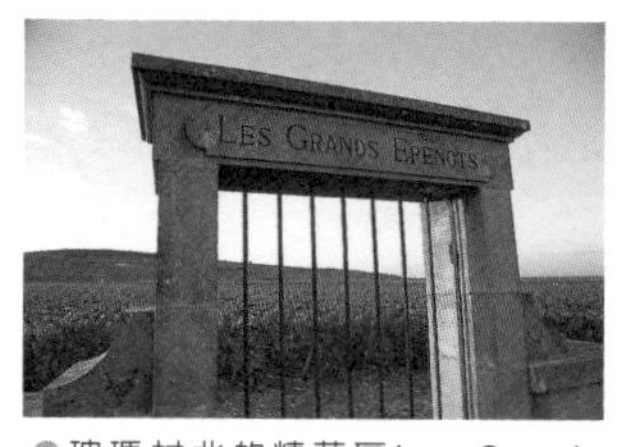

●玻瑪村北的精華區Les Grands Epenots。

玻瑪村有340公頃的葡萄園，只出產黑皮諾紅酒，其中有125公頃列爲一級葡萄園，數目高達28個。蘇茵河的支流Dheune（外表看起來像一條小水溝）流經玻瑪村，將村內的葡萄園分成南北兩邊：北面靠近伯恩市，地型比較開闊，山坡也比較平緩，最佳的葡萄園已經延伸到下坡處，接近平原區，以Les Petits Epenots、Les Grands Epenots和Comte Armand酒莊所獨有的Clos des Epeneaux最爲有名。這一帶的玻瑪紅酒有村內少見的細緻表現，以強勁代替粗澀。

南面靠近渥爾內村(Volnay)地勢變得比較狹迫，坡勢也比較陡峭；最佳的一級葡萄園位在中坡處，包括Les Rugiens、Les Jarolières和Les Chaponnières等，生產全玻瑪最精彩的頂尖紅酒。比Epenots來得更爲豐厚與堅實。有趣的是，即使緊鄰著以細膩優雅見長的渥爾內村，本區段的葡萄酒卻少見溫柔圓融的優美姿態。

最近媒體對玻瑪的批評頗多，但村內知名的酒莊還是一樣屹立不搖，包括Comte Armand、Château Pommard、Jean-Marc Boillot、Domaine Parent、Domaine Courcel、Aleth Le Royer-Girardin及Michel Gaunoux等等都有不錯的水準。

紅土莊園 Les Rugiens

法蘭克人有一個族群稱為“Rugien”，剛好和玻瑪村的最佳葡萄園同名，但根據Landrieu-Lussigny的考據，Les Rugiens的名字來自葡萄園裡常見的紅土（法文的rouge=紅），在這片葡萄園裡有許多的鐵質結核，造成鐵紅色的土壤。

玻瑪酒莊特寫
Domaine Michel Gaunoux

有點像到巴黎16區拜訪布爾僑亞家庭，Gaunoux女士的談吐與妝扮透露一絲不苟的優雅與謹慎。她更怕人談起Meursault村招搖的親戚François Gaunoux。從1984年先生過世之後，她獨立經營這家相當具聲譽的酒莊，現在她的兒子Alexandre已經開始參與釀酒的工作，不過一切都還在她的掌握之中。

Gaunoux酒莊7公頃的葡萄園裡有1.23公頃的Corton Renard，村內的一級葡萄園中最著名的有Les Grands Epenots和Les Rugiens，其它還有Les Arvelets、Les Chamots和Les Combes等。

葡萄的發酵全在舊式的開口木槽中進行，不過內部卻圍上一層不鏽鋼。葡萄全部去梗，因年份而異，經8到21天的酒精發酵，淋汁與踩皮每日各一回。問到是否發酵前浸皮，Gaunoux女士連連搖頭，對她，這已太反傳統了。釀成的酒經18-24個月的橡木桶培養，新桶的比例只有10%。依照老式的方法，得換桶2-3次，並且經過蛋白凝結澄清與過濾等多道手續才裝瓶。

Gaunoux的酒在裝瓶兩年之後才提供品嘗，而且不好的年份全賣給酒商不自己裝瓶（包括91、86等等），在市面上也相當少見；我唯一品嘗過的只有95和92年的Les Granes Epenots，有相當令人折服的老式風味。才剛上市的95年份像是受良好教育的乖巧小孩，單寧非常強勁，但卻細緻守法，比例合度，盤桓的黑色野漿果味卻暗示了未來暴發的潛力。果然92年份就展露了成熟玻瑪紅酒的動人美味：動物、菌菇與濕地的野性香氣伴著圓熟的櫻桃酒香；單寧熟化，與果味融合一氣，狂野與制約正巧妙地結合在玻瑪的酒汁之中。

●左：女莊主Gaunoux夫人。
●右上：Michel Gaunoux酒莊經常儲存許多老年份的葡萄酒，等酒成熟後再賣。
●右下：酒莊老舊的木造釀酒槽其實內裝不鏽鋼槽。

玻瑪酒莊特寫
Domaine Aleth Le Royer-Girardin

這是近年來越來越受注意的新秀酒莊，女莊主Aleth Le Royer讓玻瑪紅酒多出許多迷人的溫柔風采，完全不同於傳統的玻瑪風格。酒莊僅有約7公頃的葡萄園，包括了村內的一級葡萄園Les Rugiens、Les Epenots、La Reféne、Les Charmots及L'Argillière等，在伯恩市有Clos des Mouches及Les Montrevenots，在梅索村則還有一小片Poruzots。

老樹和死酵母的運用是Aleth釀酒的重要方向。剛步入中年的Aleth已經有20多年的釀酒經驗，酒莊擁有許多超過60年的老樹，她採用低而短的剪枝法以保持老樹的年輕度，即使老也相當健康。不同於新式釀法全部去梗，Aleth只去梗30%，其餘只破皮擠汁，葡萄梗全部保留。也沒有低溫泡皮，直接發酵，發酵大約15-18天。酒莊至今還沒有新式的榨汁機，用的還是木製的垂直老式機器。

紅酒通常經過4天的沉澱才入橡木桶培養，比一般長一點，但是Aleth直到15-18個月後裝瓶前完全不再換桶。她的秘密培養法是在添桶時加入沉澱時收集的死酵母，以提升葡萄酒的甜美口感，有點類似當紅的Dominique Laurent的釀法，不過Aleth採用的新橡木桶比例低很多，只有25-30%。發酵後沉澱的死酵母在自解的過程中會產生讓酒更圓潤的口感，但是也很可能產生怪味，Aleth運用特殊的酶可以潔淨保留死酵母。

●女莊主Aleth Le Royer-Giradin。

試酒筆記

Pommard 1er Cru La Refene 1996

成熟，甚至有點果醬般的藍莓、黑醋栗與黑櫻桃濃香有如瀑布般一瀉而下；口感非常肥厚，而且幾近甜美；單寧觸感如絲絨，但夠強勁結實；有玻瑪的正統堅硬血統，但配上超出常規的可口圓潤，卻又維持難得的均衡與細緻，讓人不知該再等幾年或趁美味馬上享用。

渥爾內
Volnay

●渥爾內村因為出產全伯恩丘最優雅細緻的紅酒而聞名於世。

渥爾內之於伯恩丘就如同香波-蜜思妮之於夜丘，各自表現了黑皮諾葡萄最優雅細緻的一面，或者說，最具女性氣質的一面。在歷史上，渥爾內成名得相當早，早在13世紀，布根地公爵就曾在村內即擁有葡萄園，並建有公爵城堡，法王路易十一和路易十四等都對渥爾內紅酒有特別的偏愛，並且曾在村內擁有葡萄園。伯恩丘的山勢到此些微地轉向東南，村子居高臨下，視野相當好，是伯恩丘區產紅酒的最佳區段。

渥爾內村雖然不大，但是卻有一長串的一級葡萄園，除了村內有35個之多，隔鄰的梅索村在靠近渥爾內村邊還有6個以產紅酒聞名的一級葡萄園也「登記」在渥爾內名下，合計達144公頃；村莊級的葡萄園反而只有不到一百公頃，和隔鄰的玻瑪村一樣只產黑皮諾紅酒。

渥爾內的一級葡萄園集中在中坡處，坡頂和坡底都是村莊級，而最精華區則是集中在村南的山坡上。溫柔細緻又強勁緊密最適合用來形容這些頂級渥爾內的特色，但是各葡萄園間還是有些風格上的差距，其中Caillerets以柔雅風采見長。Champan則在優雅中多一份豐厚，是渥爾內村普遍最受好評的葡萄園。因為地層的變動，村子南端突然冒出夜丘區較常見的巴通階魚卵狀石灰岩，Clos des Chenes及梅索村的Santenots等葡萄園都位在這個區段，黑皮諾紅酒的風格轉而強硬，有更為嚴密緊澀的口感。緊緊圍繞在村舍旁邊的一級葡萄園如Clos des Ducs、Clos de la Bousse d'Or、Clos du Château des Duccs及Clos de la Barre等也有不錯的水準，大多是石牆環繞，為各酒莊所獨有的舊園。

名園環繞的渥爾內村位居狹迫的陡坡上，這個有350個居民的小村，擠著二十多家酒莊；老牌的Marqui d'Angerville、剛換手的Pousse d'Or、風格偏濃澀的Michel Lafarge以及加糖少，酒精度稍低的Hubert de Montille是村內四家最著名的酒莊，即使由全布根地的角度來看也都相當具有份量。

國王的石頭 Les Caillerets

布根地人用許多不同的名詞來形容葡萄園裡的石塊，像lave、murger等等，caille也是其中的一個。渥爾內村的Cailleret就是因為石多而有這樣的名稱，又因曾為國王所有，結合成「國王的石頭」(Caille du roi)，然後演變成現在的“Cailleret”。

渥爾內酒莊特寫
Domaine Marqui d'Angerville

1804年創立的Angerville侯爵酒莊自1920年代起即開風氣之先，自行裝瓶銷售，是全布根地最老牌的獨立酒莊之一。現任的莊主Jacque d'Angerville已經七十多歲了，釀了五十多個年份的葡萄酒，已經顯得有點疲倦，當他跟我談起50年代還需要打井水釀酒的那個時代，聽起來好像是好幾世紀之前的事了。但是自他手中釀出的最新年份葡萄酒，卻依舊是充滿青春氣息的純眞與清新，乾淨唯美的黑皮諾果味，常讓我難以忘情。

酒莊15公頃的葡萄園大部份在渥爾內村內，擁有包括Clos des Ducs、Champans和Cailleret等最頂尖的葡萄園，此外還有村內的一級葡萄園Frémiet、Taillepieds、L'Ormeau、Les Angles及Piture等等。在玻瑪村有Les Combes，在梅索村內生產少見的Meursault Santenots白酒。

Marquis d'Angerville酒莊數十年來一直以非常低的單位產量維持高水準的品質，釀造法也很特別，有點老式，連自動控溫設備也是6年前才添購的。所有的葡萄全部去梗，在老式的木造酒槽中進行8-12天的發酵與浸皮，完全不踩皮，以每天兩次的淋汁取代；然後進行15-24個月的橡木桶培養，新桶比例不超過1/3，只有換桶和凝結澄清，不經過濾即裝瓶。

● 七十多歲的老莊主Jacque d'Angerville已經釀了五十幾個年份的Volnay紅酒。

試酒筆記
Volnay 1er Cru, Clos de Ducs, 1996

Marquis d'Angerville酒莊就位在2.4公頃的Clos des Ducs一級葡萄園內，全由酒莊所獨有。由於接近山頂，坡度陡峭，石多土少，非常貧瘠。園內留有許多老樹，產量低，常常是酒莊表現最好的葡萄園（至少96年份是如此）。以紫羅蘭花香、野櫻桃和糖漬櫻桃為主軸的酒香豐盛典雅，圓潤厚實的果味靈巧地包裹住絲般緊滑的單寧，並帶著一份鮮嫩多汁的新鮮黑皮諾果味。強勁細膩的單寧雖然暗示久藏的潛力，但年輕時已經是那麼容易親近，讓人忍不住要開瓶。

酒莊特寫
Domaine Gachot-Monot

原本的莊主Gerard Potel在97年底不幸過世後，酒莊馬上被原本經營製藥廠的富商Patrick Landanger買下，Potel的兒子雖然接手釀製，但沒多久就黯然離去，在夜丘區自立門戶成爲酒商。這樣的故事在波爾多每天上演，但在布根地還不太常見。

Landanger大興土木，並從另一家由跨國投資集團所有的酒莊Château Blagny-lès-Beaune請來釀酒師，大家都在等待98年份上市後的反應。

Landanger說他將依循所有Potel的釀製方法，保留酒莊原有的風格，而他更大的心願是能爲已有13公頃頂尖葡萄園的酒莊再買下幾片特級葡萄園。無論如何Potel的遺作，1997年份的渥爾內村紅酒依舊是精彩可期。

蒙蝶利
Monthélie

伯恩丘在過了渥爾內村之後，有一道東西向的山谷切過山脈，讓伯恩丘往山區一路延伸到聖侯曼村(Saint Romain)。蒙蝶利村就位在山谷北面的出口上，夾在渥爾內、梅索和奧塞-都黑斯(Auxey-Duresses)三個村子之間。由於位處多條峽谷交界，蒙蝶利村有面向東、西、南三面的山坡，村莊的範圍不及平原區，所以全是多石的坡地，相當貧瘠，是一個主產黑皮諾紅酒的村莊。在AOC制度尚未成立之前，蒙蝶利紅酒經常以玻瑪或蒙爾內的名義銷售，但少見前兩者的深厚和細緻。現在村內也產小量的白酒。

●蒙蝶利村的葡萄園La Combe Danay。

現在列為“Monthélie”的葡萄園有140公頃，但實際種植只約100公頃，其中31公頃列為一級葡萄園，列級共有11個，以和渥爾內村的Clos des Chênes相隔鄰的Les Champs Fuillot和Sur la Velle的水準最高。村內較出名的酒莊包括Château de Monthélie、Darviot-Perrin以及Paul Garaudet等等。

蒙蝶利酒莊特寫
Domaine Paul Garaudet

剛滿四十歲的Paul Garaudet在23年前就已經接手酒莊的管理，經歷了兩次的葡萄園重整，現在共擁有9公頃的葡萄園；除了蒙蝶利村內的Clos Cauthey、Champ-Fuillot，Les Duresses及Meix-bataille等四片一級葡萄園外，也在鄰近的村莊擁有小片的莊園。酒莊小，所以一切得自己來，Paul自豪地說：「每一株葡萄樹都是我親自剪枝——沒錯，一共是9萬株。」

●Paul Garaudet。

Paul Garaudet釀製的蒙蝶利比較偏享樂取向的風格，圓潤可口，少艱澀的單寧。葡萄全部去梗之後經5-7天的低溫發酵前浸皮後再經15天的發酵，最後讓溫度爬到34°C後慢慢結束。橡木桶的儲存約一年，有1/3的新桶，沒有換桶和凝結澄清，只是裝瓶前輕微地過濾。

酒莊所屬的Champ-Fuillot葡萄園種的是夏多內，釀成的白酒相當可口圓美。Clos Gauthey比較細緻，Les Duresses則明顯粗澀許多，Paul自己承認他比較喜歡這類比較壯碩型的紅酒。

奧塞-都黑斯
Auxey-Duresses

奧塞村位處東西向窄小山谷內，西接蒙蝶利村，南鄰梅索村，是一個紅、白酒兼產的村莊；葡萄園沿著谷地分布，約有170公頃，其中有32公頃列爲一級葡萄園，全位在奧塞村的精華區，村北向南的山坡上。在9個一級葡萄園中以位在與蒙蝶利交接的Les Duresses最爲著名，早已成爲村名的一部份，不過表現最飽滿與細緻的葡萄園是位在村邊的Clos du Val。

●奧塞-都黑斯的一級葡萄園Les Grands-Champs。

奧塞村的葡萄酒不比鄰近的渥爾內紅酒或梅索白酒，在不佳的年份因爲成熟度較不足的關係常顯得清瘦，但在一般年份都有相當的水準，特別是在價格上還算相當便宜。奧塞村採用機器採收葡萄的比例相當高，在金丘區頗爲少見，但村民常用的小型採收機似乎效果還不差。

早已聲名大噪的酒商Leroy，藏身在靜僻的小村邊，不過奧塞村的葡萄酒並非Leroy的主角，也沒有因Leoy變得更爲出名，本村葡萄酒的重點在衆多獨立酒莊，包括Jean-Pierre Diconne、Michel Prunier、Pascal Prunier、Philippe Prunier-Damy和Alain Creusefond等都具相當水準。

奧塞-都黑斯酒莊特寫
Maison Leroy

酒商Leroy，1868年創建於奧塞村內，在第三代Henri Leroy時期買下了一半的Domaine de la Romanée-Conti酒莊的股權。酒商的規模一直不是很大，1955年，Henri Leroy 23歲的女兒Lalou Bize-Leroy接手酒商，負責葡萄酒的採購，Lalou在1974年更接替Henri，和Aubert de Villaine一起成爲DRC的管理者直到1992年由其姪兒所取代，Leroy家族至今仍擁有酒莊1/2的股權。

●Lalou Bize-Leroy。

Leroy的自有葡萄園相當少，1988年Lalou和她姐姐Pauline出售1/3的股份給日本高島屋，開始集資擴充自有莊園，大手筆買下唯詩-羅馬內村擁有12公頃名園的Charles Noëllat酒莊、哲維瑞-香貝丹村2.5公頃的Philippe Remy酒莊等等，成爲累計有22.5公頃葡萄園的獨立酒莊Domaine Leroy；擁有包括Chambertin、Latricières-Chambertin、Romanée-Saint-Vivant、Richbourg、Musigny、Clos de la Roche、 Clos de

Vougeot、Corton-Renard及Corton-Charlemagne等特級葡萄園。所有的酒都在原本Charles Noëllat的酒窖中釀製。

除此之外，Lalou和她先生還另有一家獨立酒莊Domaine d'Auvenay，擁有包括Mazi-Chambertin、Bonnes-Mares、Chevalier-Montrachet及Criots-Bâtard-Montrachet等特級葡萄園的3.87公頃葡萄園。

1988年買入葡萄園後，在沒有經過任何試驗的情況下，所有Leroy與Auvenay酒莊自有的葡萄園在1989年直接採用自然動力法種植（此種植法請見Part II 第3章）。Leroy在此方面是布根地的開路先鋒，除了完全排除化學合成的肥料與農藥，Lalou本人相當虔誠地相信天體運行的力量會牽引葡萄的生長；依據Rudolf Steiner與Maria Thun的理論與方法，加上Lalou自己的體認和靈感，不計成本地照料她的葡萄園。她幾乎是用類似母親哺育小孩的心情來對待她的葡萄樹，例如當春季剪枝之後，她說她可以聽到葡萄樹哭泣的聲音，並且特別調製了一種具止痛效果的藥草塗抹在剛剪枝過的葡萄樹上。

也許對旁人顯得迷信、好笑或瘋狂，但是Leroy的葡萄園確實能生產出品質相當好的葡萄酒來——即使產量非常非常低，或者葡萄樹全病得快要死掉。Lalou確實曾經是（即使到現在可能還是）許多布根地酒農眼中的笑柄，1993年大家爭相「路過」Leroy近一公頃的Romanée-Saint-Vivant葡萄園，參觀幾近全部爛光的葡萄。這款酒現在收藏家得花接近上萬法朗才有機會買到。

Lalou釀製黑皮諾的方法和DRC相當類似，1994年Andre Porcheret被挖回濟貧院釀酒後全由Lalou一人統理。葡萄首先經過嚴密的挑選，完全不去梗，整串葡萄放入傳統木製酒槽內釀造，沒有任何溫度控制，讓葡萄自然開始發酵（通常得等上4、5天）；一開始幾天先淋汁，之後每天兩次人工踩皮（1994年之前為機械式踩皮，Lalou說她自己先帶頭開始踩，她覺得應該跟葡萄有更多身體的接觸。），大約18-19天可以完成發酵與浸皮。

為了擔心氧化，只有到了發酵結束前再又開始淋汁。Lalou喜歡低溫發酵，溫度主要在18-24℃間進行。發酵完之後就更簡單了，不論那一等級的葡萄酒，全部放進全新的Allier森林的橡木桶培養16-18個月，只換桶一次，完全不過濾直接裝瓶。一切方法似乎都相當簡單，Lalou跟我說她是為了清洗舊桶的麻煩才全部採用新桶，她還透露曾經跟Verget問過如何運用死酵母來提昇葡萄酒的風味，但總學不來。也許，有好的葡萄，要釀成好酒其實並不需太多刻意的技術吧。

◎Leroy Musigny的介紹見Part III 第2章，香波-蜜思妮

●Leroy的Romanée-Saint-Vivant葡萄園裡的葡萄樹雖然長得很不健康，但是卻能釀出相當精彩的黑皮諾紅酒。

奧塞-都黑斯酒莊特寫
Domaine Alain Creusefond

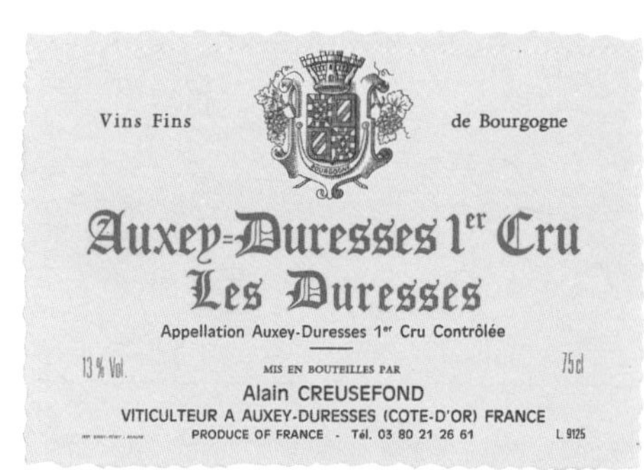

除了98年住在伯恩市外，奧塞村是我到布根地最常落腳的地方，村內有幾家酒莊兼營民宿，讓我深刻體認布根地葡萄農家的生活；因爲稍稍離開享有盛名的富有村莊，村內多了一份眞實與寧靜，對我，這些記憶都蘊藏在奧塞村的葡萄酒裡。

相較於鎂光燈下的Leroy，Alain Creusefond酒莊是另外一種接近土地的方式。來訪時，Alain冒著11月的寒風在葡萄園剪枝，才剛進門，身上還帶著燒葡萄藤的氣味。酒莊近12公頃的葡萄園全由他自己和老婆、兒子Vincent及一個學徒全部包辦。Alain Creusefond不是村裡最好的酒莊，但是酒中純樸實在的本質卻最能代表奧塞村。

●上：酒莊狹小的地下酒窖就位在客廳的下方。
●下：Alain Creusefond和他的太太。

等待Alain換下工作服時，Creusefond太太跟我畫了一張家族表解釋村內多家Prunier酒莊之間的關係，Jean Prunier有四兒一女，各自成立酒莊。老大Roger Prunier現由兒子Philippe與媳婦成立Prunier-Damy酒莊；老二已傳給兒子Pascal Prunier酒莊；三兒子是最出名的Michel Prunier；小兒子Pierre已傳給兒子Vincent Prunier；女兒嫁入Creusefond家，傳其子Alain Creusefond。現在五家酒莊共經營65公頃的葡萄園。

酒莊產的紅酒通常會先經過5天的發酵前泡皮，葡萄全部去梗之後還會再加回5%的梗，以提高酒中的單寧。踩皮與淋汁每天進行，約12天可釀成，然後放入桶中存11-13個月，每年僅採用10%的新橡木桶。酒莊在奧塞村的葡萄酒以一級葡萄園Climat du Val的水準最高，品質也最穩定，經常有新鮮純美的櫻桃香氣和簡單細緻的口感。Duress則常顯得較爲硬澀。

聖侯曼
Saint-Romaine

群山環繞、地勢險峻的聖侯曼村，已經離伯恩丘有點距離，反而像是上伯恩丘的村莊，連產的酒也有點類似；事實上聖侯曼是在1947年由上伯恩丘產區變成伯恩丘村莊級AOC產區。因爲海拔較高，氣候稍微寒冷，剛好在黑皮諾成熟的臨界點上，所以主要以種植夏多內葡萄爲主，黑皮諾較少，只有在較爲炎熱的年份黑皮諾葡萄才能全然地成熟。村內僅約135公頃的葡萄園位在村子東面向南與向東的陡坡上，全屬村莊級，沒有一級葡萄園。

●偏處山區的聖侯曼村。

聖侯曼白酒的特色主要在其年輕時親切可口的新鮮滋味，並不特別強調要能久存；天氣較冷，經常有非常爽口的酸味。紅酒也是即飲型，通常口感比較清瘦。　近年來聖侯曼日漸受到注意主要拜1995年起伯恩丘區白酒酒價飆漲之賜，酒商蜂擁而至採買廉價的聖侯曼白酒，不過與村內的Alain Gras等酒莊的走紅也不無關係。過去村內的酒莊很少自己裝瓶，大多整桶賣給酒商，最近情況開始有點改變，越來越多的酒莊開始投入裝瓶自售的行列。

聖侯曼酒莊特寫
Domaine Alain Gras

才剛滿40歲的AlainGras已經自己成立酒莊達20多年之久，他年輕時的夢想：希望能將自己釀的酒賣到知名的餐廳以及擁有一棟用石頭疊成的房子，這些老早就都已經實現了。Alain Gras酒莊的規模已達12公頃，其中在聖侯曼村有十公頃，紅、白各半。爲了保留白酒的新鮮果味，Alain Gras的白酒只有10-15%的是在橡木桶中發酵，其餘全在大型酒槽中進行，最後再混合，不論是木桶或酒槽，全都定時進行攪桶以提高圓厚的口感。Alain Gras是最早開始運用橡木桶來釀製聖侯曼白酒的酒莊之一，讓酒變得更爲豐富，由於比例拿捏得當，並沒有蓋過葡萄的新鮮果味。

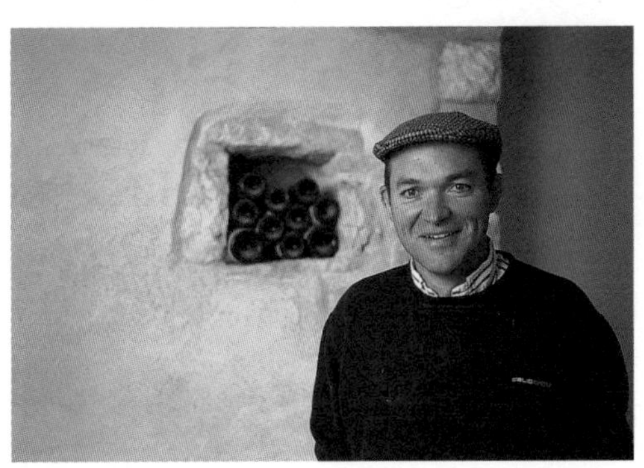
●喜愛打獵的Alain Gras。

Alain Gras的聖侯曼白酒最吸引人的地方在於酒的口感同時融合了強勁的酸味和相當甜美圓潤的成熟果味。平衡感絕佳，而且討喜好喝，更難得的是，價格肯定是經濟實惠。

梅索
Meursault

●梅索村出產圓潤豐腴的夏多內白酒。

雖然村子裡沒有列為特級的葡萄園，但梅索的名氣與重要性在全布根地所有產白酒的村莊裡卻有著舉足輕重的地位。村子裡產的夏多內因為特有圓熟甜美的口感與濃郁豐富的香味，早已經成為夏多內葡萄的重要典範。熱帶水果配上奶油與香草的香氣，有著滑潤的肥美口感，一副討人歡心的模樣，展露了布根地白酒最享樂與肉慾的一面。

梅索是金丘區的白酒大村，有近440公頃的葡萄園，其中132公頃被列為一級。除了夏多內，村北靠近渥爾內村(Volnay)附近也有些適合黑皮諾的土壤，出產跟鄰村風格類似的紅酒。居民上千的村內有一百多家酒莊，眾星雲集，在布根地大概沒有別的白酒村莊能與其相比。名氣最大的要算Comtes Lafon，但像Coch-Dury、François Jobard、Michelot、Pierre Morey及Jacque Prieur等也都是一時之選，甚至新興的Mikulski和Patrick Javillier以及較商業化的Château de Meursault也都有相當的表現。

梅索有25個一級葡萄園，其中最精華的區域位在村南往普里尼村-蒙哈榭(Puligny-Montrachet)延伸的山坡上。這一帶一共有六片葡萄園，最近村子的是Les Gouttes d'Or，接著

採石工人葡萄園 Les Perrières

侏羅紀形成的石灰岩是布根地的主要石材，在金丘山坡上曾有許多的採石場，外露的岩床，非常容易採取。許多金丘的葡萄園就位在舊有的採石場上。"Perrier"原本指的是採石工人，Perrière則是採石場，一些鄰近或直接位在舊採石場上的葡萄園就取名Les Perrières，可想見都是土少石多的土地。

的是Les Bouchères和Le Porusot。再往南的Geneverières、Charme和Perrières則是全村最聞名，條件也最好的葡萄園，各自還因位置的關係分成上(dessus)和下(dessous)兩區。

Perrières的上坡處土少石多，坡度較陡；一般公認下坡處的Perrières的自然條件最好，甚至可以媲美普里尼村的特級葡萄園蒙哈榭。身兼強勁與細緻的風味，精彩的Perrières常有多層次的口感變化，討喜的果味之外還能轉換出細緻但幽遠的迷人香氣，是梅索最有個性的葡萄酒。至於上坡的部份則太過貧瘠，產的酒比較不豐美。

位在下坡處的Charme則剛好相反，上坡明顯地比下坡好很多，後者因土壤肥沃，反而較無特色。Charme因為早熟的甜潤口感而得名，雖然少見Perrières的深度，但可口的程度肯定有過之而無不及。口感中庸，顯得四平八穩的Geneverières更像是前兩者的綜合，也許較不引人注目，但有均衡的口感與豐富的酒香，是梅索村的極品。

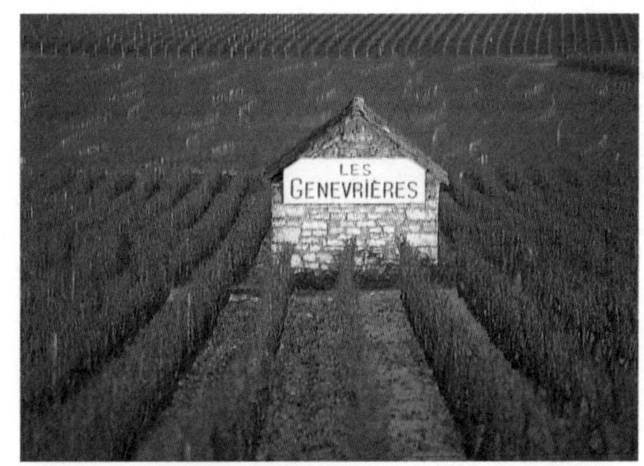

●梅索村的一級葡萄園Geneverières。

梅索酒莊特寫 Domaine Michelot

才滿13歲時，對釀酒一竅不通的Bernard，在1939年因父親被徵召入伍抵抗德軍，接手了這家位於村南的酒莊。至今已釀了60個年份的葡萄酒。98年冬天第一次在梅索村裡碰到他時，老先生剛從蔚藍海岸度假回來，臉被太陽曬得紅通通的，顯得活力充沛。我對當天品嚐的Michelot 1996年份的多款梅索留下深刻印象，有細緻均衡的酸味，卻又有熱情充沛的果香。

Bernard現在已是半退休，葡萄園大多分給三個女兒，酒莊則讓來自松特內(Santenay)的女婿Jean-François Mestre統管。現在的Michelot酒莊其實是由Bernard自己、女婿及三個女兒等五家酒莊合在一起的通稱，雖然由Mestre一起釀造，但卻是各自裝瓶，所以標籤上印的名字稱得上是五花八門，常讓人搞混。總數達23公頃的葡萄園主要在梅索村內，在Perrièeres（0.21 公頃）、Genevrières（1.48公頃）、Charmes（1.54公頃）及Porusot（0.1公頃）等精華區內都有葡萄園，在隔鄰的普里尼及渥爾內村也都有一級葡萄園。

●Alain Michelot

Michelot的釀法相當簡單而「傳統」，採用原生酵母、桶中發酵、攪桶、換桶及過濾等等；但在橡木桶的選擇方面卻顯得複雜有規劃，每四年更換一次橡木桶，換句話說，每年採用四分之一的新桶來釀製葡萄酒，而且特別選用來自Remond和Damy兩家木桶廠的四個森林的木材。所有產自一級葡萄園的梅索都得在桶中存上12個月才裝瓶上市。Bernard對於自家酒窖中越來越自動化的設備有點微詞，他不相信釀酒師按按鈕就可以釀好葡萄酒。他還發人深省地說，身體的勞動以及和葡萄酒的接觸才是釀酒的不二法門。

梅索酒莊特寫
Domaine Jacque Prieur

雖然只有20公頃的葡萄園，但位於村北的Jacque Prieur卻有著如夢幻組合般的七片稀有特級葡萄園。香貝丹（0.15公頃）、香貝丹-貝日莊園（0.84）、蜜思妮（0.77公頃）、梧玖莊園（1.28公頃）、埃雪索、高登（0.73公頃）、高登-查理曼（0.22公頃）、歐瓦里耶-蒙哈榭（0.14公頃）和蒙哈榭（0.59公頃）；在布根地除了極少數的酒商，Prieur是唯一擁有眾多涵蓋夜丘與伯恩丘的頂尖葡萄園的獨立酒莊。除了特級葡萄園，一級莊園也不少，在梅索村內就有0.24公頃的Les Perrières。

不過Domaine Jacque Prieur也不算是全然獨立，Prieur家族（由Martin Prieur執掌）只擁有一半的股權，其餘屬於梅克雷村(Mercurey)的酒商Antonin Rodet所有。自從1988年Rodet加入之後，這家原本水準平平的酒莊開始出現大幅的改變。十年來，由Antonin Rodet的首席女釀酒師Nadine Gublin親自操刀，釀製酒莊內所有的葡萄酒。如今，Prieur達到了酒莊前所未有的超高品質，價格也跟著不斷地爬升。

●Martin Prieur。
●在渥爾內獨家擁有一級葡萄園Clos des Santenots。

Nadine非常善於表達黑皮諾的「鐵腕柔情」特性，其實她自己也有這樣的性格。她喜好晚摘成熟的葡萄，而且釀造時選擇全部去梗，然後是五天發酵前泡皮和10-16天的浸皮。爲防氧化，沒有淋汁，改由踩皮萃取顏色與單寧。白酒則採用整串葡萄榨汁，入橡木桶發酵，三個特等葡萄園的白酒全都採用100%的新桶。

相較Michelot的「傳統法」，Prieur不論紅、白酒，在培養階段都採用最近相當流行的「三不法」，完全不換桶、不凝結淨化也不過濾，保留葡萄酒的果味與甜美，讓酒顯得純淨與現代。從1996、1997等新年份成功的表現，Domaine Jacque Prieur已經逐漸擠身布根地狹窄的名門酒莊之林。

◎有關Domaine Jacque Prieur的介紹請參考Part III第2章，香波-蜜思妮

●普里尼村出產全世界最頂級的夏多內白酒。

普里尼-蒙哈榭
Puligny-Montrachet

伯恩丘白酒的最精華區應該就在這裡了；至少，布根地頂尖白酒的典範應該和普里尼村的風格相去不遠：勻稱、豐盛、強勁與細緻，但絕不是梅索村的圓肥與高登-查里曼(Corton-Charlemagne)的猛烈與張狂。是溫文儒雅式的美味，但深厚且有硬骨，豪華型的大尺度夏多內在村內並不常見。普里尼村的酒感覺上並不那麼流俗，但村子如此出名，酒價如此高不可攀，或許是盛名之累吧！

村內的葡萄園位處向東山坡上，越近南面山勢越和緩，245公頃的葡萄園有21公頃的特級葡萄園與100公頃的一級葡萄園，名園處處可見；當然，這裡是白酒的天下，只產一點點紅酒，主要集中在村北山頂的布拉尼(Blagny)小村附近。從與梅索村的村界到特級葡萄園蒙哈榭之間的山坡上滿佈著普里尼17個一級葡萄園，最出名的自然是緊鄰著蒙哈榭的Les Demoiselles和Cailleret以及巴達旁的Les Pucelles，條件都相當好，接近特級的水準。往北和蒙哈榭位在同一高度的Folatières及在梅索村邊的Les Combettes和Les Champ Canet也同是普里尼村最頂尖的一級葡萄園。

普里尼-蒙哈榭白酒有一連串變化豐富的酒香，獨特而明晰，常有包括新鮮杏仁、礦石、蕨類植物、蜂蜜、熱帶水果及白花等香氣。口感較梅索村來得強硬，但優雅均衡，也不乏深厚的甜美口感。普里尼-蒙哈榭白酒耐久存，需要等上幾年的熟成才會眞正好喝，蒙哈榭等特級葡萄園甚至得等上10年。但也有人持相反的意見，認爲普里尼村因爲地下水面高，沒有涼爽的地下酒窖，造成酒比較早熟。這確實對位居村內的酒莊帶來一點影響，但整體而言，普里尼白酒的強勁與均衡都是耐久的保證。

特級葡萄園(Grands Crus)

伯恩丘9個出產白酒的特級葡萄園有四個位在普里尼村內，是全布根地白酒的最精華區。所有村內的特級葡萄園全位在與夏山村的交界處，由山頂往山下分別如下：

歇瓦里耶-蒙哈榭(Chevalier-Montrachet)

葡萄園面積：7.36公頃

直接位在蒙哈榭的上坡處，歇瓦里耶的土質非常貧瘠；靠近坡頂處的岩床幾近外露，表土相當淺，坡度較陡的地帶甚至需開闢成梯田才能種植葡萄。因爲如此艱困的自然環境，產自歇瓦里耶白酒表現了夏多內葡萄較爲瘦高勻稱的一面，很少出現像平地葡萄園的肥短氣。香氣經常是水果與礦石兼具，雖然優雅細緻，但並不嬌柔，有讓口感硬挺的酸味。除了條件優異，在園內擁有土地的酒莊水準相當整齊，這使得歇瓦里耶的評價一直很高，只居於蒙哈榭之下。

蒙哈榭(Montrachet)

葡萄園面積：8公頃（其中3.99公頃在夏山村內）

雖然有關布根地的討論總是眾說紛紜，但卻從沒有人敢否認蒙哈榭身爲全布根地最頂尖夏多內葡萄園的地位。經常被視爲最強勁、最濃郁、最豐厚、最耐久、最細緻與最多變的蒙哈榭白酒確實有其過人之處；但最能吸引人的並不在於濃厚肥碩，反而是在強勁深厚的口感中顯現多層次的細膩變化，在圓潤豐沛的果味中帶著輕盈的靈動。至少，幾個頂尖的蒙哈榭酒莊都表現出這樣的風格（除了DRC以濃重著稱外）。

●Bouchard Père et Fils的Montrachet葡萄園。

蒙哈榭葡萄園位在中坡處，面向東方，以紅色的泥灰質土爲主，含有大量的石灰質以及白色石灰岩塊，底盤是侏儸紀晚期的珍珠石板岩。到了夏山這邊，坡勢開始轉而偏爲向南，而葡萄園的頂端已經貼近山頂外露的岩層，上坡處有幾小片蒙哈榭葡萄園是位在狹隘的梯田之上，比較類似土少石多的歐瓦里耶。

巴達-蒙哈榭(Bâtard-Montrachet)

葡萄園面積：11.87公頃（其中5.84公頃在夏山村內）

和蒙哈榭的下坡處只有一路之隔的巴達-蒙哈榭地勢比較平坦，土壤也比較肥沃，土質以自上坡沖刷而下的沉積土與碎石爲主。巴達的風格明顯地較爲圓潤肥碩，優雅的風采也跟著淡去，隨之而來的是重量感，而不是動人的細節；但份量十足，很討人喜愛，夏多內特有的蜂蜜香味是巴達的招牌。在巴達擁有葡萄園的酒莊相當多，水準較不及蒙哈榭與歐瓦里耶來得整齊。

> **布拉尼 Blagny**
>
> 除了Cailleret以外，所有普里尼村的一級葡萄園都只產白酒，如果紅酒是產自Blagny小村附近的3個一級葡萄園Sou les Puit、La Garenne及Hameau de Blagny，則只能採用"Blagny 1er Cru"這個AOC名稱，但如果是白酒則是"Puligny 1er Cru"，似乎有點複雜。布拉尼還有一部份在梅索村內，有4個一級葡萄園La Jeunelotte、La Pièce sou le Bois、Sous le Dos d'Ane及Sous Blagny，也是紅酒叫"Blagny 1er Cru"白酒叫"Meursault-Blagny 1er Cru"。

比衍維紐-巴達-蒙哈榭(Bienvenues-Bâtard-Montrachet)

葡萄園面積：3.69公頃

這片葡萄園的位置更低，幾乎已經貼近平原區，覆蓋著更深厚的沉積土與小石塊。在幾次品嘗的經驗裡，溫柔可愛是其共通的特性，圓熟的口感有相當豐美的果味，常見熱帶水果與蜂蜜香氣。

實際位在普里尼村的酒莊並不多，但是也不乏夠份量的頂尖酒莊像老牌的Domaine Leflaive、Louis Carillon et Fils以及紅遍美洲，兼營酒商事業的Etienne Sauzet等等。另外Olivier Leflaive和Chartron & Trébuchet兩家專精於布根地白酒的精緻酒商也都建基在普里尼村內。

普里尼-蒙哈榭酒莊特寫
Chartron & Trébuchet

獨立酒莊Jean Chartron創立於1859年，在普里尼村內擁有許多頂尖的葡萄園，包括1公頃的Chevalier-Montrachet、2.45公頃的Clos du Cailleret、1.16公頃的Clos de la Pucelle以及0.41公頃的Les Folatières等等。1984年老莊主Jean-René Chartron和Louis Trébuchet一起創立了酒商Chartron & Trébuchet，以生產布根地白酒爲主要目標，十多年來已經營造出相當獨特的風格。

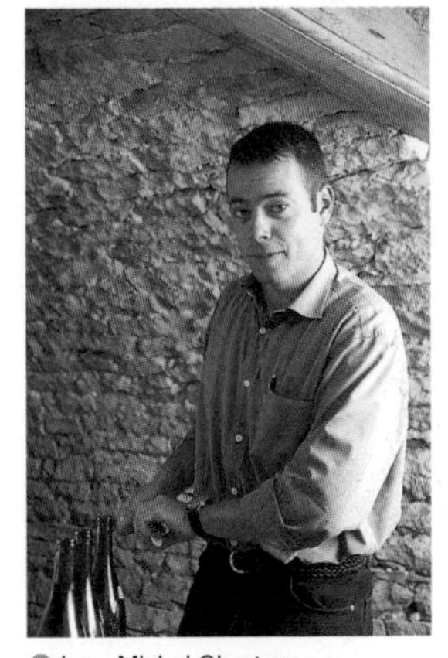
●Jean-Michel Chartron。

乾淨、清新、純美，有相當簡捷明快的現代感，這是我對Chartron & Trébuchet白酒的整體印象。當然，這些字眼在過去很少被用來形容布根地的白酒，也許太乾淨了，有人覺得Chartron的酒沒有靈魂，這是審美觀的問題，但夏多內多了一個新樣貌卻是相當可喜。

目前酒莊由少莊主Jean-Michel管理，釀造則由釀酒師Michel Roucher負責，釀法並不傳統。所有的酒全部採用人工酵母，一來減少麻煩，也比較容易精確控制；在橡木桶中發酵的白酒，其發酵時間可以由幾天延遲到數個月之久。橡木桶培養的時間短也是Chartron酒莊的特色，大部份的酒在隔年春天就已經全部裝瓶，即使是特級葡萄園也很少留過夏天。在伯恩丘，頂尖葡萄酒大多都會留上一年。Michel強調他要保留的是葡萄酒的果味，清新的口感，要的是圓潤，但不要濃重，在橡木桶存上太久的結果往往是失掉果味，僅留下肥厚卻分不出細節的濃重。

依年份與葡萄園的不同，新橡木桶的比例由10-100%都有，橡木的選擇以Allier、Vosge爲主及一些Trançais；經輕度燻烤，最多中度燻烤以免影響酒的風味。攪桶則是每週一次。裝瓶前通常會經過凝結沉澱、輕微過濾與低溫穩定酒石酸等程序。

要喜歡Chartron & Trébuchet的風格可能得先改變對布根地白酒的傳統看法，重量感在此並不那麼絕對，靈巧的均衡與明晰的細節才是眞正的重點。

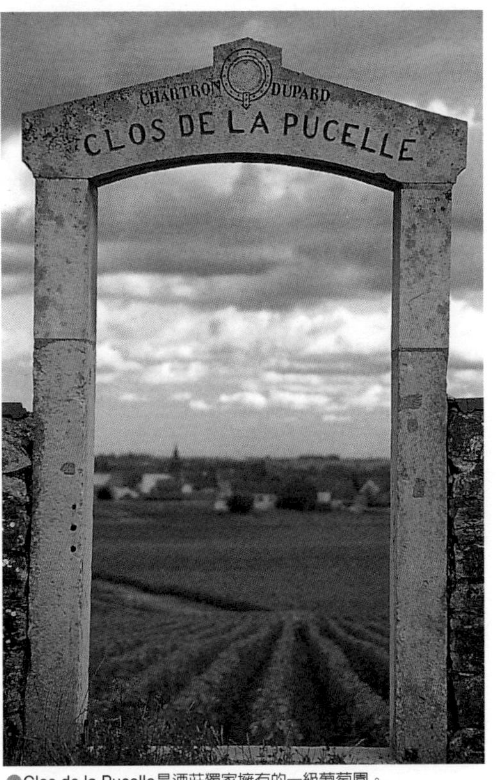

●Clos de la Pucelle是酒莊獨家擁有的一級葡萄園。

普里尼-蒙哈榭酒莊特寫
Domaine Louis Carillon et Fils

Carillon酒莊在村子裡算得上是老牌酒莊，以細緻的風格在普里尼村建立特色；可以確定的是，在這酒莊裡找不到像Etienne Sauzet般肥碩甜美的白酒。本酒莊共有12公頃的葡萄園，主要集中在普里尼村，唯一的特級葡萄園是僅有0.12公頃的Bienvenues-Bâtard-Montrachet；在村內有5個一級葡萄園，分別是Les Champs Gain、Les Champs Canet、Les Combettes、Les Perrières及Les Referts，以及5.5公頃的村莊級。Louis Carillon已經將酒莊主要的工作交由兩個兒子管理，Jacque負責釀酒，François掌管種植。

夏多內榨汁後，經12小時的澄清裝入橡木桶中發酵，每週攪桶一次，完全沒有換桶約一年，改放入不鏽鋼槽中，存放5-6個月，隔年春天在凝結沉澱與輕微的過濾後裝瓶。新橡木桶的比例不高，約15-20%，Jacque特別偏好Allier和Niever森林的橡木，裝白酒的木桶全部採用輕度烘焙，對他而言，普里尼村的特色在於優雅的風格與豐富的細微變化，不應該被木桶所掩蓋。至於完全不換桶倒並不是爲了趕流行，而是因爲沒有地下酒窖，溫度偏高，必需小心葡萄酒的氧化，以及果味的喪失，因此盡量避免換桶。

●Jacque Carillon

Vins de Bourgogne

CARILLON

1632

BIENVENUES-BATARD-MONTRACHET

GRAND CRU

APPELLATION BIENVENUES-BATARD-MONTRACHET CONTRÔLÉE

13,5% vol. 1996 750 ml

Mis en bouteille au Domaine par Louis CARILLON et Fils Puligny-Montrachet Côte-d'Or - France

VITICULTEURS

PRODUCE OF FRANCE

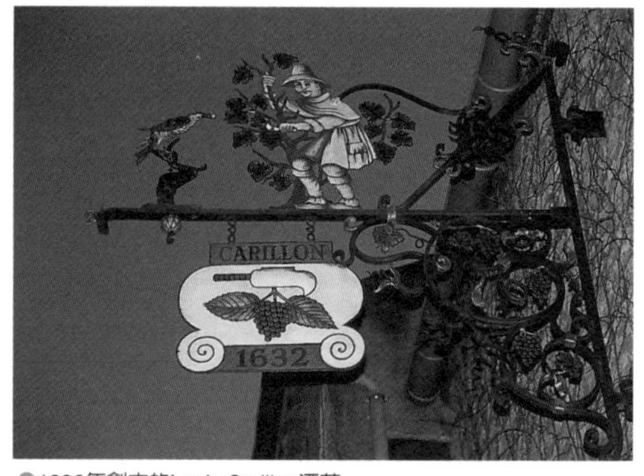

●1832年創立的Louis Carillon酒莊。

在Carillon幾個一級葡萄園中以Perrières最爲精彩，有普里尼村特有的硬骨，酸味強，口感強勁，帶優雅的礦石氣息；通常需要幾年才能圓熟，也許有點嚴謹，但風格相當獨特。Les Combettes因是1992年才種的年輕葡萄，柔和順口；Les Champs Ganet則是37年以上的老樹，口感深厚，但卻又柔美婉約，表現細膩的女性風采。Carillon是我在布根地訪問的最後一家酒莊，Jacque帶我繞了半個村子參觀分散四處的酒窖。

頂著12月底的寒風，肩上背著沉重的相機、腳架和燈光，很難想像一切已近尾聲，還有那麼多的酒莊想去拜訪探問。Jacque幫我倒了杯97年份已經十分溫柔可口的Bienvenues，所有布根地的記憶就在Carillon這杯酒中浮現。

●夏山村紅、白酒都產，越往村南種越多黑皮諾。

夏山-蒙哈榭
Chassagne-Montrachet

夏山村因為一條東西向的國道穿過而分成兩半，但真正分開夏山葡萄園的卻是地下的土質。整體而言，村內主要構成的岩層是巴通階的魚卵狀石灰岩，但是高坡處富含白色石灰岩土與黏土，適合夏多內生長，以白酒聞名，是全布根地最好的白酒村之一；坡底的紅色泥灰質石灰岩土質則是黑皮諾的天下。夏山村的葡萄園面積相當大，近350公頃之多，有179公頃的村莊級，159公頃的一級葡萄園以及約11.5公頃的特級葡萄園。

村內的地質變動大，20個一級葡萄園在風格上有相當大的差異，不過伯恩丘白酒價格的無限上漲，讓夏山村許多原本種植黑皮諾的葡萄園逐漸為夏多內所取代。產紅酒的一級葡萄園以Morgeot、La Boudriotte和Clos St.-Jean評價較高，白酒以Chaumée、Cailleret、Les Vergers、Les Chenevottes以及村北蒙哈榭周邊的En Remilly和Blanchot等最受到注意。

種大麻的葡萄園 Les Chenevottes

在種植葡萄之前，原本的土地也可能種過其他作物，夏山村北就有葡萄園以過去所種的作物為名，例如國道邊的「大麻田」(Les Chenevottes)，坡頂處接的是另一個叫「果園」(Les Vergers)的一級葡萄園，南接曾種沙拉菜的「野苣」(Les Macherelles)，也是一級葡萄園。

特級葡萄園(Grands Crus)

夏山村的3個特級葡萄園全部集中在村北，只產夏多內白酒。和普里尼村共有地位崇高的蒙哈榭和巴達-蒙哈榭，克利優-巴達-蒙哈榭(Criots-Bâtard-Montrachet)則是夏山村所獨有。

蒙哈榭(Montrachet)

葡萄園面積：8公頃（其中4.01公頃在普里尼村內）

巴達-蒙哈榭(Bâtard-Montrachet)

葡萄園面積：11.87公頃(其中6.02公頃在普里尼村內)

克利優-巴達-蒙哈榭(Criots-Bâtard-Montrachet)

葡萄園面積：1.57公頃

這是伯恩丘區最小的特級葡萄園，緊貼在巴達-蒙哈榭的南邊，因進入凹陷谷區的邊緣，地勢由面東轉而向南，有許多白色石灰質土。克利優和巴達的風格相差頗大，比較細緻柔美，有比較清新的表現，成熟也比較快。

夏山-蒙哈榭的白酒水準相當高，接近普里尼村的風格，口感較爲平順，能有細緻的表現與耐久的實力。紅酒以果味重與豐腴肉感爲特色，並不如Volnay或Pommard耐久，有人覺得口味有點類似夜丘區紅酒，但似乎指的是較具野性，而不是結實的重量感，其實夏山村的紅酒還是以柔和的口味居多。

夏山雖不是個大村，但葡萄園多酒莊也相當多，最出名的要屬傳奇酒莊Ramonat，其他還有Colin-Deléger、Guy Amiot、Jean Pillot、Michel Niellon以及同屬Gagnard家族的Gagnard-Delagrange、Jean-Noël Gagnard、Blain Gagnard及Fontain-Gagnard，同屬Morey家族的Marc Morey、Jean-Marc Morey、Bernard Morey及Morey-Coffinet等等。相較於普里尼村酒莊的貴族氣，夏山村的酒莊顯得較爲平實，莊主也更貼近土地。

夏山-蒙哈榭酒莊特寫
Domaine Blain Gagnard

來自羅亞爾河谷松塞爾(Sancerre)產區的Jean-Marc Blain原本是到布根地學習葡萄酒的釀製以承繼父親的釀酒事業，但是他卻娶了夏山村Gagnard-Delagrange酒莊主Jacque Gagnard的女兒Claudine，並且在村內創立酒莊Blain-Gagnard，老家的酒廠則留給他弟弟經營。Claudine的姐姐嫁給Richard Fontaine，也在隔鄰成立Fontaine-Gagnard酒莊。同屬Gagnard家族的還有Jacque的弟弟：Jean-Noël Gagnard。

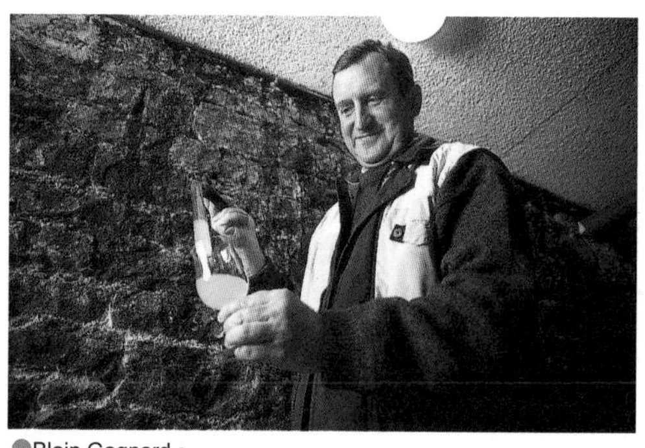
●Blain Gagnard。

Jean-Marc Blain現有7.62公頃的葡萄園，特級葡萄園有0.2公頃的Criots-Bâtard-Montrachet以及半公頃的Bâtard-Montrachet。一級葡萄園有紅、白酒皆產的Morgeot、Clos St.-Jean以及只產白酒的Caillerets和Boudriottes。相較於岳父的老式釀法，Jean-Marc的白酒顯得新潮許多，但在風格上還是帶著眞實與自然。

類似Ramonet的釀法，Jean-Marc的白酒在榨汁後馬上進橡木桶進行發酵而省略沉澱的過程，只有在天氣不佳的年份因爲葡萄汁太混濁才進行，也因此，攪桶比較小心地進行。每年約採用25-30%的新橡木桶，以Allier和Bertrange爲主，現下流行的Vosge因爲讓酒更快成熟而完全不予採用。通常會在桶中停留12個月再裝瓶。Jean-Marc自認爲夏山村的紅酒比較粗野，所以釀造時全部去梗，泡皮的時間也只有12-14天，培養時完全不用新橡木桶，全是5-6年的舊桶，存16個月後裝瓶。

在Blain-Gagnard酒莊的一級葡萄園中以Caillerets最精彩，這片葡萄園在上坡處是較多石灰質的白土，坡底則是含鐵質與黏土的紅土，Jean-Marc在這兩區都有地，採收後混合釀造營造出比例協調的精緻佳釀，強勁而優雅。相較之下酒莊產的Morgeot因含較多黏土質，顯得圓厚粗獷，帶一點鄉土氣。Clos St. Jean因是較年輕的葡萄，非常輕鬆可愛，可口而早熟。

聖歐班
Saint-Aubin

一個狹長的峽谷在夏山-蒙哈榭村再度橫切過伯恩丘，形成了另一面向南的山丘，葡萄園藉此向山區延伸；到了加美村(Gamay)時，山谷轉而向西南，出現了一個面向東南的山坡地，聖歐班村就位在這片陡峭的山坡之上。這兩個村子的葡萄園合起來全叫聖歐班(Saint-Aubain)，有237公頃之多，其中高達156公頃被列爲一級葡萄園，共有29個。

聖歐班村同時產紅酒和白酒，但是夏多內顯然比黑皮諾更適合這邊的環境，特別是東邊與蒙哈榭山交界的地方，離歐瓦里耶-蒙哈榭及蒙哈榭僅有咫尺之遙，更讓人產生許多聯想。這一區的整面山坡幾乎全都列爲一級葡萄園，主要種植夏多內，山勢起伏陡峻，滿覆著白色的石灰岩塊。白酒有不錯的潛力，以En Remilly和Les Murgers des Dents de Chien等一級葡萄園的條件最好，出產的酒也最有架勢，強勁，帶礦石味。村內紅酒的產量已逐年降低，主要產自西邊聖歐班村周圍的葡萄園，屬於比較細瘦型的黑皮諾紅酒。

聖歐班的葡萄園雖然不小，但酒莊並不多，在Montrachet擁有葡萄園的Marc Colin是聖歐班最著名的酒莊，Hubert & Olivier Lamy和Domaine Laure也有不錯的成績。

酒莊特寫
Domaine Hubert & Olivier Lamy

老莊主Hubert Lamy幾乎已經把釀酒的工作全交給年輕的兒子Olivier Lamy，有如初生之犢的Olivier自從95年接手之後，馬不停蹄地進行許多新嘗試，而Hubert似乎相當開明地全然接受。Olivier大膽地起用大容量的橡木桶來釀造白酒，除了少數228公升的傳統木桶用來培養紅酒外，自1998年起，白酒幾乎都在容量介於500-650公升的橡木桶中發酵與培養。這種木桶在布根地雖已經有些酒莊試用，但全屬少量的實驗性質，Lamy酒莊稱得上是開路先鋒。如此釀法雖然較省事，但是因爲木桶必須特別訂做，價格相當昂貴，每只近萬法朗。Olivier認爲大桶可以保留更多的新鮮果味，同時又能有木桶釀造的圓潤口感，卻無太多橡木桶味，較爲優雅，而且更能表現各葡萄園的特色。

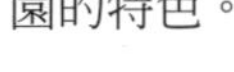

●Olivier Lamy。

Lamy酒莊有16.5公頃的葡萄園，大部份在聖歐班村內，在村內7個一級葡萄園擁有土地，其中以產白酒的En Remilly、Les Murgers des Dents de Chien、Les Corton、Les Clos de la Châtenière及Les Frionnes最出名。唯一的特級葡萄園是僅有0.05公頃的Criots-Bâtard-Montrachet。

Lamy的酒窖因配合山坡興建，上下三層相疊，Olivier在釀酒時可以利用萬有引力換桶，減少幫浦的使用，無論裝桶或裝瓶都不用幫浦，酒質比較不會受影響。夏多內葡萄採收後整串直接榨汁，經一夜沉澱後直接入橡木桶發酵，酒精發酵結束後再開始攪桶，經一年培養後裝瓶，之間僅經過一次凝結澄清，完全沒有過濾。Olivier釀的白酒不僅有清新的果味，而且有相當細膩多變的香味變化，每款都相當能夠表現各葡萄園的特色，頗爲精采，Olivier儼然已是布根地的明日之星。

松特內
Santenay

松特內村的地下土質和夜丘區相近同屬於侏羅紀中期的岩層，特別是和哲唯瑞-香貝丹村相同，由於地層的變動讓底層侏羅紀中期的岩層向上抬升，使得松特內村反而不同於以侏羅紀晚期的岩層爲主的伯恩丘內的紅酒村莊。這樣的地質差異也解釋了爲何松特內的紅酒一直被認爲口感比較澀，類似夜丘區紅酒的說法。

松特內村是金丘區少數村民超過千人的村子，也是布根地著名的水療中心。分爲中世紀狹隘的上城與新興的下城。由於兩村相合，松特內產區的範圍相當大，超過400公頃，主要出產紅酒，但也有一點點白酒，有140公頃列爲一級葡萄園。11個一級葡萄園分別位在三個不同的區段，風格相差頗多，村北靠近夏山村的Les Gravières、Clos de Tavannes、La Comme等屬於侏羅紀晚期的岩層，出產村內最細緻飽滿的黑皮諾紅酒。

位在下城上坡處的Beaurepaire和La Maladière屬侏羅紀中期的巴通階岩層，出產的黑皮諾比較緊澀、粗獷，需要儲存較長的時間才能成熟。至於村南的Clos Rouseau和Grand Clos Rouseau直接和馬宏吉相接壤，風格更加狂野。整體而言，松特內紅酒的潛力並不差，在優秀酒莊的手上可以釀出夠精采的酒來，而且價格都還相當便宜。

松特內的酒莊不少，現在最出名的是Lucien Muzard et Fils和大舉擴展酒商事業的Vincent Girardin，另外Mestre Père et Fils、Denis & Françoise Clair、Prieur Brunet以及René Lequin-Colin也有相當的水準。

●位在一級葡萄園La Comme的風車。

●一級葡萄園Passetemps。

麻瘋病院莊園 Maladière

在中世紀，許多疾病因為診療方法的不足，往往只能靠著隔離的方式來防治，麻瘋病就是其中之一。布根地在大流行的時候，許多村子在鄰近的葡萄園設立了麻瘋病院來收容與隔離病人，這些葡萄園常因此被稱為「病院」(La Maladière)。除了松特內村，在夜丘區的夜-聖喬治村等地也有類似的葡萄園名。

松特內酒莊特寫
Domaine Lucien Muzard & Fils

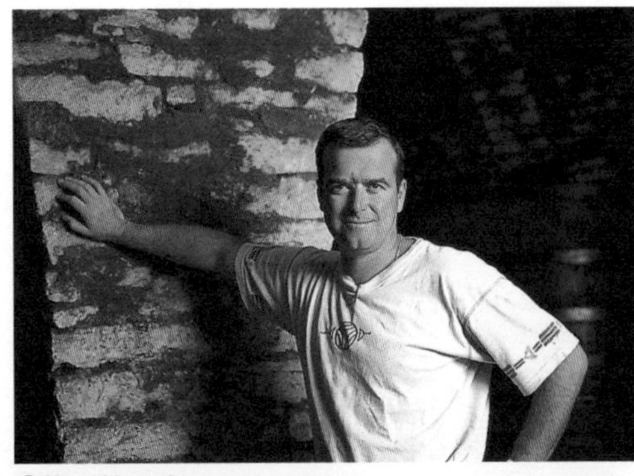

●Claud Muzard。

Lucien已經不太管酒莊的事了，接手的是兩個相當有才華的兒子，Herve負責種植酒莊20公頃的葡萄園，Claud則掌管釀酒和培養。Muzard酒莊在松特內村擁有5個一級葡萄園，包括Beauregard、Clos Faubard、Gravières、Clos de Tavanne及Maladière等，村莊級的葡萄園Clos des Hàtes和Champs Claude條件也都相當好。

Muzard酒莊的紅酒只要是產自樹齡超過20年以上的葡萄園全部不去梗，整串葡萄在舊式木桶中發酵；以20年爲限是因爲年輕葡萄樹的梗比較容易出現梗味。因爲是整串葡萄釀造，一開始的發酵非常緩慢，之後的酒精發酵則進行得相當快以減少浸皮的時間，踩皮與淋汁也比其他酒莊少，防止梗味釋出。一共15天的釀造有一半以上的時間是發酵前的浸皮。經過18個月的橡木桶（1/3新桶）培養後不過濾直接裝瓶。Claud自己偏好口感均衡濃厚、多果味、但單寧優雅的黑皮諾紅酒。他的釀法似乎和他的喜好一致，他釀的Clos de Tavanne就經常展露這樣的細緻風格。這和村內的Vincent de Girardin越來越傾向強硬結實剛好背道而馳。

Muzard酒莊自1991年起也產一點Santenay Champs Claude白酒，相當可口圓美。有一位法國知名作家認爲Muzard所有的Clos Faubard不論土質或自然條件都很像蒙哈榭，應該拔掉黑皮諾改種夏多內；Claud似乎至今不爲所動。Leroy的松特內紅酒主要來自這裡。

松特內酒莊特寫
Domaine René Lequin-Colin

我在Bâtard-Montrachet碰見René的兒子François，他送我一串完全成熟的Bâtard夏多內葡萄，果皮已經由綠轉成金黃，甜美多汁，酸味強勁，不知是否來自想像，口中一直留著蜂蜜的香氣。

1992年René Lequin和弟弟分家，成立了René Lequin-Colin酒莊，太太來自Colin家族，自然也帶來了一些葡萄園當嫁妝；總計有8.16公頃的葡萄園，但非常分散，有Bâtard-Montrachet、Corton-Charlemagne和Corton等3個特級葡萄園，在松特內的一級葡萄園有Le Passe-Temps和La Comme，在夏山村也有3片一級葡萄園：Les Vergers、Les Morgeot及Les Caillerets，最遠還有一小片的Nuits-Saint-Georges。近年來，畢業於香檳區釀酒學校的François自96年起已加入釀酒的行列，酒莊的水準正大幅提升之中。

●Rene Léquin和兒子François。

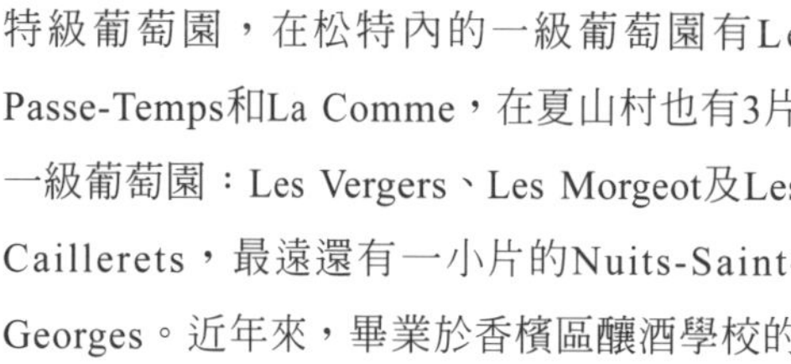

松特內村的葡萄大多採用Corton de Royat的引枝法，Lequin酒莊也不例外，可降低葡萄的產量。採收後的葡萄全部去梗，但不破皮，先進行6-8天的發酵前低溫（6℃）浸皮，然後再開始為期兩週的酒精發酵。每天踩皮與淋汁各一次。釀成後進木桶培養11個月後裝瓶。最近幾個年份的紅酒已轉變成乾淨純美的現代風格，是可以即飲型的松特內，單寧強勁卻細緻，也有久存的實力；以La Comme的表現最迷人，深厚而豐美。

François把白酒釀製的重點放在榨汁上，這是香檳區的傳統，但用來釀造布根地白酒卻也相當成功地表現出葡萄園的特色；他釀造的Bâtard-Montrachet在肥厚圓美中表現了輕盈的姿態，可口的酸味伴著極豐富的細節變化。

馬宏吉
Marange

雖然有很多人以為伯恩丘到松特內村就結束了，但事實上整個金丘區的最南端是馬宏吉。原本朝西的金丘在此轉而向南，使得馬宏吉的山坡大多向南或東南方，再往南一點點，就進入上伯恩丘的範圍了。這個有227公頃葡萄園的產區是由三個小村：Dezize-lès-Maranges、Sampigny-lès-Maranges及Cheilly-lès-Maranges於1989年合併而成，村內有75公頃的一級葡萄園，全位在三個村子交界的高坡處，共有6片葡萄園列級。

馬宏吉和松特內一樣也以出產黑皮諾紅酒為主，但風格更為粗獷，較少見溫柔婉約的紅酒，是目前許多酒商調製“Côte de Beaune Village”時常用的基酒，可以提高其他酒的單寧和酸味。馬宏吉雖然多一份鄉野氣息，但卻也頗耐久存，適合放上數年後，等酒稍微柔化後再喝。

因為名氣不高，馬宏吉的價格低，村內的酒莊也較金丘區其他村莊來得開放與好客，水準較高的酒莊包括Domaine Chevrot、Domaine Contat-Grangé及Claude Nouveau等等，都相當容易找到價廉物美的葡萄酒。

●Chilly-lès-Marange村

馬宏吉酒莊特寫
Domaine Chevrot

從位在Cheilly-lès-Maranges村外的Chevrot酒莊往外看，是整個馬宏吉葡萄園秀麗異常的景緻。Fernand和Catherine夫妻倆一起經營這家有11公頃葡萄園的親切酒莊。酒莊所在的石造房屋已經有兩百多年的歷史，像大部份布根地的小酒莊一樣，地下是酒窖，樓上是辦公室與住家。雖然金丘區出名的酒莊已經很少再接待路過的遊客，但這裡連路過的人都可以進來試酒和買酒。

Chevrot酒莊的葡萄園相當分散，在馬宏吉只有4.5公頃，其餘分佈在Santenay及上伯恩丘區。Fernand所釀的紅酒通常經兩週的發酵與泡皮，然後一半進橡木桶培養，另一部分則放入數千公升的大型木桶，經15個月後裝瓶。Chevrot酒莊的馬宏吉相當有本區的特色，以豪邁粗獷爲主調，年輕時常見澀口的單寧，但一直都有可口的果味相伴。90年份是少數我喝過感覺全然成熟的馬宏吉紅酒，熟化的單寧表現豐盛圓融的美味口感。

酒莊也產相當精彩的馬宏吉白酒，全產自47年的老樹，且全在橡木桶中發酵培養，有圓厚甜潤的迷人口味及豐沛濃郁的果香。

●Fernand Cheverot。

第4章 夏隆內丘區 *Côte Chalonnaise*

在布根地的五個產區裡，夏隆內丘區的角色最為尷尬：因為鄰近伯恩丘，葡萄酒的風格、品種與土質條件都類似，常被當成是金丘區的附屬，成為平價布根地的供應地，當買不起昂價的金丘葡萄酒時，可以買些這一區的酒解饞，不論是紅、白酒都有布根地少見的物超所值酒款。

現在，夏隆內丘也出現一些讓人景仰的獨立酒莊，讓我們發現其產酒潛力似乎超出過去的想像；幾個較著名的村莊其實還是有他們迷人獨特的地方：以紅酒聞名的梅克雷(Mercurey)和吉弗里村(Givry)、以夏多內白酒出名的乎利(Rully)和蒙塔尼(Montagny)，還有專門產阿里哥蝶(Aligoté)白酒的布哲宏(Bouzeron)。在金丘葡萄酒價變得高不可攀的時代，人們才意外發現，這些暗藏在夏隆內丘區裡的平實美味。

●吉弗里村的歷史名園Clos de Cellier au Moines是全夏隆內丘區最美味的葡萄園，Jean-Marc Joblot酒莊將園裡的葡萄釀成最純美迷人的黑皮諾紅酒。

夏隆內丘區

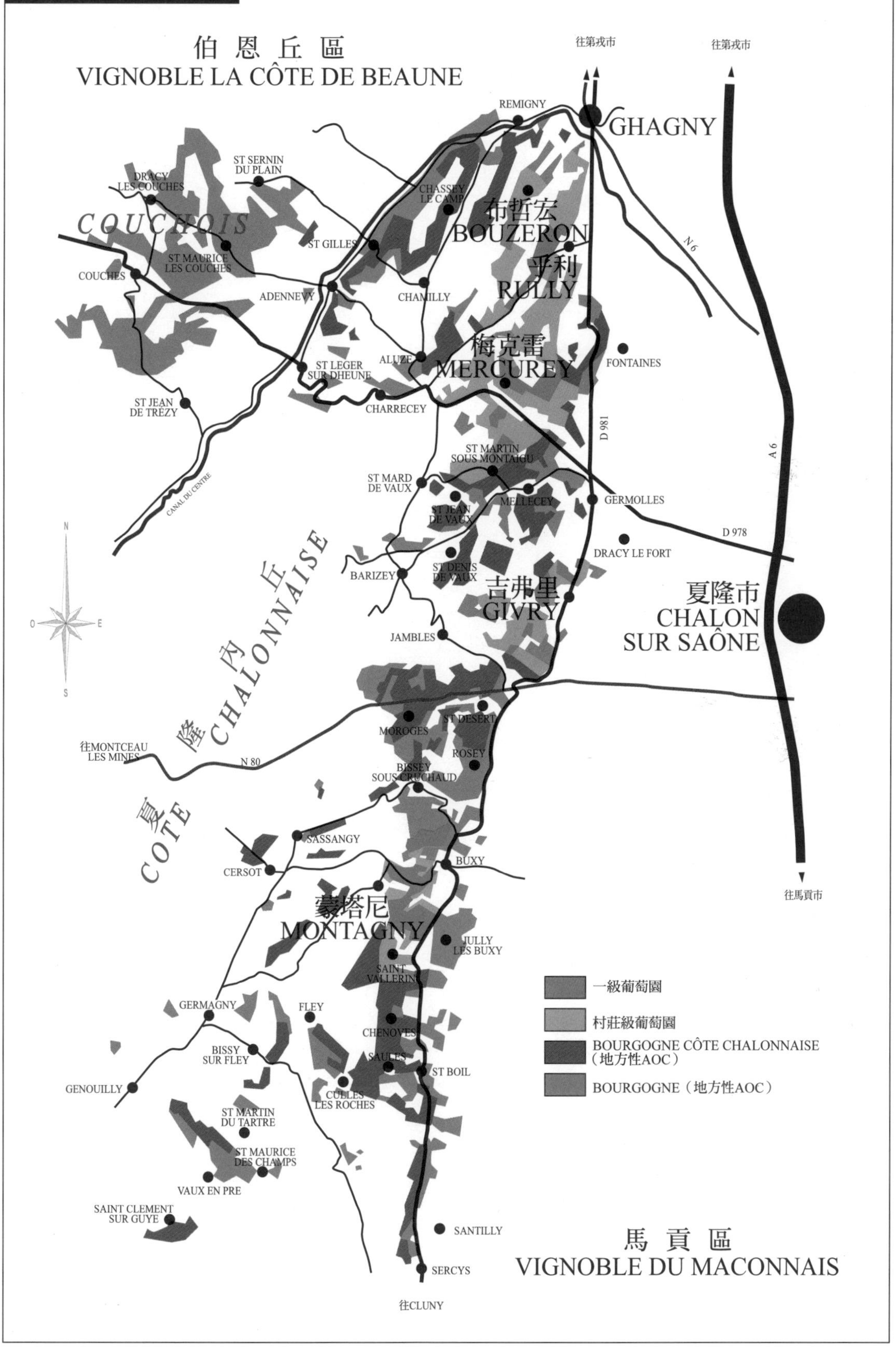
伯恩丘區
VIGNOBLE LA CÔTE DE BEAUNE
往第戎市
往第戎市
REMIGNY
GHAGNY
ST SERNIN DU PLAIN
DRACY LES COUCHES
COUCHOIS
CHASSEY LE CAMP
布哲宏
BOUZERON
ST GILLES
ST MAURICE LES COUCHES
N 6
乎利
RULLY
COUCHES
ADENNEVY
CHAMILLY
梅克雷
MERCUREY
FONTAINES
ALUZE
ST LEGER SUR DHEUNE
ST JEAN DE TREZY
CHARRECEY
D 981
A 6
ST MARTIN SOUS MONTAIGU
CANAL DU CENTRE
ST MARD DE VAUX
MELLECEY
GERMOLLES
ST JEAN DE VAUX
D 978
DRACY LE FORT
ST DENIS DE VAUX
BARIZEY
吉弗里
GIVRY
夏隆市
CHALON SUR SAÔNE
JAMBLES
夏隆內丘
COTE CHALONNAISE
ST DESERT
MOROGES
ROSEY
往MONTCEAU LES MINES
N 80
BISSEY SOUS CRUCHAUD
SASSANGY
CERSOT
BUXY
往馬貢市
蒙塔尼
MONTAGNY
JULLY LES BUXY
SAINT VALLERIN
一級葡萄園
村莊級葡萄園
BOURGOGNE CÔTE CHALONNAISE（地方性AOC）
BOURGOGNE（地方性AOC）
GERMAGNY
FLEY
CHENOVES
BISSY SUR FLEY
SAULES
ST BOIL
GENOUILLY
CULLES LES ROCHES
ST MARTIN DU TARTRE
ST MAURICE DES CHAMPS
VAUX EN PRE
SAINT CLEMENT SUR GUYE
SANTILLY
馬貢區
VIGNOBLE DU MACONNAIS
SERCYS
往CLUNY

夏隆內丘區
Côte Chalonnaise

從與金丘區交界的夏尼市(Chagny)沿著D981公路往南走25公里，幾乎所有夏隆內丘區三千三百多公頃的葡萄園全位在公路的西面山坡上。在布根地的五個產區裡，夏隆內丘區(Côte Chalonnaise)的角色最爲尷尬；不像其他產區的葡萄酒在風格上有強烈的地方特色，也因爲鄰近伯恩丘，種植的品種與土質條件都很類似，耕作與釀造的方式相差不多，常被當成是金丘區的附屬。

許多酒迷直接將此視爲出產簡單可口的廉價葡萄酒產區，當買不起昂價的金丘葡萄酒時，可以買些乎利村(Rully)的白酒與梅克雷村(Mercurey)的紅酒解饞；許多年來，Faiveley和Antonin Rodet在本地出產的幾款紅、白酒都是布根地少見的物超所値酒款。最近幾年的改變，讓夏隆內丘也出現一些讓人景仰的獨立酒莊，讓我們發現區內產酒的潛力似乎超出過去的想像，特別是在出現了1999這個夏隆內丘的世紀年份之後。（夏隆內丘區的氣候與土質請見Part I 第1章）

在歷史上的發展上，夏隆內丘區並不輸給金丘區，遠自羅馬期就已經開始種植葡萄。本地首府夏隆市(Chalon sur Saône)的葡萄酒買賣在中世紀時相當繁榮，因爲有水利之便，夏隆市曾是當年重要的商業中心。當然，水運的沒落也改變了夏隆市的命運，加上根瘤芽蟲病又摧毀了所有的葡萄園；在20世紀初的前三十年，葡萄酒業幾近在夏隆內消聲匿跡，復甦的腳步比金丘區晚了許多。

夏隆內丘區其實還是有其迷人之處，特別是幾個較著名的村莊也逐漸建立他們的特色，例如以紅酒聞名的梅克雷(Mercurey)和吉弗里村(Givry)，以夏多內白酒出名的乎利(Rully)和蒙塔尼(Montagny)，還有更特別的布哲宏(Bouzeron)，專門產阿里哥蝶(Aligoté)白酒。

"Bourgogne"以及"Bourgogne Côte Chalonnaise"是夏隆內丘區兩個主要的地方性AOC產區，是本地葡萄酒的大宗，佔有三分之二的產量。"Bourgogne Côte Chalonnaise"這個 AOC是1990年才創立，專門保留給產自夏隆內丘的葡萄酒，不過使用的酒莊並不多。夏隆內丘區共有五個村莊級的AOC產區，其中除了新成立的布哲宏之外，都有一級葡萄園。

布哲宏 Bouzeron

1997年3月，布哲宏成爲布根地第一個採用阿里哥蝶(Aligoté)白葡萄的村莊級AOC，這個轉變也許多少可以減少一般人對阿里哥蝶葡萄的負面看法（請參考Part I第2章）。布哲宏以出產高品質的阿里哥蝶白酒聞名布根地，村內位於峽谷兩側石灰岩山坡上的50公頃葡萄園，很適合阿里哥蝶葡萄的生長。在布根地，阿里哥蝶通常種在條件最差的平原區，而且產量很高，用的通常是Aligoté vert這種多產的品種，在這樣的條件下，即使夏多內也很難能有好表現。布哲宏用對待夏多內的方式禮遇阿里哥蝶，才能釀出迷人的風味。

但無論如何，布哲宏白酒的口感還是比其他夏多內產區簡單平實，常見果味與優雅花香；因爲酸味高、清淡卻口味均衡，非常清新爽口；並不適合存放太久，四、五年已是極限了。因爲產區小，布哲宏的酒莊並不多，以A. et P. de Villaine最著名，另外還有Domaine de l'Hermitage，擁有10公頃的Clos de la Fortune。伯恩市的酒商Bouchard P. et F.也有5.5公頃Bouzeron葡萄園。

●Château de Rully是12世紀的古堡，而且出產可口的Rully白酒。

乎利 Rully

雖然乎利村紅酒和白酒都有生產，但大部份的時候提到乎利村，主題多半繞著白酒，要不就是「布根地氣泡酒」(Crémant de Bourgogne)，很少提到紅酒。現在三百多公頃的葡萄園有三分之一種的是黑皮諾，但轉種夏多內的越來越多。一瓶精彩的乎利白酒有相當深厚的口感和強勁的酸度，有時品質可以接近伯恩丘區的普里尼-蒙哈榭(Puligny-Montrachet)，但是價格卻肯定便宜很多。

從19世紀起，乎利就已經開始出產氣泡酒，曾有相當的知名度，算得上是布根地最好的產區，村內的酒莊多少都生產一點氣泡酒，但已經很少自家進行瓶中二次發酵。通常酒莊只提供釀製好的無泡白酒當基酒，請專業的酒窖代工。乎利產的布根地氣泡酒以較爲濃厚的口感爲特色。

現在乎利產區內有23個一級葡萄園，因爲數量太多，很少人能記得，而且也很難分出它們之間的差別。在夏隆內丘區，一級葡萄園並不像在金丘區一般對葡萄酒的特色和品質有那麼絕對的影響，反而酒莊扮演更重要的角色。

André Delorme 和Antonin Rodet經營的Château de Rully是村內最大的兩家酒莊，分別有70公頃和45公頃的葡萄園。Delorme是乎利村氣泡酒的要角，而Château de Rully不僅出產實惠又美味的乎利白酒，酒莊所在的十二世紀城堡也是夏隆內丘區最醒目的酒莊建築。村內著名的酒莊還包括Domaine Henri et Paul Jacqueson、Domaine Raymond Dureuil-Janthial和Domaine Vincent Dureuil-Janthial（兩家酒莊主人爲父子關係）及Domaine de la Folie等。

布哲宏酒莊特寫
Aubert et Pamela de Villaine

布哲宏AOC能夠成立，大半的功勞要屬這家酒莊。莊主不是別人，正是Domaine de la Romanée-Conti的總管Aubert de Villaine；在他的大力鼓吹下，才逐漸讓人認識布哲宏。1974年Aubert在和Lalou Bize一起接手DRC的管理之前買下了在布哲宏村內的酒莊，做為他自己葡萄酒事業的開端，只是沒隔多久他又被家族選爲DRC的總管，註定要兼管兩個相差懸殊的葡萄酒事業。

目前酒莊有近20公頃的葡萄園，只有8.7公頃是布哲宏，其他還包括了梅克雷、乎利與Côte Chalonnaise等產區。和DRC一樣，採用有機種植法，在布哲宏種的全部是高品質的Aligoté Doré，有不少老樹，採用的是和薄酒來類似的Goblet引枝法，在布根地很少見，可降低產量。Aubert不認爲阿里哥蝶能夠和橡木桶結合，所以全部採用不鏽鋼槽釀製，發酵的溫度在23-24℃左右，經數個月的培養之後即裝瓶上市。

●Aubert de Villaine。

試 酒 筆 記
1997 Buzeron

一反Aubert平時嚴肅謹慎的個性，97年的布哲宏顯得輕鬆歡愉。迷人的果味伴著花香與薄荷清香，十分熱鬧；口感甜熟，但酸味強勁，還有新鮮鳳梨的餘香，一派及時行樂的風味。

乎利酒莊特寫
Domaine Vincent Dureuil-Janthial

Raymond Dureuil-Janthial是Rully村內老牌的酒莊，不過Raymond的兒子Vincent和父親有著不同的釀酒理念，於是在1994年向銀行申請8萬法朗的青年葡萄農貸款後，Vincent自立門戶成立了Domaine Vincent Dureuil-Janthial，從父親、丈人和村人處租借了一些葡萄園，湊成了7.2公頃的莊園。在乎利除了村莊級外，一級葡萄園有Meix-Cadot和Margotés，因丈人的關係在Nuit Saint-Georges有一級葡萄園Clos des Argillières。

Vincent走的完全是新潮派的路線，不論是紅酒或白酒，全是香味濃郁，圓潤肥美，毫無保留地討好味覺；難得的是，酒中經常還保留均衡的酸度和細膩的變化。Vincent採用重烘焙的橡木桶，約三分之一的新桶，白酒培養12個月，幾乎每天都要攪桶一次，紅酒則是18個月，之間完全不換桶、不澄清也不過濾。

這種聽起來好像很省事的作法是目前布根地最前衛的釀法，也是目前許多主流酒評家最喜愛的類型。當然，Vincent有90%的酒全外銷到國外，對於法國人來說，Vincent的酒似乎太好喝而讓人失去評斷的能力——如此年輕就這麼好喝的酒會是好酒嗎？

●Vincent Dureuil-Janthial。

試酒筆記

1996 Rully 1er Cru Meix-Cadot（白酒）

香味異常地強勁濃郁，還帶著相當重的橡木桶味，杏仁、礦石的香氣包圍著甜熟的果香。非常強的酸味撐起圓潤肥碩的口感，彼此對比分離，需要時間才能融合，餘味留下濃濃的香草與榛果香氣。Vincent釀的酒比較像梅索村(Meursault)的風格，同村的Jacqueson酒莊則像口味較堅硬的普里尼村(Puligny-Montrachet)，但他們同有乎利村招牌的甜熟果味。

梅克雷 Mercurey

梅克雷是全夏隆內丘區名氣最大，葡萄園面積也最大的產酒中心，結合南鄰的Saint-Martin Sous-Montaigu村，整個AOC產區內共有600公頃的葡萄園。主要出產紅酒，白酒很少見。村內有不少一級葡萄園，1988年由原本的5個激增爲28個，佔地142公頃。梅克雷村的地型像是一個半圓形的羅馬劇場，三面環繞的山丘阻擋了來自北面的冷風。葡萄園位在村子的四周，山坡上的葡萄園有各式不同的面向，最好的區段在村北與村南面向南邊的山坡上。

梅克雷紅酒的特色是其濃郁厚實的口感，在夏隆內丘區算得上是最耐久存的紅酒。因爲面積廣、葡萄園變化大，所以葡萄酒的特色差別也大；Antonin Rodet出產的Château de Chamirey紅酒混合來自45公頃葡萄園的葡萄所釀成，是認識梅克雷特色的最好範例。

除了鎮上的明星酒商Antonin Rodet，夜丘區夜-聖僑治鎮上的超級酒商Faiveley（參考Part III第2章，夜-聖僑治）在村子裡也有40幾公頃的葡萄園和一座釀酒廠。獨立酒莊方面，Domaine Michel Juillot擁有30公頃的葡萄園，和前兩家酒商一起建立起梅克雷的知名度。其他小型的著名酒莊還有Domaine Emile Juillot、Domaine du Meix-Foulot、Domaie François Raquillet和Domaine Lorenzon等等。

●梅克雷擁有釀製黑皮諾紅酒的優異條件。

梅克雷酒莊特寫
Antonin Rodet

和許多伯恩市內的知名酒商一般，夏隆內丘區最重要的酒商Antonin Rodet也被跨國酒業集團Worms Compagnie買下成爲集團中的一員，不過實際的經營還是在家族的手上。Antoine1875年創立酒商，之後由兒子Antonin Rodet接續經營，然後傳給擁有Château Chamirey城堡的女婿de Jouennes子爵，現在負責管理的是子爵的女婿Bertrand Devillard。

除了傳統酒商的經營，Antonin Rodet有另一套跨足獨立酒莊的特殊作法，以和莊主合作的方式，Antonin Rodet掌控了六家酒莊的經營與銷售，包括Château de Chamirey、乎利村45公頃的Château de Rully、上伯恩丘區75公頃的Château de Mercey、梅索村擁有金丘區20公頃頂尖葡萄園的Domaine Jacque Prieur、吉弗里村4公頃的Domaine de la Ferte，加上最近Bertrand買入培摩村(Prémeaux)擁有10公頃葡萄園的Domaie des Perdrix，總計高達194公頃。

●Bertrand Devillard。

在衆酒莊中以Domaine Jacque Prieur水準最高（請參考Part III 第3章，梅索），Château Rully與Château Chamirey則是在布根地顯得有點奇怪的「城堡酒」，不論一級或村莊級的葡萄全都混合裝瓶，每年只出一款。這兩個城堡酒莊以價廉物美著名。在酒商酒Antonin Rodet方面，水準還稱不上布根地的頂尖酒商，但新創的"Cave Privée"系列卻有不錯的品質。

梅克雷酒莊特寫
Domaine Emile Juillot

10年前，Jean-Claud Theulot從他太太Nathalie的曾祖母Emile的手中接下了這個有11.5公頃葡萄園的酒莊。外表看起來誠懇老實的Jean-Claud所釀的酒和他的外貌一般，厚實不花俏，相當質樸堅固，也特別能表現每一片葡萄園的特質。Emile Juillot酒莊在梅克雷村的精華區段有四片相鄰的一級葡萄園，雖然都位在同一個背斜谷裡，但風格各不相同，其中La Cailloute位於面東高坡，由酒莊所獨有，屬於較優雅的梅克雷；同屬面東，但較下坡的Les Croichots比較多黏土質，口感柔和，圓潤可口；Champ Martin面西，多白色泥灰岩，酒質比較壯碩；至於位居中間的Les Combins顯得比較緊澀。

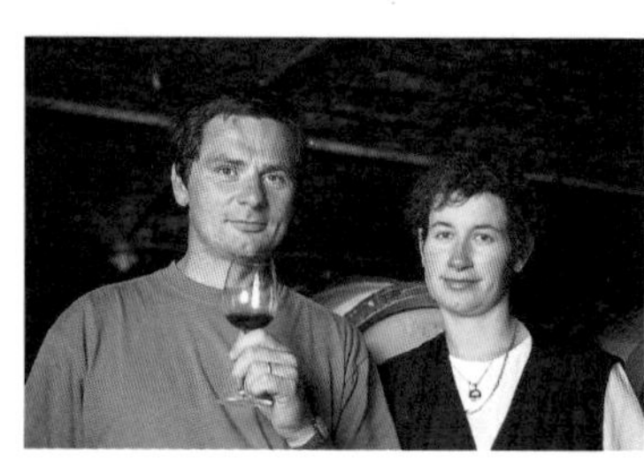

●Jean-Claud Theulot和太太Nathalie。

自從1996年之後Jean-Claud所有的葡萄全部去梗，經4-5天的發酵前泡皮，在進行兩個多星期的酒精發酵，酒莊現在用的還是曾祖母留下來的木製釀酒槽，每日兩次人工踩皮。Emile Juillot的Mercurey紅酒以強勁濃厚爲特色，很能表現 梅克雷的本色，是村內品質最好的小型酒莊之一。

吉弗里 Givry

對黑皮諾櫻桃果味特別著迷的人，可以多嘗試吉弗里紅酒；黑皮諾葡萄在這個美麗的小鎮有非常柔和的表現，自然純樸而且平易近人。也因此常有人把吉弗里比喻成夏隆內丘區的渥爾內村(Volnay)。吉弗里的白酒並不多，風格也不及紅酒明顯。吉弗里的葡萄園接近190公頃，有15個一級葡萄園，其中以Cellier-aux-Moines、Servoisine、Clos Saint-Paul和Clos Salmon等條件較佳。

●吉弗里村出產可口美味的黑皮諾紅酒。

雖然不及梅克雷有衆多的名酒莊，村內還是有像Domaie Thénard、以還原發酵法著名的Domaine Jean-Marc Joblot、Vincet Lummp和François Lumpp以及Parize Père et Fils等著名酒莊。

Domaine Jean-Marc Joblot是我心目中最能表現吉弗里紅酒特色的酒莊，甚至，夠格躋身經典的頂尖布根地酒莊。Joblot酒中經常有非常純美的黑皮諾果味，是我永難忘懷的吉弗里風格。Jean-Marc和他弟弟Vincent不喜歡他們的釀酒法曝光，另外介紹Parize 這家更爲傳統的嚴謹酒莊。

吉弗里酒莊特寫
Parize Père et Fils

Parize家族在Givry從事葡萄種植已經有六代了。擁有9公頃的葡萄園，全在村內，其中以位居村南山坡中段的一級葡萄園“Les Grandes Vignes”最有個性。採收的葡萄像許多金丘區名酒莊一般經過挑選，悉數去梗後還經一小段時間的發酵前浸皮再進行約兩週的發酵與浸皮。

一般村莊級的紅酒完全在酒槽中儲存，有非常可口的黑皮諾果味，一級葡萄園則全部經橡木桶培養，有30-50%的新桶，但約經10個月左右即裝瓶。莊主Laurent Parize自16歲起就在酒窖裡工作，年紀輕輕就已經有20個年份的經驗了。Parize酒莊內掛了滿牆的馬貢酒展的獎牌，是Laurent和他父親Gerard數十年的成果。

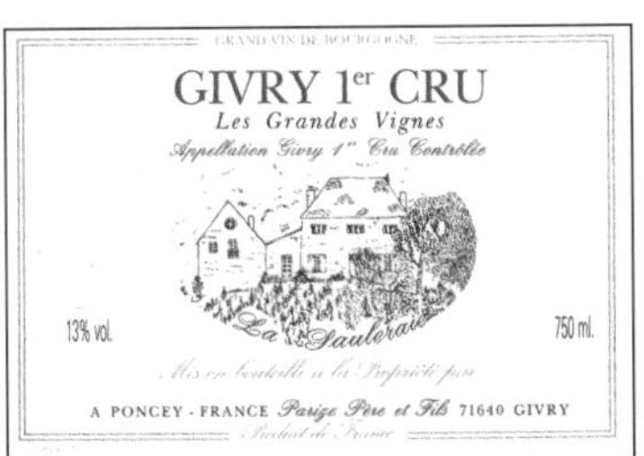

●Laurent Parize。

試酒筆記

1996 Givry 1er Cru Les Grands Vignes

細緻的黑皮諾果味混合著淡淡的香料氣息，濃郁的黑櫻桃帶著香味更鮮明的野櫻桃果味與些微的橡木香。單寧略顯強勁，但如絲絨般細膩，爽口的酸味搭配迷人果味，均衡而細緻，是典型的上好吉弗里風格。

蒙塔尼 Montagny

蒙塔尼是夏隆內丘最南端的村莊級AOC，範圍囊括了蒙塔尼、Buxy、Jully-les-Buxy和Saint-Vallerin四個村子。有260公頃的葡萄園，只出產夏多內白酒。夏隆內丘的岩層在這附近有許多變動，讓蒙塔尼有異於其他產區的土質，風格相當特別。酒中常帶一點蕨類植物的味道，口感極干，不是特別圓潤，也常帶一點礦石味，和較爲豐盛圓潤的Rully白酒形成對比。

蒙塔尼的一級葡萄園多得細數不盡，約50多個，分級時在437公頃中劃出276公頃的一級葡萄園，但因爲目前種植的面積也不過260公頃，而且全集中在一級，所以出現了所有的酒都是一級的尷尬情形。

●蒙塔尼村出產帶礦石味的清新白酒。

釀酒合作社Cave de Buxy在蒙塔尼操控了絕大部分的葡萄酒生產，獨立酒莊生存不易，Stéphane Aladame 是區內少數能夠釀出精彩蒙塔尼白酒的酒莊。

蒙塔尼酒莊特寫 Stéphane Aladame

1992年Stéphane從剛退休的Millet老先生手中接下酒莊時只有18歲，那時高職葡萄酒科的課都還沒上完。Millet只有不到4公頃的葡萄園，卻一直不願加入合作社，Millet因爲要求接手的人不能將葡萄賣給合作社，所以找不到人買葡萄園。這是Stéphane倉促卻堅定地接下酒莊的原因。

如此年輕的酒莊卻有相當老的葡萄樹，像金丘區的頂尖酒莊一般耕作，降低產量，手工採收，謹愼小心地釀酒，Stéphane Aladame很快就名列蒙塔尼村內的最優酒莊。現在已經有6公頃的葡萄園，其中有4公頃蒙塔尼，和所有人一樣全部是一級，其中最出名的是Les Burnins和 Les Coères，樹齡平均達70多年。Les Burnins因爲有20年代種植含蜜思嘉香味的夏多內品種，酒的香味非常濃，帶有玫瑰和荔枝香，但夏多內有此香味顯得有點滑稽；不過至少比一般的蜜思嘉細緻，口味相當圓潤甜美。

●Stéphane Aladame。

試酒筆記

1997, Montagny 1er Cru Les Coeres

非常純美的夏多內果味帶著礦石、蜂蜜與檸檬的豐富香氣讓人印象深刻。在口感上有蒙塔尼十分少見的濃厚與份量，強勁的酸味讓口感變得明晰，表現出許多細微的變化。相當有深度，而且已經適飲的美味白酒，餘味相當長。我相信這是蒙塔尼村難以超越的典範。

第 5 章 馬貢區
Mâconnais

在最南邊，和薄酒來接壤的馬貢區，是一個以白酒聞名的地方，紅酒不是那麼受到注意；因為近薄酒來，全是加美葡萄的天下。在侏羅紀的石灰岩層將要讓位給薄酒來的火成岩山坡之前，伴著全布根地最溫和的氣候，讓馬貢區生產出特別圓潤豐盈型的夏多內白酒，酒裡經常瀰漫著討喜迷人的熱帶水果香氣。

普依-富塞(Pouilly-Fuissé)，馬貢區裡的明星產區，有些白酒可以媲美金丘的頂尖夏多內。維列-克雷榭(Viré-Clessé)，在特殊的年份裡，可以讓夏多內釀成奇異獨特的貴腐甜酒。在這些精彩難得的葡萄園之外，馬貢區有更廣大的葡萄園，以及無數的釀酒合作社，在北邊一直供不應求的布根地白酒，總算可以在此有大量生產的機會：簡單，多果味，有時甚至有點清淡的"Mâcon"白酒，以最低廉的價格填滿全球市場對布根地白酒的饑渴。

●Solutré巨岩，馬貢區的名勝，巨岩下的夏多內葡萄已經全然成熟，採收之後將釀成圓美可口的Pouilly-Fuissé白酒。

馬貢區

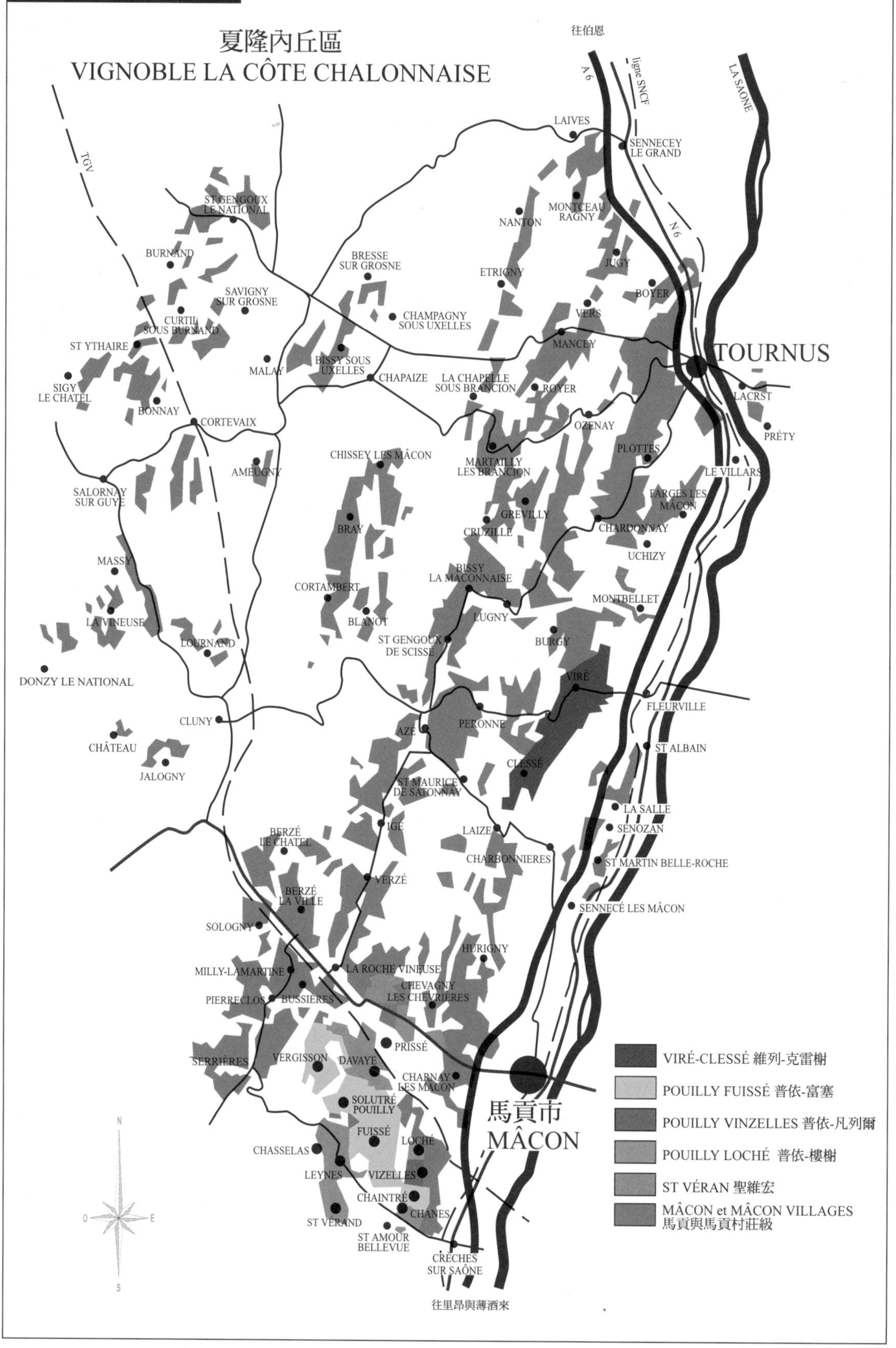
夏隆內丘區
VIGNOBLE LA CÔTE CHALONNAISE
往伯恩
A 6
ligne SNCF
LA SAONE
TGV
N 6
LAIVES
SENNECEY LE GRAND
ST GENGOUX LE NATIONAL
MONTCEAU RAGNY
NANTON
BURNAND
BRESSE SUR GROSNE
ETRIGNY
JUGY
SAVIGNY SUR GROSNE
BOYER
CHAMPAGNY SOUS UXELLES
VERS
CURTIL SOUS BURNAND
MANCEY
ST YTHAIRE
TOURNUS
MALAY
BISSY SOUS UXELLES
CHAPAIZE
LA CHAPELLE SOUS BRANCION
ROYER
SIGY LE CHATEL
LACRST
BONNAY
CORTEVAIX
OZENAY
PRÉTY
CHISSEY LES MÂCON
PLOTTES
AMEUGNY
MARTAILLY LES BRANCION
LE VILLARS
SALORNAY SUR GUYE
FARGES LES MÂCON
GREVILLY
BRAY
CRUZILLE
CHARDONNAY
UCHIZY
MASSY
BISSY LA MACONNAISE
CORTAMBERT
MONTBELLET
LA VINEUSE
BLANOT
LUGNY
LOURNAND
ST GENGOUX DE SCISSÉ
BURGY
DONZY LE NATIONAL
VIRÉ
FLEURVILLE
CLUNY
PERONNE
AZÉ
CHÂTEAU
ST ALBAIN
CLESSÉ
JALOGNY
ST MAURICE DE SATONNAY
LA SALLE
IGÉ
LAIZE
SENOZAN
BERZÉ LE CHATEL
CHARBONNIERES
ST MARTIN BELLE-ROCHE
VERZÉ
BERZÉ LA VILLE
SENNECÉ LES MÂCON
SOLOGNY
HURIGNY
MILLY-LAMARTINE
LA ROCHE VINEUSE
CHEVAGNY LES CHEVRIÈRES
PIERRECLOS
BUSSIERES
PRISSÉ
SERRIÈRES
VERGISSON
DAVAYE
CHARNAY LES MÂCON
馬貢市
MÂCON
SOLUTRÉ POUILLY
FUISSÉ
CHASSELAS
LOCHÉ
LEYNES
VIZELLES
CHAINTRÉ
CHANES
ST VÉRAND
ST AMOUR BELLEVUE
CRÈCHES SUR SAÔNE
往里昂與薄酒來
N
O
E
S
VIRÉ-CLESSÉ 維列-克雷榭
POUILLY FUISSÉ 普依-富塞
POUILLY VINZELLES 普依-凡列爾
POUILLY LOCHÉ 普依-樓榭
ST VÉRAN 聖維宏
MÂCON et MÂCON VILLAGES
馬貢與馬貢村莊級

●Pouilly-Fuissé是馬貢區最著名的葡萄酒產區。

馬貢區
Mâcon

如果要選出法國「最標準」的農村景致，馬貢區絕對是首選；低緩起伏的山丘分佈著森林、牧場和葡萄園，一切似乎算好比例似地交錯均等分列，零星的小村四散於山丘之間，高處則可見中世城堡。寧靜的田野間布根地特產的白色夏羅列牛(Charolais)悠閒地躺臥在碧綠如茵的草地上，只有當高速來回巴黎和里昂的TGV列車呼嘯而過時，才會稍抬起頭來四下張望。1992年5月，我的第一次布根地之旅，攔便車兼騎自行車，艱辛地繞行馬貢區起伏的美麗鄉野；我一直相信後來對布根地葡萄酒的迷戀，多少肇因於這次難忘的旅行。

馬貢區其實也不是非常地「布根地」，它的景致反而更像南邊的薄酒來；而且兩地出產的紅酒也很類似，不過還好馬貢區實際以夏多內白酒著名，所以是名正言順的布根地產區。馬貢市身為本地的首府，卻不產葡萄酒，但是地方性AOC卻還是以"Mâcon"命名；無論如何，這個位在蘇茵河畔的小城曾經是本地葡萄酒輸出的要港。

馬貢區沒有像金丘區那般「眾星雲集」，也沒有夏布利在海外的知名度，是最常被遺忘的布根地產區；不過，葡萄園面積與產量卻都是佔布根地首位，高達5,000公頃，年產31,000,000公升，其中超過三分之二是白酒。

馬貢區的分級跟薄酒來比較神似，"Mâcon"是地方性AOC，獨自擁有2,400公頃的葡萄園，範圍幾乎涵蓋了整個馬貢地區。其中有43個村莊可以生產「馬貢村莊」(Mâcon-Villages)等級的白葡萄酒，是介於村莊級AOC與地方性AOC之間的等級，和金丘區的「伯恩丘村莊」(Côte de Beaune Villages)及「夜丘村莊」(Côte de Nuits Villages)不太一樣，反而像「薄酒來村莊」(Beaujolais Village)的概念。

馬貢白酒幾乎都是高產量，機器採收，鋼桶釀製的產品，釀成的酒帶有可口直接的果香與花香，平易近人又柔和清淡，採收後兩三年內就可以喝，不必要也很難久藏。馬貢紅酒不及白酒有特色，出產的是加美葡萄釀成的紅酒。和白酒一樣，馬貢紅酒也同樣順口好喝，以果味為主、單寧少、口味圓潤可口，很能表現加美葡萄的特色。一般也只可存上兩、三年。

馬貢區的精華在南邊與薄酒來的交界處，除了新成立的維列-克雷榭(Viré-Clessé)之外，其他四個村莊級AOC包括普依-富塞(Pouilly-Fuissé)、普依凡列爾(Pouilly-Vinzelle)、普依

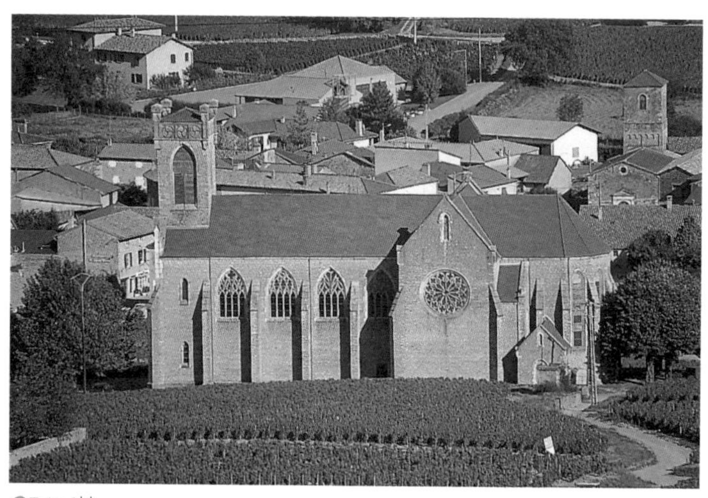
●Fuissé村。

樓榭(Pouilly-Loché)及聖維宏(Saint-Vérant)都全集中在此。和其他區不同，本地村莊級AOC內並沒有一級或特級葡萄園，不過這並不意味著馬貢區的水準就眞的比較差，主要還是因爲同業工會間無法取得共識的緣故。例如在許多普依-富塞愛好者的心目中，自有許多他們最爲推崇的頂尖葡萄園，金丘與夏布利的一級葡萄園也不見得能比得上。

自從19世紀末芽蟲病害後，除了普依-富塞外，大部份的葡萄園都轉種穀物或變成牧場，一直到20和30年代之後，隨著釀酒合作社制度的興起，馬貢區才開始慢慢恢復規模；即使在今日獨立酒莊抬頭的時代，馬貢區的釀酒合作社還一直有相當重要的地位。本地葡萄園平均面積是全布根地最低，酒價又便宜，所以合作社制度可以一直獨霸市場。現有十幾家合作社替近兩千名葡萄農釀製葡萄酒，佔有率高達全區70%以上的產量。這些合作社所出產的平價白酒是布根地酒商的最愛，不僅便宜，而且產量大，不用擔憂酒源不足。Viré、Lugny及Prissé等村的合作社有較整齊水準。本地的十家酒商，除了以薄酒來爲主的Momessin外，規模都不大，以Verget、Marcel Vincent et Fils和Momessin最爲出名，但是金丘區的酒商才是主力，例如超過一半以上的普依-富塞都是由外地酒商裝瓶銷售。

在合作社獨佔市場的同時，近年來馬貢區也出現越來越多高水準的獨立酒莊。當然，主要還是集中在普依-富塞，包括Domaine Valette、Château de Fuissé、Domaine J.A. Ferret、Domaine Robert-Denogent、Domaine Saumaize和Domaine Guffens-Heynen等著名酒莊，聖維宏則有Domaine des Deux Roches和Domaine de la Croix-Senaillet，至於普依凡列爾和普依樓榭因合作社獨大，少見高水準的獨立酒莊。

馬貢區的村莊級AOC（只產夏多內白酒）

普依-富塞 Pouilly-Fuissé

幾乎所有馬貢區最著名的酒莊全都集中在普依富塞產區內，毫無疑問，這裡是馬貢的最精華區。在80年代中期，因爲美國市場的瘋狂買進，普依-富塞曾經相當搶手，價格出現過每桶將近兩萬法朗的天價，然後在90年代初跌成4000法朗一桶；在許多獨立酒莊努力的耕耘下，普依-富塞得以重建過去的名聲。740公頃的葡萄園全位在富塞(Fuissé)、Solutré-Pouilly、Chaintré及Vergisson四座美麗的山間小村內，僅次於夏布利，是布根地第二大的村莊級AOC。普依-富塞的土質變化大，雖以石灰質黏土爲主，但地形起伏很複雜。

Chaintré村位在最西邊，山勢較低平，出產較偏圓潤早熟的夏多內白酒，酸味較低，Clos Reyssier和Verchères是村內最出名的葡萄園。Fuissé海拔稍高一點，在各村中以濃郁強勁爲特色，村內有許多出名的葡萄園如 Le Clos、Clos de la Chapelle、Les Brulée、Les

Perrières、Les Vigne Blanches、Métertière等等，是不少人心目中的一級葡萄園。

富塞村東面山麓有一部份的葡萄園位居年代較古老的藍黑色頁岩上，一般認爲是品質較差的地帶，甚至不少酒莊認爲應該降級，口感較清淡緊瘦，但有時具非常特別的礦石味，如Robert-Denogent酒莊的La Croix，有非常迷人的獨特風格。Solutré-Pouilly村則有Les Boutières和Rinces等名園。海拔較高的Vergisson風味較細緻優雅，酸味高，除果味外，還帶有礦石味，Crays和La Roche是村內最著名的葡萄園。

普依凡列爾 Pouilly-Vinzelles和普依樓榭 Pouilly-Loché

這兩個超小型的村莊級AOC不僅葡萄園的土質同質性高，大多位於向南與面東的山坡上，連葡萄酒的風格也很雷同。前者普依凡列爾有52公頃的葡萄園，後者面積更只有29公頃。由於缺乏知名酒莊，Vinzelles村內的合作社Cave des Grands Crus Blanc佔了80%以上的產量，使得這兩個產區一直不受注意，出產的酒屬可口、細緻型，也比普依-富塞來得清淡。合作社產自Loché村內的歷史名園"Les Mûres"的白酒有甜美果味、常帶蜂蜜與成熟果香，是最好的葡萄園。

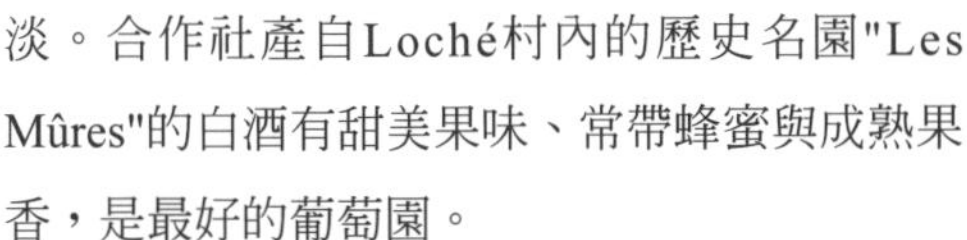

●Saint-Véran產區裡的Château de Chasselas。

聖維宏 Saint-Véran

馬貢區南部的葡萄園分得有點亂，多少是用村界區分葡萄園，成立較晚的聖維宏（1971年才成立）幾乎緊貼在普依-富塞的南、北兩面；兩產區無論自然環境、土質或是釀酒傳統等都相當類似，甚至香味與口感也略爲神似，但聖維宏的名氣和價格都差一大截，要不是最近布根地白酒一路飆漲，也不會有人注意價格便宜實在的聖維宏。

面積558公頃，分屬6個村莊。最好的區段在北面Davayé和Prissé，主要是侏羅紀中、晚期的石灰岩和泥灰岩，有較圓熟的表現。南部因鄰近薄酒來，岩層比較古老，混有較多的里亞斯與提亞斯時期多黏土質的岩層，口感比較酸。精彩的聖維宏和普依-富塞白酒類似，很有潛力，但也頗常見多果味，清淡可口的簡單類型，年輕早熟。

維列-克雷榭 Viré-Clessé

夏多內葡萄並不特別適合釀製成晚摘型的葡萄酒，特別是貴腐甜酒，少見成功的例子。Viré-Clessé也許是目前世上僅有，能出產美味細緻的夏多內貴腐甜酒的地方。這個由鄰近的兩個村子所合成的產區是布根地最新成立（1998年）的村莊級AOC，也是唯一位居馬貢區北部的村莊級AOC。共有450公頃的葡萄園，主要位於維列和克雷榭兩個村子附近（這兩個村子過去都屬Mâcon Village的43個村莊之一），自然條件非常好，夏多內葡萄可以在此達到很高的成熟度，常常不加糖就可達到13%的酒精度。所以一般不帶甜味的維列-克雷榭有非常圓潤可口的圓熟口感，香味更有濃郁的甜熟果香。

至於稀有的貴腐白酒，主要產自克雷榭村，特殊年份才能有，而且生產的酒莊並不多；Domaine de la Bongran和Domaine Guillemot-Michel是少數的幾家，有夏多內絕無僅有的甜美口感與豐富的貴腐酒香。維列村只產一般的干白酒，Domaine Henry Gayard及村內的合作社最著名。

普依-富塞酒莊特寫 Château Fuissé

Château Fuissé 是普依-富塞最具代表性的老牌酒莊。自1852年創立至今，擁有40公頃的廣大葡萄園，大約20公頃在普依-富塞產區內，其餘則分布在Saint Véran和薄酒來的Juliénas和Morgon。其中最著名的葡萄園是位於Fuissé村內的Le Clos、Les Brûlées和Les Combettes三個莊園，它們的價格可不輸金丘區的一級葡萄園。雖然Château Fuissé的葡萄園已經夠出名了，現任老莊主Marcel Vincent還是一直希望能夠見到普依-富塞劃出一級葡萄園，他認爲這將有益普依-富塞名聲的提高。當然，這樣的意見並非所有人都贊同，許多人擔心一級葡萄園的出現會讓人以爲一般村莊級的水準較低，會讓價格下滑。其實現在普依-富塞的價格差距非常大，早就反應了好壞的差別。

●Marcel Vincent。

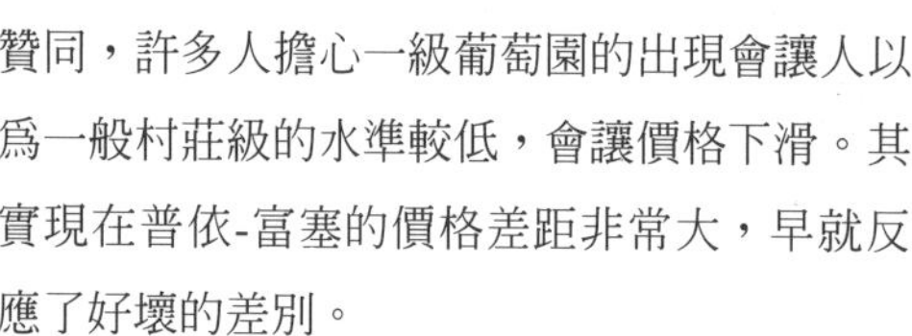

Château Fuissé大約有三分之一的酒是在橡木桶中釀製與培養，其實則是在不鏽鋼槽中進行。Marcel說過去有剩下錢時才能買新橡木桶，所以新桶比不高，現在雖然較爲富裕，但新桶的比例決不會超過20%，以免搶走葡萄酒的風采。爲了保留酒中的酸味，跟Louis Jadot一樣，Marcel經常中止乳酸發酵，以平衡酒中圓潤成熟的口感。

Marcel除了Château Fuissé外，還成立一家叫Vincent的酒商，專賣他採買來的葡萄酒，精彩度不及酒莊自產的酒。目前Château Fuissé出產五款Pouilly-Fuissé，最濃郁雄厚要屬精選老樹釀成的"Viellles Vignes"，也最均衡協調；三個單一葡萄園則各有特色：Les Brûlées有較多黏土質，甜熟豐盈比較討喜，les Combettes石多土少則以細膩的變化和優雅的香味見長，至於就位在城堡旁的Le Clos表現出普依-富塞強勁耐久的一面。

聖維宏酒莊特寫 Le Domaine des Deux Roches

位在聖維宏北面Davayé村的Le Domaine des Deux Roches（雙岩酒莊），有34公頃的葡萄園，除了4公頃的加美葡萄外，其餘幾乎都在Saint-Véran的產區之內，不僅面積大，也稱得上是專門經營Saint-Véran最精彩的酒莊。雖然除了Pouilly-Fuissé外，絕大多數馬貢區的酒莊都是機械採收，但得知雙岩酒莊也全面使用採收機，卻出乎我的意料，也讓我改變了些許對機械採收的負面看法。

●滿覆石塊的Les Cras葡萄園。

這個酒莊由一對姐妹和她們的先生一起經營，負責釀製的是Jean-Luc Terrier，方法頗爲現代，一般的聖維宏都在不鏽鋼槽內發酵，以乾淨的果味和明析的口感爲特色。但更値得注意的是酒莊產自"Les Cras"和"Les Terres Noires"葡萄園的獨特白酒。Les Cras位居一片布滿白色石灰岩塊的向南山坡上，相當結實強硬，耐久放，全部在橡木桶中發酵培養。Les Terres Noirs位居坡底，有許多腐植質，出產的夏多內也較圓厚豐美，細緻多礦石味，只有一部分在橡木桶中釀造。

維列-克雷榭酒莊特寫
Domaine de la Bongran

Cuvée Botrytis du 14 Octobre

MACON CLESSE
Appellation Mâcon Clessé Contrôlée
QUINTAINE

DOMAINE DE LA BONGRAN 1995
GRAND VIN DE BOURGOGNE
Mis en bouteille par Jean THEVENET
LB5 Propriétaire-Viticulteur, 71260 Clessé, France
750 ml 14% vol.
produit de france

由Jean Thévenet所主持的Bongran酒莊出產全世界最精彩的夏多內貴腐白酒。克雷榭村的獨特環境加上Thévenet家族對高成熟度夏多內的迷戀，我們才得以有幸品嘗到如此讓人難以置信的甜美夏多內白酒。

14%或14.5%是Bongran酒莊所產葡萄酒一般的酒精濃度，即使是干白酒也是如此，除非年份眞的不好，否則Jean是堅決不加糖；最近一次加糖的年份是1984年，距今已經十六年。產量低（每公頃4000公升）、晚採收、有機種植（保留葡萄酸度）以及貴腐黴是維持高成熟度的不二法門。

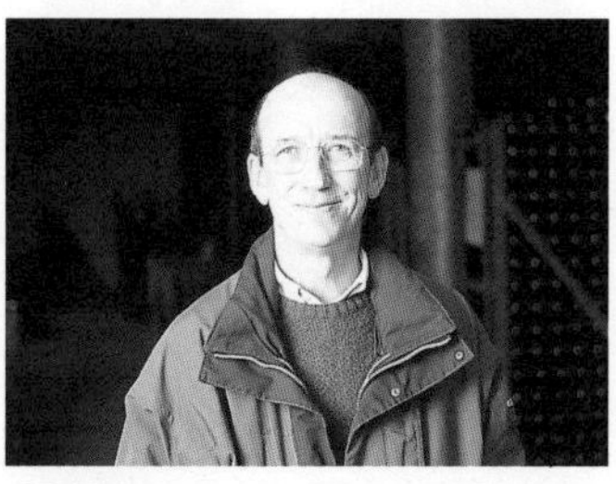
●Jean Thévenet。

橡木桶也是Jean厭惡的對象，酒窖裡只見大型數千公升裝的老舊栗木酒槽，他說：「只有沒個性的葡萄酒才需要新橡木桶來改善風味，眞正的好酒完全沒此必要。」人工採收的葡萄整串榨汁後，Jean採用比較低溫的發酵法，約15℃，讓酒散發濃郁的熱帶水果香；因爲溫度低，發酵時間自然很長，通常耗時3-6個月才中止！即使是釀造干白酒，也常留有一點甜味在酒中，根據Jean的說法，在十九世紀本地就常有因發酵中止而帶點甜味的葡萄酒，所以他也順其自然（根據Olivier Lamy的發現，史載Montrachet也曾是帶點甜味的夏多內白酒）。更特別的是，發酵完成之後沒多久就裝瓶，酒槽中的培養熟成階段非常短，酒主要在瓶中成熟。甜度更高的貴腐甜酒發酵的時間甚至超過半年，例如1995年份整整發酵了兩年才中止。

Bongran酒莊一共有15公頃的葡萄園，其中有4公頃在Viré村，只產"干"型酒，通常用Domaine Emilion Gillet的名稱裝瓶。其餘的葡萄園全在Clessé村內，用的才是Bongran的名字，一般干型酒叫"Cuvée Tradition"，酒精濃度高，迷人的花香伴隨的是濃重的熱帶果香，圓潤豐盈卻又有迷人酸味，有如比例勻稱的大塊頭。甜酒分爲兩種，比較「清淡」的是"Levroutée"，依舊高酒精，既濃郁又優雅，糖漬水果、蜂蜜等濃郁甜香經常迫不及待地自杯中散出，口感是豪奢式的圓潤甜美，被不知從何而來的強勁酸味所圍繞，許多80年代的年份才剛剛成熟適飲。至於最濃郁的"Botrytis"只有特別的年份才產，1983、1989、1994及1995是近二十年來最好的貴腐年份。每公頃平均產量只有700-1000公升，成熟度驚人。

試酒筆記
1995 Mâcon Clessé Cuvee Botytris du 14 Octobre

14%的酒精濃度加上126克的糖份，即使夏多內以成熟度高聞名，但要讓每公升的葡萄汁裡含有364克的天然糖份實在嚇人；更匪夷所思的卻是它的酸味，會讓所有有經驗的評酒師無所適從，即使是Riesling也難有這樣協調的表現。

一點都不甜膩，甚至能分出許多口感上的細節變化，但我還是不得不強調這酒真是濃啊！有如煙火慶典般，貴腐黴、杏桃乾和糖漬水果的香氣源源不絕地散發，主宰了所有的香氣，然後留下五分鐘的綿密餘香伴隨著受到震撼無法平息的味蕾。我想這酒大概值得數十年，或甚至半世紀的漫長等待。

現在，請開一瓶來自布根地的葡萄酒，
用你的嗅覺與味蕾
感受那人、土地與自然共同創造的奇妙生命。

附錄一

布根地AOC名單	葡萄園種植面積(公頃)	1995... 1999年平均產量(100公升)	
		紅酒	白酒
布根地地方性AOC			
Bourgogne Bourgogne Chitry Bourgogne Coulanges-la-Vineuse Bourgogne Côtes d'Auxerre Bourgogne Côte Saint-Jacques Bourgogne Epineuil Bourgogne Vezelay	3, 022	125, 600	63, 092
Bourgogne Passe-Tout-Grains	1,221	71,015	——
Bourgogne Grand Ordinaire	192	8,622	2,023
Bourgogne Hautes-Côtes de Beaune	640	28,938	6,257
Bourgogne Hautes-Côtes de Nuits	570	22,609	5,158
Bourgogne Aligoté	1,393	——	94,516
Bourgogne Côte Chalonnaise	428	23,284	7,183
Crémant de Bourgogne	600	——	46,933
Mâcon	69	1,376	1,570
Mâcon supérieur	880	26,740	9,735
Mâcon-Villages	3,048	——	99,044
Mâcon + 村名		19,509	98,933
地方性A.O.C總計產量	**約10, 842**	**327, 693**	**434,444**
夏布利與歐歇瓦AOC			
Petit Chablis	475	29,749	——
Chablis	2678	164,377	——
Chablis premier cru	747	44,838	——
Chablis grand cru	106	5,452	——
夏布利AOC總計	**約4,006**	**244, 416**	**——**
Irancy	125		6,575
夜丘區村莊級AOC			
Chambolle-Musigny	153	4,093	——
Chambolle-Musigny一級葡萄園		2,162	——
Côte de Nuits-Villages	161	7,204	178
Fixin	97	3,588	100
Fixin一級葡萄園		720	23
Gevrey-Chambertin	398	14,926	——
Gevrey-Chambertin一級葡萄園		3,280	——

Marsannay	188	8,251	1,207
Morey-Saint-Denis	91	2,258	113
Morey-Saint-Denis一級葡萄園		1,661	41
Nuits-Saint-Georges	293	7,143	50
Nuits-Saint-Georges一級葡萄園		6,181	110
Vosne-Romanée	149	4,327	——
Vosne-Romanée一級葡萄園		2,413	——
Vougeot	18	135	48
Vougeot一級葡萄園		406	84
夜丘區村莊級AOC總計	約1 548	68,748	1,954
伯恩丘區村莊級AOC			
Aloxe-Corton	128	4,166	26
Aloxe-Corton 一級葡萄園		1,683	14
Beaune	414	3,532	452
Beaune 一級葡萄園		12,655	1,103
Pommard	313	9,298	——
Pommard一級葡萄園		4,833	——
Volnay	266	4,271	——
Volnay 一級葡萄園		5,661	——
Auxey-Duresses	135	3,337	1,769
Auxey-Duresses一級葡萄園		1,241	81
Blagny	7,2	121	——
Blagny 一級葡萄園		166	——
Chassagne-Montrachet	305	4,750	3,139
Chassagne-Montrachet一級葡萄園		1,878	5,543
Chorey-lès-Beaune	134	6,177	212
Côte de Beaune	25	747	484
Côte de Beaune-Villages	44,4	——	——
Ladoix-Serrigny	89	3,110	604
Ladoix-Serrigny一級葡萄園		680	105
Meursault	364	364	12,819
Meursault 一級葡萄園		107	4,657
Monthélie	120	2,992	318
Monthélie一級葡萄園		1,189	54
Pernand-Vergelesses	128	2,168	1,473
Pernand-Vergelesses 一級葡萄園		1,730	281
Puligny-Montrachet	208	106	5,823

Puligny-Montrachet 一級葡萄園		185	4,628
Saint-Aubin	145	1,073	818
Saint-Aubin一級葡萄園		1,809	3,517
Saint-Romain	83	1,843	2,260
Santenay	326	8,714	1,128
Santenay一級葡萄園		5,389	428
Savigny-lès-Beaune	352	8,401	1,191
Savigny-lès-Beaune一級葡萄園		5,963	405
Maranges	181	5,174	150
Maranges一級葡萄園		3,522	23
伯恩丘區村莊級AOC總計	約3 727	120, 324	53,504
夜丘區特級葡萄園AOC			
Bonnes Mares	14		509
Chambertin	14.1		469
Chambertin-Clos de Bèze	13.9		460
Chapelle-Chambertin	4.8		177
Charmes-Chambertin 與 Mazoyeres-Chambertin	29.1		1,228
Clos de la Roche	15.9		576
Clos des Lambrays	8.2		301
Clos Saint-Denis	6.2		234
Clos de Tart	7.5		238
Clos de Vougeot	47.3		1,728
Echezeaux	31.8		1,181
Grands Echezeaux	8.6		306
Griotte-Chambertin	2.7		117
La Grande Rue	1.6		56
La Tâche	5.6		165
Latricières-Chambertin	7.1		292
Mazis-Chambertin	8.4		317
Musigny	9.3		328
Richebourg	7		29
Romanée	0.8		253
Romanée-Conti	1.6		47
Romanée-Saint-Vivant	93		297
Ruchottes-Chambertin	3.3		107
夜丘區特級葡萄園AOC總計	約258		9,397
伯恩丘區特級葡萄園AOC			
Bâtard-Montrachet	11.9		529

Bienvenues-Bâtard-Montrachet	3.7		171
Chevalier-Montrachet	7.2		302
Corton	100.4		3,723
Criots-Bâtard-Montrachet	1.0		65
Montrachet	6.2		324
Corton-Charlemagne	50.9		2,299
伯恩丘區特級葡萄園AOC總計	約181		7,413
夏隆內丘區村莊級葡萄園AOC			
Bouzeron	61	——	3,603
Givry	219	4,967	1,491
Givry一級葡萄園		4,347	373
Mercurey	649	19,235	2,662
Mercurey一級葡萄園		6,078	569
Montagny	258	——	3,881
Montagny一級葡萄園		——	10,614
Rully	306	4,608	7,066
Rully一級葡萄園		1,075	3,015
夏隆內丘區村莊級AOC總計	約1 493	40,310	33,274
馬貢區村莊級葡萄園AOC			
Pouilly-Fuissé	746		43,864
Pouilly-Loché	29		1,671
Pouilly-Vinzelles	50		2,810
Viré-Clessé	新增未確定		8,295
Saint-Véran	558		36,198
馬貢區村莊級AOC總計			92,838

附錄二 布根地進口商

布根地葡萄酒進口商	主要代理布根地酒商/酒莊	電話/傳真
人頭馬賓盛洋酒公司	Louis Latour	Tel: 0287739099 Fax:02 87737275
大同亞瑟頓股份有限公司	Clos Frantin Domaine A-F Gros Domaine Albert Grivault Domaine Andre Cathiard Domaine Anne Gros Domaine Armand Rousseau Domaine Bachelet-Ramonet Domaine Bernard Morey Domaine Colin-Déleger Domaine Darviot-Perrin Domaine Drouhin-Laroze Domaine Dujac Domaine Emmanuel Rouget Domaine François Lamarche Domaine Frédéric Esmonin Domaine George Lignier Domaine Gros frère et Soeur Domaine Hubert Lignier Domaine Hudelot-Noëllat Domaine J. Catheux Domaine Jayer-Gilles Domaine Jean Marc Morey Domaine Joseph Roty Domaine Michel Gros Domaine Mongeard-Mugneret Domaine Paul Pernot Domaine Pierre Damoy Domaine Pierre Morey Domaine Ponsot Domaine Remy Domaine Robert Arnoux Domaine Robert Groffier Faiveley Méo-Camuzet Remoissenet	Tel:02 25925252 Fax: 02 25867996
大鴻祺昌洋酒(股)公司	Chartron & Trébuchet Parent Pasquier-Desvignes	Tel :02 87129999 Fax : 02 87120438
元漢實業股份有限公司	Ropiteau Frères	Tel : 02 26589568 Fax:02 26589579
亨信股份有限公司	Antonin Rodet Domaine Jacques Prieur Domaine des Perdrix	Tel : 02 27332297 Fax : 02 27354291
亞舍股份有限公司	Chateau Fuissé La Chablisienne	Tel :02 28733433 Fax :0228747760

布根地葡萄酒進口商	主要代理布根地酒商/酒莊	電話/傳真
易元有限公司	Mommessin	TTel : 02 27216600 Fax :02 27751015
法蘭絲股份有限公司	Louis Jadot	Tel: 02 27185615 Fax:02 27185647
肯歐企業有限公司	Boisset Pierre André	Tel:02 25168278 Fax: 02 25084074
威達興記股份有限公司	Domaine Antonin Guyon	Tel: 02 23452618 Fax:02 23253033
星坊企業股份有限公司	Joseph Drouhin	Tel: 02 25080079 Fax: 02 25020367
酒之最股份有限公司	Jaffelin	Tel: 02 27029888 Fax: 02 2704 0805
浤豐洋酒有限公司	Champy Domaine Laroche Henri Laroche	Tel: 02 27301853 Fax: 02 27398602
陶樂有限公司	Domaine Claudine Deschamps F. Chauvenet Jean Claude Boisset	Tel : 02 27818218 Fax : 02 27814472
開普洋菸酒有限公司	Ligeret	Tel: 07 7478152 Fax: 07 7478328
誠品股份有限公司	Bouchard Père & Fils Domaine Christian Sérafin Domaine Comte George de Vogüé Domaine D'Auvenay Domaine Hubert Lignier Domaine J.A. Ferret Domaine Leflaive Domaine Leroy Domaine Michel Juillot Domaine Ponsot Domaine Ramonet Domaine Tollot-Beaut et Fils Etienne Sauzet	Tel :02 25037689 Fax :02 25037797
漢時企業有限公司	Louis Max	Tel: 06 2260098 Fax:06 2260257
億順興洋行股份有限公司	Henri de Villamont	Tel : 02 22971909 Fax :02 22973531
莊園	Chateau de Pommard	Tel : 04 23502470 Fax : 04 23502469
歐格堡	A. et P. de Villaine	Tel : 02 23092057
歐芙股份有限公司	Georges Duboeuf Domaine William Fèvre	Tel : 02 27685833 Fax: 02 27685837
豐聖洋酒股份有限公司	Labouré-Roi	Tel: 02 27771050 Fax: 02 27402948

附錄三 葡萄酒專賣店

城市	公司	電話	地址
基隆市	橡木桶洋酒—基隆門市	02 2423 5869	南榮路18號
台北市	大同亞瑟頓復北門市	02 2546 2181	中山區南京東路三段225號
台北市	大同亞瑟頓天母門市	02 28739089	天母東路21號
台北市	卡本內酒莊	02 2511 6110	松江路108巷27號
台北市	弗洛瓦	02 2720 0188	虎林街141巷15弄1號
台北市	佳馨	02 2874 7761	士林區忠誠路二段170號1樓
台北市	易元酒舍	02 2721 6600	延吉街186.188號1樓
台北市	法蘭克有限公司	02 2516 6393	民權東路三段16號1F
台北市	金醇酒坊—復興店	02 2731 0737	復興南路一段42號1F
台北市	康齡酒藏—SOGO百貨忠孝店	02 2740 3758	忠孝東路四段45號B2
台北市	康齡酒藏—大葉高島屋	02 2831 2345 #2515	士林忠誠路2段55號B1
台北市	康齡酒藏—新光三越百貨信義店	02 2722 2317	松壽路11號B2
台北市	康齡酒藏—新光三越百貨站前店	02 2371 2887	忠孝西路一段66號B2
台北市	粒粒安葡萄酒專賣店	02-2358 1669	金華街249-2號1樓
台北市	華瑞行	02 2873 9915	中山北路六段421號1樓
台北市	華鑫洋行	02 2 719 9706	長春路480號1樓
台北市	開普洋酒—延平門市	02 2550 0110	延平北路一段155號
台北市	葡萄城	02 2716 1466	復興北路231巷26號1樓
台北市	橡木桶洋酒—士林門市	02 2882 7955	中正路249之1號1樓
台北市	橡木桶洋酒—中華門市	02 2312 2000	中華路一段192號1樓
台北市	橡木桶洋酒—古亭門市	02 2368 4567	羅斯福路二段75-1號1樓
台北市	橡木桶洋酒—石牌門市	02 2820 0877	承德路七段350號
台北市	橡木桶洋酒—忠孝門市	02 2771 8887	忠孝東路三段245號
台北市	橡木桶洋酒—承德門市	02 2585 7080	承德路三段230號1樓
台北市	橡木桶洋酒—松山門市	02 2748 0288	忠孝東路五段623號1樓
台北市	橡木桶洋酒—松江門市	02 2562 8000	松江路190號1樓
台北市	橡木桶洋酒—金山門市	02 2357 9285	金山南路一段135號1樓
台北市	橡木桶洋酒—南京門市	02 2749 1281	南京東路五段2號1樓
台北市	橡木桶洋酒—復興門市	02 2706 0757	復興南路二段164號1樓
台北市	橡木桶洋酒—景美門市	02 2932 9000	羅斯福路六段206號1樓
台北市	長榮酒坊—安和門市	02 2754 7970	安和路二段12號
台北市	長榮酒坊—一江門市	02 2563 9966	一江街20-1號
台北市	長榮酒坊—八德門市	02 2781 9678	八德路2段374-1號
台北市	普羅斯特酒窖	02 2547 2512	健康路18-1號
台北市	經典酒坊	02 2521 2958	長安東路一段63號1樓
台北市	拉圖葡萄酒莊	02 2708 5352	安和路二段14號
台北市	禾歐企業有限公司	02 2599 6110	農安街140號1F
台北市	大酒桶洋酒量販	02 2702 6792	信義路四段343號
台北市	誠品葡萄酒-敦南店	02 2775 5977~756	敦化南路1段245號B2
台北市	誠品葡萄酒-忠誠店	02 28716239	忠誠路2段188號B1
台北市	誠品葡萄酒-民生店	02 8712 6058~31	民生東路3段122號
台北市	美多克	02 2705 0245	東豐街77號

城市	公司	電話	地址
台北縣	開普洋酒—新莊門市	02 2993 7003	新莊市中華路181號(昌隆街口)
台北縣	千代洋酒	02 8982 2928	三重市忠孝路二段42之1號
台北縣	橡木桶洋酒—三重門市	02 2983 5522	三重市三和路三段109號1樓
台北縣	橡木桶洋酒—淡水門市	02 8631 0750	淡水鎮中正東路71-4號
台北縣	橡木桶洋酒—新莊門市	02 2901 8661	新莊市中正路740-5號
台北縣	橡木桶洋酒—樹林門市	02 2682 8800	樹林鎮保安街一段118號
台北縣	橡木桶洋酒—雙和門市	02 2242 8686	中和市中山路二段128號
台北縣	橡木桶洋酒—中和特約	02 2240 7887	中和市中正路160號
桃園市	橡木桶洋酒—大興門市	03 358 8770	大興西路一段182號
桃園縣	橡木桶洋酒—中壢門市	03 427 7224	中壢市延平路598號
桃園縣	橡木桶洋酒—台茂門市	03 311 2905	蘆竹鄉南崁路一段112號
桃園縣	長榮酒坊—中壢SOGO百貨	03 425 9780	中壢市元化路357號B1
新竹市	橡木桶洋酒—新竹門市	03 561 6799	東山里食品路140號1樓
新竹市	橡木桶洋酒—經國門市	03 543 6611	經國路一段824號1.2樓
新竹市	長榮酒坊—新竹SOGO百貨	03 526 5388	民族路2號
新竹市	柑仔店	03 564 1618	科學園路162巷36號
新竹市	酒齡葡萄酒坊	03 528 0117	北大路325號
新竹市	歐德威洋酒量販批發廣場-北大店	03 526 7843	北大路214號
新竹市	歐德威洋酒量販批發廣場-迎曦店	03 535 3697	文化街10號1樓
台中市	金醇酒坊—台中店	04 2323 0468	中港路一段191號
台中市	康齡酒藏—中友百貨	04 2223 2719	三民路三段161號C棟B2
台中市	陶朱美食酒坊	04 2475 1310	精誠23街8號
台中市	開普洋酒—華峰門市	04 2232 5789	北區榮華街186號
台中市	義馨行	04 2310 8659	大墩17街137號
台中市	橡木桶洋酒—中港門市	04 2202 0287	西區五權路135號1.2樓
台中市	橡木桶洋酒—文心門市	04 2242 3436	文心路四段889號1樓
台中市	橡木桶洋酒—民權門市	04 2222 8933	中區民權路58號1樓
台中市	誠品葡萄酒—台中龍心店	04 2224 3111~1632	中正路80號
台中縣	橡木桶洋酒—豐原門市	04 2522 9039	豐原市中正路207號
台中縣	康齡酒藏—太平洋百貨豐原店	04 2529 1111#822	豐原市復興路2號B1
彰化市	橡木桶洋酒—彰化門市	04 727 8982	中正路二段65號
彰化縣	橡木桶洋酒—員林門市	04 831 7286	員林市中山路二段366號1樓
彰化縣	梅山葡萄酒專賣店	04 832 1702 2	員林市中山路二段151號
雲林縣	典藏洋酒專賣店	05 533 5169	斗六市雲林路二段289號
嘉義市	橡木桶洋酒—嘉義門市	05 227 9297	民生北路232號1樓
台南市	金亞葡萄酒專賣店	06 222 1505	民族路二段40號
台南市	康齡酒藏—新光三越百貨台南店	06 229 3277	中山路162號B2
台南市	開普洋酒—台南成功門市	06 241 0161	成功路36號
台南市	漢時企業門市	06 226 0098	金華路五段22號
台南市	樽草集 葡萄酒/煙草事業	06 220 2999	忠義路二段73號
台南市	橡木桶洋酒—金華門市	06 226 4360	西區金華路三段126號
台南市	樺錞葡萄酒專賣店	06 222 7566	民權路一段265號1樓
台南市	誠品葡萄酒—台南鳳翔店	06 208 3977~605	東區長榮路一段181號B1
台南縣	東陽高登	06 202 6513	永康市中山南路162號2樓

城市	公司	電話	地址
台南縣	橡木桶洋酒—永康門市	06 231 8211	永康市中華路607號1樓
高雄市	大同亞瑟頓高雄門市	07 251 5787	五福二路144號
高雄市	金醇酒坊—高雄店	07 215 7386	五福二路75號
高雄市	康齡酒藏—SOGO百貨高雄店	07 335 6393	三多三路217號B2
高雄市	康齡酒藏—新光三越百貨三多店	07 330 8952	三多三路213號B2
高雄市	康齡酒藏—漢神百貨高雄店	07 215 2022	成功一路266-1號B2
高雄市	晶晶葡萄酒專賣店	07 330 2116	復興二路66號
高雄市	開普洋酒—九如門市	07 315 6963	九如二路198號(瀋陽街口)
高雄市	開普洋酒—五福門市	07 226 5545	民權一路239號(五福路口)
高雄市	塞納河葡萄酒館	07 221 0303	中正四路134號
高雄市	橡木桶洋酒—三多門市	07 338 3123	苓雅區民權一路1號
高雄市	橡木桶洋酒—中正門市	07 282 3208	中正四路190號
高雄市	橡木桶洋酒—建國門市	07 722 0608	建國一路175號
高雄縣	開普洋酒—鳳山門市	07 747 8152	鳳山市青年路一段360號
高雄縣	開普洋酒—總公司	07 747 8152	鳳山市青年路一段360號
屏東市	康齡酒藏—太平洋百貨屏東店	08 732 2045	中正路72號B2
屏東市	開普洋酒—東大洋行	08 738 1245	中正路548號1樓
屏東市	橡木桶洋酒—屏東門市	08 766 0838	民族路407號
宜蘭縣	橡木桶洋酒—羅東門市	039 547 191	羅東鎮興東路327號
花蓮市	橡木桶洋酒—花蓮門市	038 353 387	鎮國街1號
花蓮縣	橡木桶洋酒—花蓮吉安門市	038 524 058	吉安鄉中華路2段50號, 52號

附錄四@布根地相關網站

組織、協會網站

●http://www.bivb.com/
布根地葡萄酒同業公會BIVB網站

●http://www.avco.org/
金丘葡萄農協會A.V.C.O.網站

●http://www.beaune.com/
伯恩濟貧院網站

●http://www.nuits-saint-georges.com/
夜聖僑治濟貧院網站

●http://www.tastevin.net/
布根地Tastevin騎士團網站

布根地地區綜合網站

●http://www.burgundy.net
布根地地區綜合網站

布根地葡萄酒雜誌網站

●http://www.bourgogne-auj.com/
布根地葡萄酒雜誌Bourgogne aujourd'hui網站

布根地葡萄酒綜合網站

●http://www.vindebourgogne.com/
Vin de Bourgogne網站

●http://www.multimania.com/burgundy/
Multimania的布根地網站

●http://www.terroir-b-com/
index.htm Terroir Bourguignon網站

本書介紹布根地酒商

●http://www.rodet.com/
酒商Antonin Rodet網站

●http://www.bouchard-pereetfils.com
酒商Bouchard Pere et Fils網站

●http://www.vinternet.net/LouisLatour/
酒商Louis Latour網站

●http://www.drouhin.com/
酒商Joseph Drouhin網站

●http://www.louis-jadot.com/
酒商Louis Jadot網站

●http://www.chartron-trebuchet.fr/fra/
酒商Chrartron et Trebuchet網站

本書介紹布根地酒莊

●http://www.lequin-colin.com/
en-som.htm Domaine Rene Lequin-Colin網站

●http://www.roumier.com/
Domaune George Roumier網站

●http://www.avco.org/angerville/
Domaine Marqui d'Angerville網站

索引

酒莊、酒商索引

國家圖書館出版品預行編目資料

酒瓶裡的風景：布根地葡萄酒 = La Bourgogne en Bouteille ／林裕森著. --初版. --臺北市：積木文化出版；城邦文化發行，民90 面； 公分. --（飲饌風流 ；1） 含索引

ISBN 957-469-464-X（精裝）

1.葡萄酒

463.814 90006901

飲 饌 風 流 01

酒瓶裡的風景

——布根地葡萄酒

作　　者／林裕森
攝　　影／林裕森
責任編輯／古國璽

發 行 人／何飛鵬
總 編 輯／蔣豐雯
行銷企劃／游雪惠
法律顧問／中天國際法律事務所 蔡兆誠律師
出　　版／積木文化
台北市信義路二段247號3F
電話：(02)23584540　傳真：(02)23584537
發　　行／城邦文化
台北市信義路二段213號11F
電話：(02)23965698　傳真：(02)23570954
郵撥：18966004　城邦文化事業股份有限公司
網址：www.cite.com.tw
email:service@cite.com.tw
香港發行所／城邦（香港）出版集團
香港北角英皇道310號雲華大廈4／F，504室
電話：25086231　傳真：25789337
馬新發行所／城邦（馬新）出版集團
Cite (M) Sdn. Bhd. (458372 U)
11, Jalan 30D/146, Desa Tasik, Sungai Besi,
57000 Kuala Lumpur, Malaysia.
電話：60390563833　傳真：60390562833

封面設計／楊啓巽工作室
美術構成／楊啓巽工作室
地圖繪製／哈塔
印　　刷／上易印前圖文整合公司

2001年（民90）8月初版　　**Printed in Taiwan.**
售價／980元

ISBN 957-469-464-X

積 木 文 化

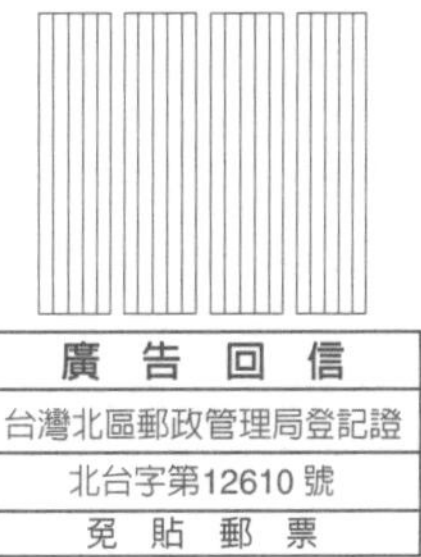

100 台北市信義路二段213號11樓

城邦文化事業（股）公司

地址

姓名

請沿虛線摺下裝訂，謝謝！

積木文化

以有限資源・創無限可能

編號：VV0001C　書名：酒瓶裡的風景ー布根地葡萄酒

別忘了要保留下本書籤喔！

積木文化　讀者回函卡

積木以創建生活美學、為生活注入鮮活能量為主要出版精神。出版內容及形式著重文化和視覺交融的豐富性，出版品包括食譜、居家生活、飲食文化及家政類等，希望為讀者提供更精緻、寬廣的閱讀視野。
為了提升服務品質及更了解您的需要，請您詳細填寫本卡各欄寄回（免付郵資），我們將不定期寄上城邦集團最新的出版資訊。您的基本資料我們將妥善保管，不轉作其他商業用途。

1.您從何處購買本書：_______縣市___________書店
□書展 □郵購 □網路書店 □其他___________

2.您的性別：□男　□女　您的生日：____年__月__日
您的電子信箱：________________________________

3.您的教育程度：1.□碩士及以上　2.□大專　3.□高中　4.□國中及以下

4.您的職業：1.□學生　2.□軍警　3.□公教　4.□資訊業
5.□金融業 6.□大衆傳播 7.□服務業 8.□自由業
9.□銷售業 10.□製造業 11.□其他_______

5.您習慣以何種方式購書？1.□書店 2.□劃撥 3.□書展　4.□網路書店
5.□量販店 6.食品/手工藝材料行 7.□其他_______

6.您從何處得知本書出版？1.□書店　2.□報紙　3.□雜誌　4.□書訊　5.□廣播
6.□電視　7.□其他_______

7.您對本書的評價（請填代號1非常滿意2滿意3尚可4再改進）
書名____ 內容____ 封面設計____ 版面編排____ 實用性____

8.您購買本書的主要考量因素：(請依序1~7填寫)
□作者 □主題 □攝影 □出版社 □價格 □實用 □其他_______

9.您對於酒類喜好的優先順序為：(請依序1~7填寫)
□紅/白葡萄酒 □威士忌 □啤酒 □白蘭地 □香檳/氣泡酒 □雞尾酒 □其他_______

10.您喜歡閱讀哪些餐飲雜誌？(請依序1~6填寫)
□Here □Taipei Walker □快樂廚房 □美食新聞 □Mamamia □其他_______

11.您購買雜誌的主要考量因素：(請依序1~7填寫)
□封面 □主題 □習慣閱讀 □優惠價格 □贈品 □頁數 □其他_______

12.您閱讀美食雜誌除食譜外最希望加入哪些單元？(請依序1~7填寫)
□健康 □減肥 □餐飲器具 □飲食文化 □美容/化妝 □DIY餐具或裝飾廚房
□其他_______

13.您最喜歡的美食或酒書作者及出版社：

____

14.您希望我們未來出版何種主題的美食或酒類書：

____

15.您最常購買葡萄酒的地點：

____

16.您對我們的建議：

____